扫二维码 看视频精讲（与书中章节对应）

第1章　工业机器人基础

1-1 蜘蛛手并联机器人	1-2 焊接机器人	1-3 装配机器人	1-4 搬运和码垛机器人	1-5 喷涂机器人

第2章　认识焊接机器人

2-1 点焊机器人	2-2 双机器人弧焊作业	2-3 激光焊接机器人	2-4 激光切割机器人	2-5 清枪

第3章　ABB 焊接机器人的安装与调试

3-1 定义 IO 总线的操作步骤	3-2 定义 di1 信号的操作步骤	3-3 模拟输出信号 ao1 的设置	3-4 数字输入信号控制电动机上电的操作步骤	3-5 IO 信号监控的操作步骤
3-6 更新转数计数器的操作步骤				

U0388065

第4章　ABB 工业机器人的基本操作

4-1 设置示教器系统语言步骤	4-2 系统备份的操作步骤	4-3 新建和加载程序	4-4 bool 数据的建立	4-5 6 点法标定工具坐标系的操作步骤 1

第 4 章　ABB 工业机器人的基本操作

4-5 6 点法标定工具坐标系的操作步骤 2	4-6 工件坐标系的设置步骤	4-7 有效载荷的设定步骤	4-8 单轴操纵机器人的步骤	4-9 线性运动模式操纵机器人的步骤
4-10 重定位模式操纵机器人的步骤	4-11 不同运动模式的快捷切换步骤	4-12 快捷键操作步骤	4-13 插入 MoveJ 指令的操作步骤	4-14 插入 MoveL 指令的操作步骤
4-15 插入 MoveC 指令的操作步骤				

第 5 章　ABB 弧焊机器人现场编程

5-1 插入 ArcLStart 指令	5-2 插入 ArcLEnd 指令	5-3 插入 ArcL 指令	5-4 插入 ArcCStart 指令	5-5 插入 ArcC 指令
5-6 插入 ArcCEnd 指令	5-7 在示教器中设置 seamdata 的操作步骤	5-8 在示教器中设置 welddata 的操作步骤	5-9 在示教器中设置 weavedata 的操作步骤	5-10 直线焊缝示教编程操作 1
5-10 直线焊缝示教编程操作 2	5-11 直线焊缝示教程序的空载运行	5-12 运行直线焊缝示教程序	5-13 圆弧焊缝编程示教 1	5-13 圆弧焊缝编程示教 2

第 5 章　ABB 弧焊机器人现场编程

5-14 圆弧焊缝示教程序空载运行	5-15 直线拐角焊缝的示教编程 1	5-15 直线拐角焊缝的示教编程 2	5-16 直线拐角焊缝示教程序的空载运行	5-17 运行直线拐角焊缝示教程序

第 7 章　工业机器人离线编程的基础

7-1 软件 RobotStudio 5.61 的下载	7-2 软件 RobotStudio 的安装	7-3 软件 RobotStudio 的授权

第 8 章　构建基本仿真工业机器人工作站

8-1 新建工作站	8-2 选择机器人模型库	8-3 机器人视角调整	8-4 加载机器人工具	8-5 加载工具到机器人
8-6 卸载工具	8-7 删除加载的工具	8-8 摆放周边的模型	8-9 显示机器人工作区域	8-10 移动对象
8-11 模型导入	8-12 加载对象到平台	8-13 保存工作站	8-14 建立工业机器人系统	8-15 机器人的位置移动
8-16 手动关节移动机器人	8-17 工业机器人手动线性运动	8-18 工业机器人手动重定位	8-19 工业机器人的精确手动	8-20 工业机器人回机械原点

第 8 章　构建基本仿真工业机器人工作站

8-21 建立工业机器人工件坐标	8-22 创建运动轨迹步骤 1	8-22 创建运动轨迹步骤 2	8-23 仿真运行机器人轨迹操作步骤	8-24 工作站中工业机器人的运行视频录制操作步骤
8-25 保存运行路径为 exe 可执行文件				

第 9 章　仿真软件 RobotStudio 中的建模功能

9-1 创建矩形体模型的步骤	9-2 设置 3D 模型相关参数的步骤	9-3 导出和导入 3D 模型的步骤	9-4 测量矩形体的边长的步骤	9-5 测量椎体顶角和底角的步骤
9-6 测量圆柱体直径的步骤	9-7 测量两个物体间的最短距离的步骤	9-8 创建机械装置——滑台的步骤	9-9 保存和导入机械装置的步骤	

焊接机器人
现场编程及虚拟仿真

袁有德 主编

化学工业出版社

·北京·

图书在版编目（CIP）数据

焊接机器人现场编程及虚拟仿真/袁有德主编. —北京：化学
工业出版社，2020.1（2023.4 重印）
ISBN 978-7-122-35595-9

Ⅰ.①焊… Ⅱ.①袁… Ⅲ.①焊接机器人-程序设计-职业
教育-教材 Ⅳ.①TP242.2

中国版本图书馆 CIP 数据核字（2019）第 252572 号

责任编辑：王　烨　　　　　　　　　　文字编辑：陈　喆
责任校对：边　涛　　　　　　　　　　装帧设计：刘丽华

出版发行：化学工业出版社（北京市东城区青年湖南街 13 号　邮政编码 100011）
印　　装：北京建宏印刷有限公司
787mm×1092mm　1/16　印张 22¼　彩插 2　字数 610 千字　2023 年 4 月北京第 1 版第 6 次印刷

购书咨询：010-64518888　　　　　　售后服务：010-64518899
网　　址：http://www.cip.com.cn
凡购买本书，如有缺损质量问题，本社销售中心负责调换。

定　　价：89.00 元

前言

当前，世界各工业强国都致力于智能机器人及智能制造技术的研发，智能化水平已成为衡量一个国家制造水平的重要标志。《中国制造2025》作为我国实施制造强国战略第一个十年的行动纲领，更是将智能制造作为核心和主攻方向。焊接机器人作为工业机器人应用最为典型的代表，在制造业生产中扮演着非常重要的角色。

焊接工程在制造业中占有重要的地位，它是仅次于装配和切削加工的第三大工程。它在机械制造、核工业、航空航天、能源交通、石油化工及建筑和电子等行业中的应用越来越广泛。随着计算机技术、传感器技术及监测技术手段的不断进步，焊接机器人技术也得到飞速发展并逐渐得到普及，特别是近十几年来，激烈的市场竞争使那些用于中、大批量生产的焊接自动化专机已不能适应小规模、多品种的生产模式，逐渐被具有柔性的焊接机器人代替。

本书在介绍弧焊机器人的基本概念、结构组成、分类及应用等理论基础上，以ABB弧焊机器人的基本操作和编程为主线，将焊接机器人的操作实践和编程应用同基本原理、编程操作、虚拟仿真等理论有机结合，在内容的编排上由浅入深，循序渐进。本书共分9章，内容包括工业机器人基础、认识焊接机器人、焊接机器人的安装与调试、ABB工业机器人的基础操作、ABB弧焊机器人现场编程、ABB机器人的维护和故障排除、工业机器人离线编程的基础、构建基本仿真工业机器人工作站、仿真软件RobotStudio中的建模功能等。本书按照"以学生为中心、促进自主学习"的思路进行开发设计。在编写中提供丰富、适用和引领创新作用的多种类型立体化、信息化课程资源（本书大部分章节均录制了视频讲解，可扫描文前插页中的二维码观看学习）。本书适合作为高职高专院校焊接技术与自动化、工业机器人技术、机械制造与自动化等专业的教材及学生自学用书，亦可供相关工程技术人员参考。

本书由威海职业学院袁有德主编并统稿，威海职业学院韩鸿鸾教授主审，副主编为丛军滋、孙正斌、王振刚、孙志皓，参编为隋英杰、刘明海、赵明。在本书的编写过程中得到了威海克莱特菲尔风机股份有限公司、威海新北洋数码科技股份有限公司、威海市海王旋流器有限公司等企业的大量帮助，在此深表谢意。同时感谢王莉、刘朋、侯文萍、徐楠楠在本书编写过程中提出的宝贵建议。

由于作者水平有限，书中不足之处在所难免，欢迎各位读者批评指正。

编　者

目录

第6章 ABB 机器人的维护和故障排除 / 249

第1章

工业机器人基础

1.1 工业机器人的分类

工业机器人是由操作机（机械本体）、控制器、伺服驱动系统和传感装置等构成的一种仿人操作、自动控制、可重复编程、能在三维空间完成各种作业的机电一体化设备。按照不同的分类标准，工业机器人的分类方式有很多，国际上并没有指定统一的标准。常见的分类方式包括按照用途、负载、控制方式、自由度、机械结构、控制方式等进行分类。下面介绍几种具有代表性的工业机器人分类方法。

1.1.1 按操作机坐标形式分类

（1）直角坐标型工业机器人

图 1-1 为一种常见的直角坐标型工业机器人，它手部空间的位置变化是通过沿着三个相互垂直的轴线（即 PPP）移动来实现的，其工作空间图形为长方形。它在各个轴向的移动距离，可在各个坐标轴上直接读出，直观性强，易于进行位置和姿态的编程计算，定位精度高，控制无耦合，结构简单。其缺点是设备所占空间体积大，动作范围小，灵活性差，难以与其他工业机器人协调工作。这类工业机器人常用于生产设备的上下料和高精度的装配和检测作业。

图 1-1　直角坐标型工业机器人

（2）圆柱坐标型工业机器人

圆柱坐标型工业机器人的运动形式是通过一个转动和两个移动组成的运动系统来实现的。末端操作器安装轴线的位姿由 (z, r, θ) 坐标予以表示，其主体具有 3 个自由度：腰部转动、升降运动、手臂伸缩运动。其工作空间图形为圆柱形，控制精度较高，控制较简单，结构紧凑。图 1-2 为圆柱坐标型工业机器人示意图。与直角坐标型工业机器人相比，在垂直和径向的两个往复运动可以采用伸缩套筒式结构，在腰部转动时可以把手臂缩回，从而减少转动惯量，改善了力学负载，空间尺寸较小，工作范围较大，末端操作器可获得较高的运动速度。但是由于机身结构设计的原因，手臂不能到达底部，末端操作器离 Z 轴越远，机器人的工作范围就越小，其切向线位移的分辨精度就越低，难以与其他工业机器人协调工作。

图 1-2 圆柱坐标型工业机器人

(3) 球坐标型工业机器人

图 1-3 为球坐标型工业机器人，又称极坐标型工业机器人。它有两个转动关节和一个移动关节，末端操作器安装轴线的位姿由（θ，φ，r）坐标予以表示。其工作空间为一球体，它可以做上下俯仰动作并能抓取地面上或较低位置的协调工件。该类型工业机器人占地面积小，结构紧凑，位置精度高，位置误差与臂长成正比，避障性能较差，存在平衡问题。

(4) 关节坐标型工业机器人

图 1-4 是 ABB 关节坐标型工业机器人，又称回转坐标型工业机器人，是一种广泛应用的工业机器人。这种工业机器人的手臂与人体上肢类似，其前三个关节是回转副（即 RRR）。该工业机器人一般由立柱和大小臂组成，立柱与大臂间形成肩关节，大臂和小臂间形成肘关节，可使大臂做回转运动和俯仰摆动，小臂做俯仰摆动。该类型机器人结构紧凑，占地面积小，灵活性大，具有较好的避障性能，能与其他工业机器人协调工作，但位置精度较低，有平衡问题。这种工业机器人应用越来越广泛。

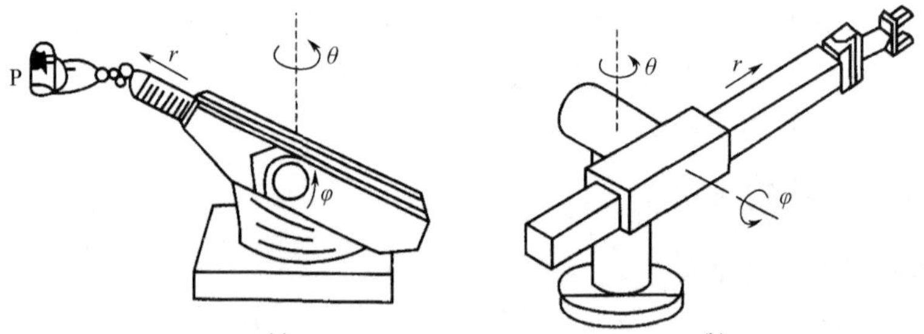

图 1-3 球坐标型工业机器人

(5) 平面关节型工业机器人

平面关节型工业机器人采用一个移动关节和两个回转关节（即 PRR），移动关节实现上下运动，而两个回转关节则控制前后、左右运动。这种结构形式的工业机器人又称为 SCARA（selective compliance assembly robot arm）装配机器人。图 1-5 是一种平面关节型工业机器人，它在水平方向具有柔顺性，而在垂直方向则有较大的刚性。它结构简单，动作灵活，多用于装配作业中，特别适合小规格零件的插接装配，如在电子工业的插接、装配中应用广泛。

图 1-4 ABB 关节坐标型工业机器人

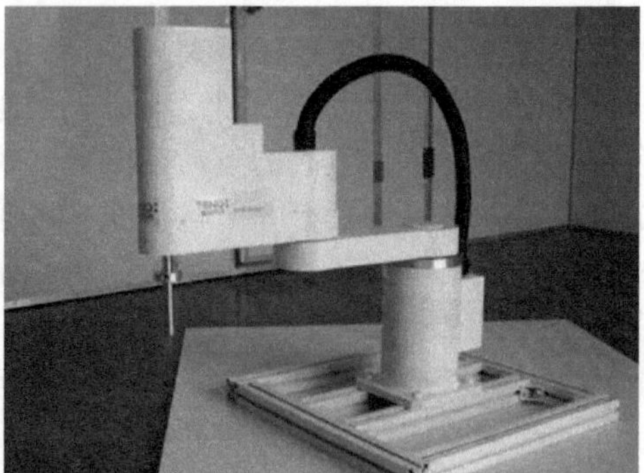

图 1-5 平面关节型工业机器人

1.1.2　按执行机构的控制方式分类

（1）点位控制方式机器人（PTP）

这种控制方式的特点是只控制工业机器人末端执行器在作业空间中某些规定的离散点上的位姿。控制时只要求工业机器人快速、准确地实现相邻各点之间的运动，而对达到目标点的运动轨迹则不作任何规定。这种控制方式的主要技术指标是定位精度和运动所需的时间。点位控制系统按反馈方式来分可以分为闭环系统、半闭环系统和开环系统。

（2）连续轨迹控制型机器人（CP）

这种控制方式在控制时要求工业机器人严格按照预定的轨迹和速度在一定的精度范围内运动，并且速度可控、轨迹光滑、运动平稳。相比点位控制，它不仅要求到达目标点，而且更加注重运动轨迹的精准控制，这种控制方式在焊接机器人的焊缝轨迹规划中体现得更为明显。

（3）智能控制型机器人

智能控制型机器人可以通过传感器获得周围环境的相关信息，并根据自身内部的数据库做出相应的决策。采用智能控制技术，使机器人具有了较强的适应性及自主学习功能。智能控制技术的发展有赖于近年来人工神经网络、基因算法、遗传算法、专家系统等人工智能技术的迅速发展。

1.1.3　按程序输入方式分类

（1）编程输入型机器人

编程输入型机器人是将计算机上已编好的作业程序文件，通过 RS232 串口或者以太网等通信方式传送到机器人控制柜，计算机解读程序后作出相应控制信号命令，各伺服系统控制机器人来完成相应的工作任务。图 1-6 是该类型工业机器人编程界面的示意图。

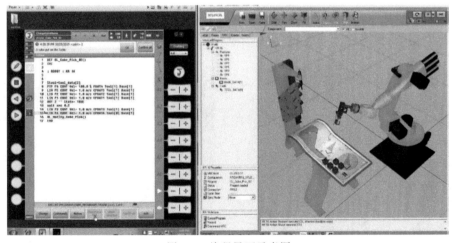

图 1-6　编程界面示意图

（2）示教输入型机器人

示教输入型机器人的示教方法有两种，一种是由操作者用手动控制器（示教操纵盒等人机交互设备），将指令信号传给驱动系统，由执行机构按要求的动作顺序和运动轨迹操演一遍，图 1-7 即为通过示教器来控制机器人运动的工业机器人。另一种是由操作者直接控制执行机构，按要求的动作顺序和运动轨迹操演一遍。在示教过程的同时，工作程序的信息自动存入程序存储器中，在机器人自动工作时，控制系统从程序存储器中调出相应信息，将指令信

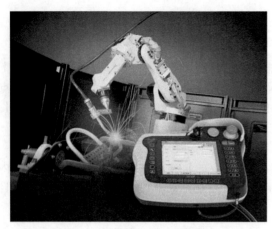

图 1-7　示教输入型工业机器人

号传给驱动机构，使执行机构再现示教的各种动作。

1.1.4　按机械结构分类

（1）串联机器人

它是一种开式运动链机器人，由一系列连杆通过转动关节或移动关节串联形成，采用驱动器驱动各个关节运动从而带动连杆的相对运动，使末端执行器到达合适的位姿，一个轴的运动会改变另一个轴的坐标原点。图 1-8 是一种常见的关节串联机器人。它的特点是：工作空间大；运动分析较容易；可避免驱动轴之间的耦合效应；机构各轴必须独立控制，并且需搭配编码器与传感器来提高机构运动时的精准度。串联机器人的研究相对较成熟，已成功应用在工业上的各个领域，比如装配、焊接加工、喷涂、码垛等。

（2）并联机器人

它是将动平台和定平台通过至少两个独立的运动链相连接，具有两个或两个以上自由度，且以并联方式驱动的一种闭环机构。其中末端执行器为动平台，与基座既定平台之间由若干个包含有许多运动副（例如球副、移动副、转动副、虎克铰）的运动链相连接，其中每一个运动链都可以独立控制其运动状态，以实现多自由度的并联，即一个轴运动不影响另一个轴的坐标原点。图 1-9 所示为一种蜘蛛手并联机器人，这种类型的机器人的特点是：工作空间较小；无累积误差，精度较高；驱动装置可置于定平台上或接近定平台的位置，运动部分质量轻，速度高，动态响应好；结构紧凑，刚度高，承载能力强；完全对称的并联机构具有较好的各向同性。并联机器人在需要高刚度、高精度或者大载荷而无须很大工作空间的领域获得了广泛应用，在食品、医药、电子等轻工业中应用最为广泛，在物料的搬运、包装、分拣等方面有着无可比拟的优势。

图 1-8　串联装配机器人

图 1-9　蜘蛛手并联机器人　▶视频演示 1-1

1.1.5　按驱动方式分类

（1）气压驱动式工业机器人

驱动装置主要包括气缸、摆动气缸、旋转气动马达等。这类工业机器人以压缩空气来驱动操作机，其优点是空气来源方便、动作迅速、结构简单、造价较低、无污染；缺点是空气具有可压缩性，导致工作速度的稳定性较差，又因为气源压力较小，所以这类工业机器人抓举力较小。这种驱动方式适合节拍快、负载小且精度要求不高的场合。图 1-10 是 2015 年日本 RIVERFIELD 公司研发的一种气压驱动式机器人：内窥镜手术辅助机器人 EMARO（endoscope manipulator robot）。

（2）液压驱动式工业机器人

从运动形式可分为直线驱动（如直线运动液压缸）和旋转驱动（如液压马达、摆动液压缸等）。采用液压驱动的工业机器人结构紧凑、

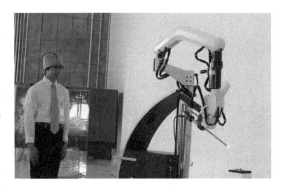

图 1-10　内窥镜手术辅助机器人 EMARO

传动平稳、动作灵敏，但对密封要求较高，且不宜在高温或低温环境下工作。它具有抓举力较大、动力大、力（或力矩）与惯量比大、响应快等特点，适于在承载能力大、惯量大的环境下以及在防焊的工况中应用。但液压系统需进行能量转换（电能转换成液压能），速度控制多数情况下采用节流调速，效率比电动驱动系统低。液压系统的液体泄漏会对环境产生污染，工作噪声也较高。因这些弱点，近年来其在负荷为 100kg 以下的机器人中往往被电动系统所取代。

（3）电动驱动式工业机器人

电动驱动装置按照电动机工作原理不同分为步进电动机、直流伺服电动机、无刷电动机等，这是目前应用较为广泛的一类工业机器人。驱动单元或是直接驱动操作机，或是通过诸如谐波减速器等装置来减速后驱动，结构十分紧凑、简单，适于中等载荷，特别适于运动复杂、运动轨迹严格的各类工业机器人。

1.1.6　按用途分类

按工业机器人用途分类，工业机器人可分为装配机器人、焊接机器人、搬运机器人、喷涂机器人、码垛机器人、涂胶机器人等。

1.2　工业机器人的基本组成

工业机器人的基本组成是实现机器人功能的基础，下面介绍工业机器人的结构组成。工业机器人一般都是由机器人主体、驱动系统和控制系统三大部分组成的，其结构组成如图 1-11 所示。

（1）机器人主体

机器人主体即执行机构，包括基座、臂部和腕部，大多数工业机器人有 3～6 个运动自由度。以常见的 6 自由度的工业机器人为例，其主体由机座、腰部、大臂、小臂、手腕、末端执行器和驱动装置组成。共有 6 个自由度，依次为腰部回转、大臂俯仰、小臂俯仰、手腕回转、手腕俯仰和手腕侧摆。

各部件组成和功能描述如下：

① 基座：基座是机器人的基础部分，起支撑作用。整个执行机构和驱动装置都安装在基座。

② 腰部：腰部是机器人手臂的支撑部分，腰部回转部件包括腰部支架、回转轴、谐波减速器、制动器和驱动装置等。

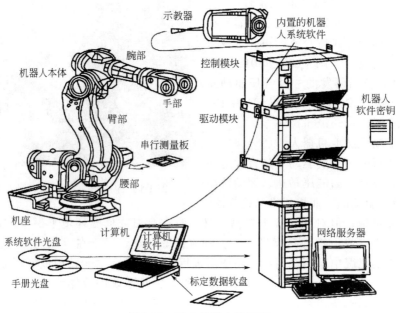

图 1-11 工业机器人的组成

③ 大臂：执行机构中的主要运动部件，包括大臂壳体和传动部件等。

④ 小臂：包括小臂壳体、减速齿轮箱、传动部件、传动轴等，在小臂前端固定驱动手腕三个运动的步进电动机。

⑤ 手腕部件：工业机器人的手腕是连接臂与手的部件，起支承手的作用，包括手腕壳体、传动齿轮和传动轴、机械接口等。

⑥ 末端执行器：直接安装在手腕上的一个重要部件，可根据用途、工件的形状、材质等选择合理的机械结构，例如多手指的手爪、喷枪、焊枪等作业工具。

⑦ 驱动系统：提供机器人各部分、各关节动作的原动力。驱动系统可以是液压传动系统、电动传动系统、气压传动系统，或者是几种系统结合起来的综合传动系统。

（2）驱动系统

要使机器人运作起来，需要为各个关节即每个运动自由度安装传动装置，这就是驱动系统。驱动系统包括驱动器和传动机构，常和执行机构连为一体，驱动臂完成指定的运动。常用的驱动器包括液压驱动、气压驱动、电动驱动，或者把它们结合起来应用的综合系统，目前使用最多的是交流伺服电动机驱动系统。图 1-12 为工业机器人伺服驱动系统示意图，常用的传动机构包括谐波减速器、RV 减速器、丝杠、链、带以及其他各种齿轮系统等。

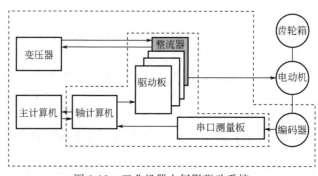

图 1-12 工业机器人伺服驱动系统

（3）控制系统

机器人控制系统根据指令以及传感信息控制机器人完成一定动作或作业任务，是机器人的大脑，是决定机器人功能和性能的主要因素。根据反馈机制的不同，控制系统可分为开环控制系统和闭环控制系统。如果工业机器人不具备信息反馈特征，即为开环控制系统；若具备信息反馈特征，则为闭环控制系统。根据控制原理，控制系统可分为程序控制系统、适应性控制系统和人工智能控制系统。根据控制运行的形式，控制系统可分为点位控制和轨迹控制。工业机器人控制技术的主要任务就是控制工业机器人在工作空间中的运动位置、姿态、轨迹、操作顺序及动作的时间等，具有编程简单、软件菜单操作方便、人机交互界面友好、在线操作提示和使用方便等特点。其基本功能如下：

① 示教功能：分为在线示教和离线示教两种方式。

② 记忆功能：存储作业顺序、运动路径和方式及与生产工艺有关的信息等。

③ 与外围设备协调功能：包括输入/输出接口、通信接口、网络接口等。

④ 传感器接口：包括位置检测、视觉、触觉、力觉等传感器。

⑤ 故障诊断安全保护功能：运行时的状态监控、故障状态下的安全保护和自我诊断。

工业机器人的控制系统需要由相应的硬件和软件组成，硬件主要由传感装置、控制装置及关节伺服驱动部分组成，软件包括运动轨迹规划算法和关节伺服控制算法与相应的工作程序。传感装置分为内部传感器和外部传感器，内部传感器主要用于检测工业机器人内部的各关节的位置、速度和加速度等，而外部传感器则用来使工业机器人感知工作环境和工作对象状态的视觉、力觉、触觉、听觉、滑觉、接近觉、温度觉等。控制装置用于处理各种感觉信息，执行控制软件，产生控制指令。关节伺服驱动部分主要根据控制装置的指令，按作业任务的要求驱动各关节运动。

1.3　工业机器人的技术参数

工业机器人的技术参数反映了机器人应用特性、具有的最高操作性能等情况，是设计、应用机器人必须考虑的问题。虽然各厂商所提供的技术参数项目不完全相同，工业机器人的结构、用途以及用户的要求也不同，但是工业机器人的主要参数一般都应有：自由度、运动精度、分辨率、工作范围、最大工作速度、有效载荷、防护等级等。

（1）自由度（degree of freedom）

工业机器人的自由度是指确定机器人手部在空间的位置和姿态时所需的独立运动参数的数目，一般不包括手爪（或末端执行器）的开合自由度，是用以表示机器人动作灵活程度的参数。自由物体在空间有 6 个自由度（3 个转动自由度和 3 个移动自由度）。工业机器人往往是个开式连杆系统，每个关节运动副只有 1 个自由度，因此通常机器人的自由度数目就等于其关节数。机器人的自由度数目越多，就越灵活，功能就越强。目前工业机器人通常具有 3～6 个自由度。例如，日本日立公司生产的 A4020 装配机器人有 4 个自由度，可以在印制电路板上接插电子元器件；ABB 公司生产的 IRB 1410 型弧焊机器人具有 6 个自由度，可以进行复杂空间曲面的弧焊作业。在完成某一特定作业时具有多余自由度的机器人就叫作冗余自由度机器人，简称冗余度机器人。利用冗余的自由度可以增加机器人的灵活性，躲避障碍物和改善动力性能。例如 2014 年 11 月，KUKA 公司在中国国际工业博览会机器人展上首次发布 KUKA 第一款 7 自由度轻型灵敏机器人 LBR iiwa（如图 1-13 所示）。

（2）运动精度（accuracy）

工业机器人的运动精度主要包括定位精度和重复定位精度。定位精度也称绝对精度（如

图 1-14 所示），是指机器人手部实际到达位置与目标位置之间的差异。

图 1-13 库卡轻型工业机器人 LBR iiwa

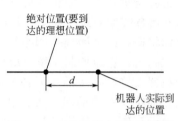

图 1-14 工业机器人的定位精度

重复定位精度（或简称重复精度，如图 1-15 所示），是指机器人重复定位其手部于同一目标位置的能力，可以用标准偏差来表示。它是衡量一列误差值的密集度，即重复度。例如 ABB 公司生产的 IRB 7600 系列大功率机器人最佳的轨迹精度和重复定位精度为 0.08～0.09mm；库卡 KR5R1400 型机器人绝对精度为 0.04mm。图 1-16 所示为举例计算重复定位精度的方法，在机器人 TCP 五次到达同一目标位置时，根据实际到达位置计算出重复定位精度为 0.2mm。

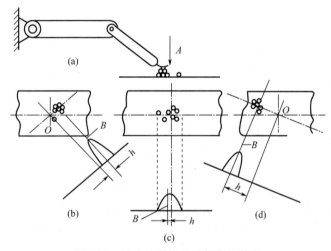

图 1-15 工业机器人的重复定位精度

（3）分辨率

分辨率是指机器人的每个轴能够实现的最小移动距离或最小转动角度。

（4）工作范围（work space）

工作范围是指机器人手臂末端或手腕中心所能到达的所有点的集合，也叫作工作区域。因为末端执行器的形状和尺寸是多种多样的，为了真实反映机器人的特征参数，工作范围是指不安装末端执行器时的工作区域。工作范围的形状和大小是十分重要的，机器人在执行某种作业时可能会由于存在手部不能到达的作业死区而不能完成任务。图 1-17 为 ABB IRB 2600ID-8/2.00 型工业机器人工作范围示意图。

（5）最大工作速度

最大工作速度一般是指主要自由度上最大的稳定速度，有的也指手臂末端最大的合成速度。通常都在技术参数中加以说明，很明显，工作速度越高，工作效率越高，但是工作速度越高就要花费越多的时间去升速或降速，或者对机器人最大加速度的要求越高。所以最大工作速度应根据加工的需要来确定，并非越大越经济合理。

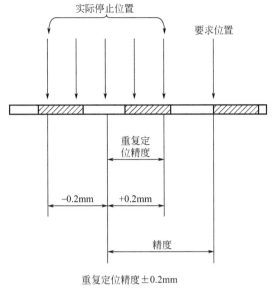

图 1-16　重复定位精度举例

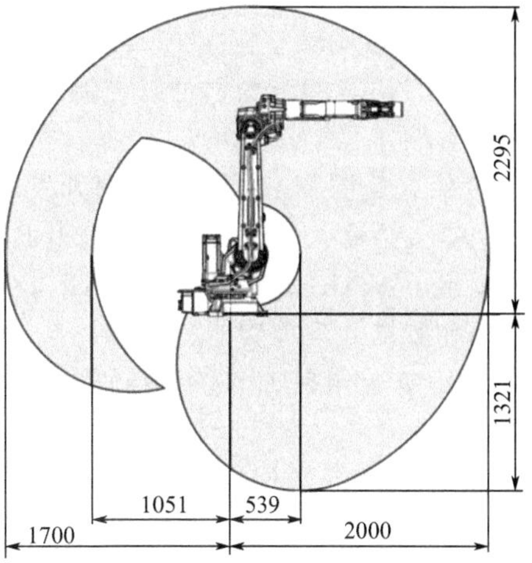

图 1-17　ABB IRB 2600ID-8/2.00 型工业机器人
工作范围示意图

（6）有效负载（payload）

有效负载是指机器人操作机在工作时臂端能搬运的物体重量或所能承受的力或力矩，用以表示操作机的负荷能力。机器人在不同位姿时，允许的最大可搬运质量是不同的，因此机器人的额定可搬运质量是指其臂杆在工作空间中任意位姿时腕关节端部都能搬运的最大质量。为了安全起见，承载能力这项技术指标是指高速运行时的承载能力。通常，承载能力不仅指负载，还包括了机器人末端执行器的质量。

（7）防护等级

该参数取决于机器人应用时所需要的防护等级。机器人与食品相关的产品、实验室仪器、医疗仪器一起工作或者处在易燃的环境中，其所需的防护等级各有不同。防护等级有国家标准，因此在应用时需要区分实际应用所需的防护等级，或者按照当地的规范选择。一些制造商会根据机器人工作的环境不同而为同型号的机器人提供不同的防护等级。

工业机器人的技术要求主要包括：外观和结构电气设备、可靠性［用平均无故障工作时间（MTBF）及可维修时间（MTTR）衡量］和安全性［应满足《工业机器人安全实施规范》（GB/T 20867—2007）的规定］。

1.4　工业机器人编程语言

机器人编程（robot programming）是为了使机器人完成某种任务而设置的动作顺序描述，机器人运动和作业的指令都是由程序进行控制的。机器人编程语言是一种程序描述语言，它能十分简洁地描述工作环境和机器人的动作，能把复杂的操作内容通过尽可能简单的程序来实现。机器人编程语言也和一般的程序语言一样，应当具有结构简明、概念统一、容易扩展等特点。

1.4.1　机器人编程语言的发展

机器人编程语言最早是在 20 世纪 70 年代初期出现的，到目前为止，已经有多种机器人语言问世，其中有的是实验室里的实验语言，有的是实用的机器人语言。

随着首台机器人的出现，对机器人语言的研究也同时进行。1973 年美国斯坦福（Stanford）人工智能实验室研究和开发了第一种机器人语言——WAVE 语言。WAVE 语言具有动作描述、能配合视觉传感器进行手眼协调控制等功能。

1974 年，该实验室在 WAVE 语言的基础上开发了 AL 语言，它是一种编译形式的语言，具有 ALGOL 语言的结构，可以控制多台机器人协调动作。AL 语言对后来机器人语言的发展有很大的影响。

1979 年，美国 Unimation 公司开发了 VAL 语言，并配置在 PUMA 系列机器人上，成为实用的机器人语言。VAL 语言类似于 BASIC 语言，语句结构比较简单，易于编程。1984 年该公司推出了 VAL-Ⅱ语言，与 VAL 语言相比，VAL-Ⅱ增加了利用传感器信息进行运动控制、通信和数据处理等功能。

美国 IBM 公司在 1975 年研制了 ML 语言，并用于机器人装配作业，接着该公司又推出了AUTOPASS 语言。它是一种比较高级的机器人语言，它可以对几何模型类任务进行半自动编程。后来 IBM 公司又推出了 AML 语言，AML 语言已作为商品化产品用于 IBM 机器人的控制。

其他的机器人语言还有 MIT 的 LAMA 语言，这是一种用于自动装配的机器人语言；美国 Automatix 公司的 RAIL 语言，它具有与 PASCAL 语言相似的形式。

与此同时，欧洲的机器人技术也得到很大发展，出现了许多机器人语言。其中比较有代表性的有 1978 年意大利 Olivetti 公司推出的非文本型语言 SIGLA、英国爱丁堡大学开发出的RAPT 语言及 1980 年意大利 DEA 公司推出的用于控制该公司 PRAGMAA 3000 装配机器人的编程语言 HELP 等。

20 世纪 80 年代，日本的机器人技术发展很快，开发出了多种机器人语言。1981 年在日本东京举行的第十一届国际工业机器人讨论会上，日本推出了两种机器人语言：即东京大学开发的 GEOMAP 语言和 Komatsu 公司用于焊接机器人编程的 PLAW 语言。1984 年，日立公司推出类似 PASCAL 语言的 ARL 语言。日本的 FANUC 公司和美国的 GM FANUC 公司共同推出 KAREL 语言，用于控制机器人视觉系统和机器人工作单元。

随着机器人技术的不断发展，机器人语言也不断地向前推进，其功能不断扩展，使用上也更加容易理解和应用。现在应用比较广泛的且有代表性的工业机器人编程语言是 ABB 公司开发的 RAPID 语言。它是一种英文编程语言，所包含的指令可以移动机器人、设置输出、读取输入，还能实现决策、重复其他指令、构造程序、与系统操作员交流等功能，是一种功能强大的机器人语言。在 RAPID 语言中提供了丰富的指令集，同时还可以根据用户的需要编制专属的指令集来满足在具体应用中的需要，这样一种具有高度灵活性的编程语言为机器人的各种应用提供了无限的可能。而且，它还可以通过示教器和 ABB 公司提供的 RobotStudio Online 进行程序的在线编辑，也可以使用文本编辑软件在电脑中进行离线编辑，在完成编辑后使用存储介质或网络便可快捷地上传到机器人控制系统中。所以，可以说 ABB 的 RAPID语言代表了现今机器人语言发展的最高水平，目前已在其 20 多种机器人产品上应用。

国内从 20 世纪 80 年代后期开始进行机器人语言的研究，也开发出了一些机器人语言。其中，比较有代表性的是哈尔滨工程大学在 AST486 机中用 TURBOPASCAL 语言实现的ROBOT-L 语言系统，它将编辑、编译、运行三个模块组合在一起构成了一个集成环境，用菜单进行驱动，为用户提供了一个良好的界面，使用方便。ROBOT-L 已经在其机器人路径规划系统中应用。

总的来说，未来机器人语言将沿着自动化、智能化的方向发展。可以展望，随着工业自动化各项技术的不断发展，机器人语言的功能也将不断扩展，比如可以进行多台机器人之间的通信，支持各种模型，能进行推理、决策等，其至能像人一样自主学习。

1.4.2　工业机器人编程语言的类型

目前，工业机器人编程语言按照作业描述水平的高低可分为动作级、对象级和任务级三类。

（1）动作级编程语言

动作级编程语言是最低一级的机器人语言。它以机器人末端执行器的动作为中心来描述各种操作，要在程序中说明每个动作，是一种最基本的描述方式。它又可以分为关节级编程和末端执行器编程两种动作编程。它的优点就是编程简单，但是功能有限，无法进行复杂的数学运算，不能接受复杂的传感器信息，只能接受传感器开关信息，与计算机的通信能力差。

典型的动作级编程语言是美国 Unimation 公司在 1979 年开发的 VAL 语言，主要配置在 PUMA 和 UNIMATION 等系列机器人上。

（2）对象级编程语言

对象级编程语言是描述操作对象即作业物体本身动作的语言。它不需要描述机器人末端执行器的动作，只需要编程人员以程序的形式给出作业本身顺序过程的描述和环境模型的描述，即描述操作物与操作物之间的关系，通过编译程序机器人即能知道如何动作。使用这种语言时，必须明确地描述操作对象之间的关系和机器人与操作对象之间的关系。

典型的对象级编程语言有 IBM 公司的 AML 及 AUTOPASS 等语言。相比动作级编程语言，对象级编程语言不仅可以处理复杂的传感器信息，还可以利用传感器信息进行修改、更新环境的描述和模型，也可以利用传感器信息进行控制、测试和监督；它还为客户提供了开发平台，用户可以根据需要增加指令，扩展语言功能，同时它还具有较强的数字计算和处理能力，能与计算机进行即时通信。

（3）任务级编程语言

任务级编程语言是更高级的一种语言，也是最理想的机器人高级语言。它不需要用机器人的动作来描述作业任务，也不需要描述机器人对象物的中间状态过程，只需要按照某种规则描述机器人对象物的初始状态和最终目标状态，机器人语言系统即可利用已有的环境信息和知识库、数据库自动进行推理、计算，从而自动生成机器人详细的动作、顺序和数据。

任务级编程语言的结构十分复杂，需要人工智能的理论基础和大型知识库、数据库的支持，目前还不十分完善，是一种理想状态下的语言，有待进一步的研究和开发。

1.5　工业机器人的坐标系

坐标系是从一个称为原点的固定点通过轴定义的平面或空间，更确切地讲是指在多刚体之间建立一种姿态转换方法，通过一系列旋转平移变换将一个刚体的信息转至另一刚体下。机器人目标和位置通过沿坐标系轴的测量来定位。规定坐标系的目的在于对机器人进行轨迹规划和编程时，提供一种标准符号。机器人系统中可使用若干坐标系，每一坐标系都适用于特定类型的微动控制或编程。在工业机器人中常用的坐标系主要包括机器人关节坐标系、基坐标系、大地坐标系、工具坐标系、工件坐标系、用户坐标系等。

（1）关节坐标系（joint coordinate system）

关节坐标系也称轴坐标系，是设定在工业机器人关节中的坐标系。关节坐标系中工业机器人的位置和姿态是以各关节底座侧的关节坐标系为基准而确定的。机器人关节坐标系如图 1-18 所示。

（2）基坐标系（base coordinate system）

基坐标系又称为机座坐标系，位于机器人基座，它是最便于机器人从一个位置移动到另一个位置的坐标系。基坐标系在机器人基座中有相应的零点，这使固定安装的机器人的移动具有可预测性。因此它对于将机器人从一个位置移动到另一个位置很有帮助。对机器人编程来说，其他如工件坐标系等通常是最佳选择。在正常配置的机器人系统中，当人站在机器人的前方并在基坐标系中微动控制时，将控制杆拉向自己一方时，机器人将沿 X 轴移动；向两侧移动控制杆时，机器人将沿 Y 轴移动。旋转扭动控制杆时，机器人将沿 Z 轴移动。机器人的基坐标系如图 1-19 所示。

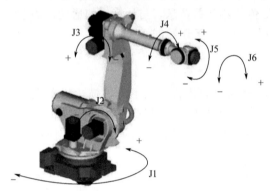

图 1-18　机器人关节坐标系

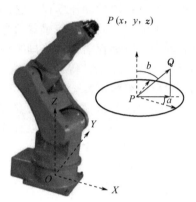

图 1-19　机器人的基坐标系

（3）大地坐标系（world coordinate system）

大地坐标系在工作单元或工作站中的固定位置有其相应的零点。这有助于处理若干个机器人或有外部轴移动的机器人。它是一个固定的直角坐标系，默认大地坐标系位于机器人底部，即大地坐标系和基坐标系是一致的。图 1-20 为两台机器人在同一大地坐标系下设定的不同基坐标系示意图。

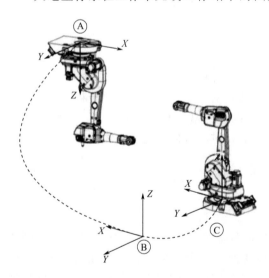

图 1-20　不同机器人基坐标系示意图
A—机器人 1 的基坐标系；B—大地坐标系；
C—机器人 2 的基坐标系

（4）工具坐标系（tool coordinate system）

机器人工具坐标系是由工具中心点 TCP 与坐标方位组成的，是定义机器人到达预设目标时所使用工具的位置。工具坐标系把机器人腕部法兰盘所持工具的有效方向作为 Z 轴，并把坐标定义在工具的尖端点，图 1-21 所示为机器人初始及加装不同工具时的 TCP 示意图。工具坐标系的原点一般是在机器人第六轴法兰盘的中心。工具坐标系通常被缩写为 TCPF（tool center point frame），而工具坐标系中心缩写为 TCP（tool center point）。弧焊机器人工具中心点（TCP）就是焊丝的端头，也是弧焊机器人需要控制的关键点。在执行程序时，机器人就是将 TCP 移至编程位置。这就意味着，如果我们要更改工具（以及工具坐标系），机器人的移动将随之更改，以便新的 TCP 到达目标位置。通常，将机器人末端执行器法兰盘中心定义为初始 TCP，加装工具后需要将初始 TCP 转移到工具执行端口，因为相比原始 TCP，加工作业时定义工具执行端口为新的 TCP 更具实际意义，即根据工具重新定义一个工具坐标系。当微动控制机器人时，如果我们不想在移动时改变工具方向（例如移动锯条时不使其弯曲），这个时候工具坐标系就显得非常有用。当机器人腕部法兰盘夹持不同工具时，即存在多个不同的 TCP，每一个工具都应当标定一个相应的工具坐标系。图 1-22 所示为大地坐标系和工具坐标系。

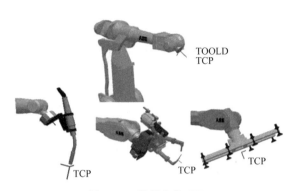
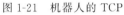

图 1-21　机器人的 TCP

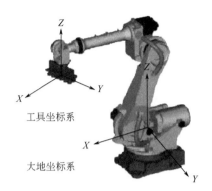

图 1-22　大地坐标系和工具坐标系

（5）工件坐标系（work object coordinate system）

机器人工件坐标系是由工件原点与坐标方位组成的，通常是最适于对机器人进行编程的坐标系。它必须定义于两个框架：用户框架（与大地基座相关）和工件框架（与用户框架相关）。机器人程序支持多个工件坐标系，可以根据当前工作状态进行切换。当外部夹具被更换，重新定义工件坐标系后，可以不更改程序，直接运行。图 1-23 所示为基于大地坐标系建立的两个工件坐标系。

对机器人进行编程就是在工件坐标系中创建目标和路径。当重新定位工作站中的工件时，我们只需要更改工件坐标系的位置，则所有路径将即刻随之更新。如图 1-24 所示两个工件坐标系的转换，在第一个工件坐标系下我们编制了一个加工程序，当加工工件位置或平台改变后，如果路径、工艺参数等都不改变，那么我们可以不用重新编制程序，只需依据现在的加工位置重新设定一个工件坐标系，即可使用原来的程序完成加工操作。通过重新定义工件坐标系，可以简便地实现一个程序同时适合多台机器人的操作。在定义工件坐标系后，我们可以操作外部轴或传送导轨移动的工件，因为整个工件可联同其他路径一起运动。

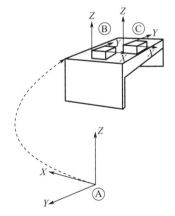

图 1-23　工件坐标系
A—大地坐标系；B—工件坐标系 1；
C—工件坐标系 2

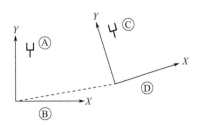

图 1-24　工件坐标系的转移
A—原始位置；B—工件坐标系；
C—新位置；D—位移坐标系

图 1-25　用户坐标系原点

如果在若干位置对同一对象或若干相邻工件执行同一路径,为了避免每次都必须为所有的位置编程,我们可以定义一个位移坐标系。此坐标系还可以与搜索功能结合使用,以抵消单个部件的位置差异。需要指出的是位移坐标系是基于工件坐标系而定义的。

(6) 用户坐标系(user coordinate system)

用户坐标系是用户对每个作业空间进行定义的直角坐标系。它用于位置寄存器的示教和执行、位置补偿指定的执行等。在没有定义的时候,一般由大地坐标系来替代该坐标系。它的存在就会在相关坐标系链中提供了一个额外级别,有助于处理特殊工件或其他坐标系的处理设备。图 1-25 所示为用户坐标系原点,图 1-26 中列举了工业机器人常见的坐标系。

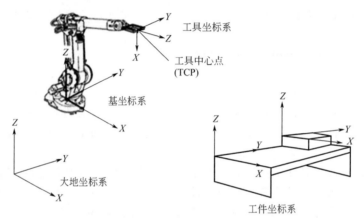

图 1-26　工业机器人常见的坐标系

1.6　工业机器人的应用

目前,工业机器人技术的应用范围十分广泛,在工业、医疗、军事、科研等领域均有所应用,特别是在制造业当中,工业机器人具有良好的适用性。借助工业机器人,人们可以完成一些单调且繁重的重复性工作。大多数情况下,工业机器人并不会受外部环境所约束,即便外部环境较为恶劣,依然能够作业。在进行搬运、喷涂等加工制造时,采用工业机器人,有利于降低相关化学材料对人体的危害。汽车制造业是工业机器人重要的应用领域之一,相关统计表明,全球范围内接近 40% 的工业机器人都被应用于汽车制造当中,为汽车工业发展奠定了良好的设备基础与技术基础。将工业机器人与数控机床结合起来,能够进一步提升数控机床的加工性能,可满足数字柔性化制造的需求。在热加工生产中,工业机器人可用于铸造、喷砂、清理、铸件运输等环节;在冷加工设备生产中,工业机器人可用于曲柄压力机、模压曲柄弯管机、螺旋压力机等;在装配生产当中,工业机器人不仅能够进行自动化装配,还能够完成批量化零件装配作业。总体上来看,工业机器人技术已经十分成熟,未来随着传感器技术、信息通信技术、仿生技术等不断发展,工业机器人将具备更强大的性能,也将具备更为广阔的应用空间。

在自动化领域中常用的工业机器人类型有检测型、焊接型、搬运型、喷涂型、打磨型等。检测工业机器人主要是对零部件的尺寸进行测量、颜色形状的分辨，代替人工的检测，保证产品的质量，剔除不合格的产品。焊接工业机器人运用最为广泛，在汽车行业已经成了必备的自动化装置，通常用于焊接车身结构。搬运工业机器人大大减少了人类劳动力的输出，主要用以货物的搬运码垛、上下料等。

（1）焊接机器人 ▶视频演示 1-2

焊接加工对于焊接精细度要求较为严格，对人工技能水平的要求较高，再加上焊接工作的环境较为恶劣，高强度的焊接工作对焊接人员的眼睛和皮肤都会造成严重损害。而焊接机器人的投入使用使得这些问题得到有效解决。目前，焊接机器人分类较多，不同应用场合所选取的焊接机器人也各有不同，其中多关节机器人因能够任意调整姿态，并能以任意角度调整焊枪的位置等优点在焊接加工领域应用最为广泛。调查表明，工业机器人中，焊接机器人的应用要占到其整体应用的一半左右。通过在汽车行业的广泛应用，使得焊接机器人在短时间内得到了迅速发展。当前，焊接机器人技术在汽车导轨、底盘、座椅骨架、液力变矩器等部件方面的应用已经非常成熟。如在本田车身的焊接生产线中，采用自动化技术进行焊接的环节已达 85％以上，并且在其车体安全部件的焊接过程中，也完全使用机器人进行焊接，有效避免了人工操作失误，提高了汽车整体的安全性能。再如，丰田公司在其国内外所有的电焊机器人上都装备了电焊标准，这种技术能够提高焊接精准度，保证焊接质量。汽车生产过程中，通过结合弧焊和点焊机器人，能够实现在同一时间内对汽车上、下部件进行同时加工，实现了汽车焊接生产线的进一步精简（如图 1-27 所示）。

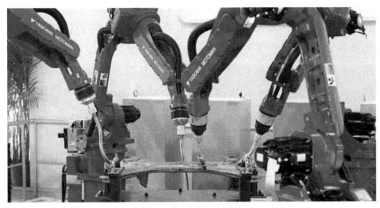

图 1-27　焊接机器人

随着焊接作业越来越复杂，在焊接过程中对焊缝精准度的要求也在不断提高。通过在焊接机器人上安装速度传感器，同时在系统结合电弧传感器技术的基础上，能够有效达到焊缝自动跟踪效果。该技术在德国汽车制造业中应用较为普遍，如在奥迪、奔驰等轿车车身生产过程中，就采用了机器人激光焊接工艺。除此以外，焊接机器人在造船业、工程以及铁路机械中的应用也较为普遍。如在造船以及铁路机械的板材焊接中，就有着德国 KUKA 焊接机器人的"身影"。与人工焊接方式相比，焊接机器人无论在焊接质量还是焊接速度方面，都具有明显优势，投入适量的焊接机器人能够有效改善焊接条件，缩短焊接周期，不断提高焊接效率。

随着数字化电压技术的发展，焊接机器人在利用数字化电压技术的基础上，能够有效保障焊接工作的持续稳定，并且焊缝成形比人工焊接更为美观。随着计算机控制技术、人工智能等技术的快速发展，焊接机器人正快速向多样化、自动化、智能化等方向发展。目前，焊接机器人焊接过程的智能控制技术、自动焊接系统的柔性控制以及焊接机器人传感技术等都是

图 1-28 冰箱装配机器人

当前学术研究的热点，也是进一步推动焊接机器人突破发展瓶颈而急需解决的技术难关，可以肯定的是，随着科研技术的不断发展和应用，必然会不断推动焊接机器人技术走向更高境界。

（2）装配机器人 ▶视频演示 1-3

在工业生产中，零部件安装也是一项任务量庞大的工作，这就需要投入大量的人力和设备。作为节省人力的重要手段，科学研发能够承担此项工作的机器人，装配机器人就应运而生了（图 1-28 所示为冰箱装配机器人），它最主要的功能就是用于生产线上的零部件安装。装配机器人的研发综合了多种技术，包括通信、光学、自动控制、机械和微电子技术等。用户可根据相应的安装流程，给机器人编写合适的程序，就可以代替人工来完成装配工作。目前装配机器人主要应用在零部件安装任务量大、劳动强度高的电器制造业、汽车制造业及其他轻工业生产领域。

（3）搬运和码垛机器人 ▶视频演示 1-4

作为能够自动执行工作命令的自动化设备，机器人不仅能够实时接受操作者发出的指令，还能有效运行预先编排好的程序，同时又能运行人工智能技术所指定的动作，所以，能够自动化进行码垛（图 1-29）和搬运的机器人（图 1-30）在物流业中的各个环节都有着广泛应用，如在货物包装、运输以及货物储存等场合都有着它们的身影。从 1960 年首台搬运机器人投入使用开始，到目前为止，世界上已经有超过 20 万台的搬运机器人被投入到各个领域。目前，搬运机器人技术无论是在机械制造还是汽车、电子等领域，应用都已十分成熟。而在化工行业中，因涉及能源、石油以及各类涂料等，在采用人工搬运时有一定的危险性，而通过将搬运机器人应用其中，不仅能有效提高搬运效率，同时还能一定程度地避免安全事故的发生。

图 1-29 码垛机器人

图 1-30 搬运机器人

当前，四轴搬运机器人以及六轴搬运机器人是交叉多学科领域中研究最多的两项高新技术。其中四轴搬运机器人的特点在于其搬运速度快，由于其运动轨迹接近直线，因此可实现高速搬运，通常应用在高速码垛以及包装中。而六轴搬运机器人的特点在于其善于进行重物搬运，如 KUKA 公司研发的高负载搬运机器人，最大负荷能力可达 1300kg，最高作业高度为 5m，被广泛应用于建材、汽车以及铸造业等。目前，国际上多采用多个高速并联机器人，其中 Delta 机械手就是其典型代表。图 1-31 所示是一种常见的多层 Delta 机械手，能够以任意角度进行物品摆放，并且其重复定位的准确度达到 ±0.1mm。我国由于对搬运机器人的研究起步较晚，与国际上较为先进的搬运机器人技术相比，缺乏能够稳定应用于实际搬运操作的产品。尤其在涉及精度以及速度的电子制造业中，我国所应用的搬运机器人在速度以及精度要求上仍旧有较大的发展空间。

（4）喷涂机器人 ▶视频演示 1-5

随着社会的发展，人们越来越注重生活质量和身体健康，而长期从事喷涂作业，会对人体造成严重的损害。喷涂机器人（图 1-32）的出现，保证了工作人员的身体健康，也解决了企业用工荒的问题，在程序的控制下，喷涂效率以及质量都得到了提高。

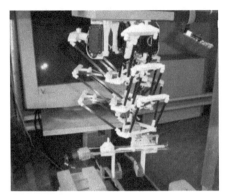

图 1-31　多层 Delta 机械手

图 1-32　喷涂机器人

（5）其他领域的应用

当前，工业机器人除应用于汽车、采矿、石油等制造业之外，在航天、生化、船舶等领域也有着较为广泛的应用，如高压线作业机器人、深海作业机器人等。再如，就海底种植来讲，其不仅费时费力，对种植人员的种植技能要求较高，还存在一定的危险性。而采用水下机器人，不仅能够有效节省人工物力，还能大幅提高海底种植效率，避免安全事故的发生。高压巡线也是一项危险性较高的工种，工作人员需攀爬高压线设备进行安全巡视，具有较高的危险性。而通过借助高压线作业机器人（图 1-33 所示为变电站巡视机器人）来帮助工作人员进行高压线巡视，不仅省时省力，还能有效保障工作人员的生命安全。在医药领域，工业机器人具备良好的发展前景。随着药品质检标准不断提升，药品生产过程中对于生产环境的要求也越来越高。为确保药品质量，所有药品都需在无菌的环境中进行生产，卫生型机器人的投入使用有效降低了药品生产过程中人工活动对药品卫生造成的影响，在提高药品生产效率的同时，有效促进药品生产更加符合制药卫生标准。航天领域中使用的机器人代表了机器人最高科技，在历经多批科学家的通力研制后，最新问世的智能机器人（图 1-34）已经能够实现在其他星球进行收集以及各类科研任务。

图 1-33　变电站巡视机器人

图 1-34　太空机器人

1.7 工业机器人的发展趋势

机器人技术在工业生产中的应用带来了极大的便利,产生了很显著的企业效益,其推广和应用成为一种必然趋势。所以,进一步研发和创新机器人科技,不断进行技术突破是当前一项重大的任务。未来机器人系统也将更加趋向自动化、数字化、智能化,最终推动工业生产越来越标准化、模块化和微型化。

(1)机器人的智能化

机器人的智能化是指机器人具有感觉、知觉等,即有很强的检测功能和判断功能。在多品种、小批量生产的柔性制造自动化技术中,特别是机器人自动装配技术中,要求工业机器人对外部环境和对象物体有自适应能力,即具有一定的"智能"。工业机器人中不仅运用了现代信息化技术和计算机技术,还包含了现代机械化生产技术、电子学技术和控制技术、传感技术及仿生学和人工智能等多学科技术。在现代计算机技术、机械技术及人工智能技术等的支撑下,必然推动着工业机器人技术不断走向智能化,提升其智能化水平。未来智能化是该技术发展的一个重要方向,开发类似人类感觉器官的传感器(如触觉传感器、视觉传感器、测距传感器等),发展多传感器的信息融合技术。通过各种传感器得到关于工作对象和外部环境的信息,以及信息库中存储的数据、经验、规划的资料,以完成模式识别,用"专家系统"等智能系统进行问题求解、动作规划。另外还要不断提升可操控性,尤其是工业生产中的高危作业,要不断在机器人系统程序中设定高危工作环境,让机器人自己寻找解决的方法和措施,并智能分析高危作业方案的可行性,然后发出指令执行任务。机器人的智能化将工业烦琐的作业简单化,将高危生产变为可能,并高效完成工作。

(2)机器人的标准化和模块化

提高运动速度和运动精度,减轻重量和减少安装占用空间,必将导致工业机器人功能部件的标准化和模块组合化。工业机器人可以划分为机械模块、信息检测模块、控制模块等,以降低制造成本和提高设备可靠性。系统从软件到硬件设备都将实现模块化,这种模块化操控系统将更能满足工作需求,在软件编程方面也将进行升级,工业机器人也注重走向模块化,这样更加便于管理者操作,有利于工业人员完成操作并实现生产。在不同的工作环节,模块化的操作能够更加准确地寻找到问题的解决方法,工作问题的处置效率将更高。

(3)机器人系统的集成化

随着先进制造技术的发展,工业机器人已从当初的柔性上、下料装置正在发展成为高度柔性、高效率、可重组的装配、制造和加工系统中的生产设备。在自动生产线上,机器人是作为系统中的一员而工作的,因此,要从组成敏捷制造生产系统的观点出发,来研究工业机器人的协作发展。而面向先进制造环境的机器人柔性装配系统和机器人加工系统中,不仅有多台机器人的集成,还有机器人与生产线、周边设备、生产管理系统以及人的集成。因此,以系统优化集成的观点来发展新的机器人控制系统,将会成为未来机器人技术发展的一个新趋势。

(4)机器人的微型化

工业机器人是现代的一种高端科技成果,在工业机器人的推广和应用过程中,机器人也将越来越趋向微型化,成为一种顶尖的技术。微型化主要是指机器人系统中的硬件设备(例如起动器、传感器等)将越来越微型化,实现更加精密的工业生产。机器人的微型化尤其是在现代医疗服务体系构建中发挥着重要的作用,并且已经逐步趋向成熟。微型机器人能代替医生实现智能诊断,在患者术后康复中的应用十分广泛,能缩短术后康复时间。在未来,机器人还要不断引进现代光学和集成电路技术,实现机器人的微型化发展,不断提升技术的科技水平,实现更大范围内的推广及应用。

第2章

认识焊接机器人

焊接工程在制造业中占有重要的地位,它是仅次于装配和切削加工的第三大工程。它在机械制造、核工业、航空航天、能源交通、石油化工及建筑和电子等行业中的应用越来越广泛。随着科学技术的发展,焊接已从简单的构件连接方法和毛坯制造手段发展成为制造行业中一项基础工艺和生产尺寸精确的制成品的生产手段。传统的手工焊接已不能满足现代高技术产品制造的质量和数量要求,因此保证焊接产品质量的稳定性、提高生产率和改善劳动条件已成为现代焊接制造工艺发展亟待解决的问题。从21世纪先进制造技术的发展要求看,焊接自动化生产已是必然趋势。

焊接机器人最早只在点焊中得到应用。20世纪80年代初,随着计算机技术、传感器技术的发展,弧焊机器人逐渐得到普及,特别是近十几年来由于世界范围内经济的高速发展,市场的激烈竞争使那些用于中、大批量生产的焊接自动化专机已不能适应小规模、多品种的生产模式,逐渐被具有柔性的焊接机器人代替,焊接机器人得到了飞跃式的发展。焊接已成为工业机器人应用最多的领域之一,广泛应用于汽车、摩托车、工程机械、核电风电、航空航天、船舶海工、轨道交通、国防军工、家用电器、民用五金、3C电子等行业(图2-1所示为弧焊机器人在发电机底盘焊接加工中的应用)。

图 2-1 焊接机器人

经过了几十年的发展,焊接机器人技术已经对信息技术、传感器技术、人工智能等多学科技术进行了融合,并向智能化、自动化的方向发展。焊接机器人的主要优点包括:

① 焊接质量稳定,重复加工质量高;
② 可连续生产,大大提高生产效率;
③ 降低对工人操作技术难度的要求;
④ 可在恶劣环境下工作,改善工人劳动条件;
⑤ 缩短产品改型换代的准备周期,减少相应的设备投资;
⑥ 采用工作站集成设计,可实现自动化生产;
⑦ 为焊接柔性生产线的发展提供技术基础。

2.1 焊接机器人的定义

焊接机器人是从事焊接（包括切割与热喷涂）的工业机器人。根据国际标准化组织（ISO）对工业机器人的定义：工业机器人是一种多用途的、可重复编程的自动控制操作机（manipulator），具有三个或更多可编程的轴，用于工业自动化领域。为了适应不同的用途，机器人最后一个轴的机械接口通常是一个连接法兰，可接装不同工具或称末端执行器。焊接机器人就是在工业机器人的末轴法兰处装接焊钳或焊（割）枪，使之能进行焊接、切割或热喷涂。

2.2 焊接机器人的分类

焊接机器人是在焊接生产领域代替焊工从事焊接任务的一种工业机器人，具有可自由编程的轴，并能将焊接工具按要求送到预定空间位置，按要求轨迹及速度移动焊接工具。受焊接设备或工作场所的限制，并非所有的焊接技术均适用于机器人焊接。适用于机器人的焊接方法如图 2-2 所示。

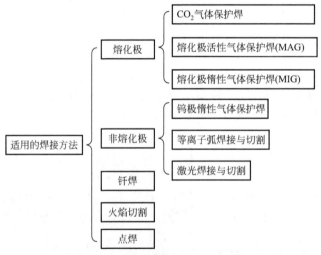

图 2-2　适用于焊接机器人的焊接方法

在图 2-2 所示的焊接方法中，90%以上的机器人用于熔化极气体保护焊和点焊。近年来随着激光焊接与切割设备价格的降低，机器人在激光焊接与切割领域的应用数量在逐年增加。根据焊接原理及应用一般将焊接机器人分为点焊机器人、弧焊机器人和激光焊接机器人。

2.2.1 点焊机器人（spot welding robot）

（1）认识点焊机器人 ▶视频演示 2-1

点焊机器人是用于点焊自动作业的工业机器人。世界上第一台点焊机器人是美国 Unimation 公司推出的 Unimate 机器人（如图 2-3 所示），于 1965 年开始使用。中国在 1987 年自行研制出第一台点焊机器人——华宇-Ⅰ型点焊机器人。

点焊机器人（如图 2-4 所示）由机器人本体、计算机控制系统、示教盒和点焊焊接系统等部分组成。为了适应灵活动作的工作要求，通常点焊机器人选用关节式工业机器人的基本设计，一般具有 6 个自由度：腰转、大臂转、小臂转、腕转、腕摆及腕捻。其驱动方式有液压驱动和电气驱动两种。其中电气驱动具有保养维修简便、能耗低、速度快、精度高、安全性好等优点，因此应用较为广泛。点焊机器人按照示教程序规定的动作、顺序和参数进行点焊作业，其过程是完全自动化的，并且具有与外部设备通信的接口，可以通过这一接口接受上一级主控与管理计算机的控制命令进行工作。

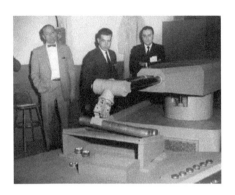

图 2-3 世界上第一台点焊机器人 Unimate

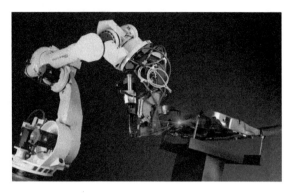

图 2-4 点焊机器人

点焊机器人在焊接加工时电极与工件之间的接触方式是点接触，因此相比弧焊加工对工件定位精度的要求更高。对于点焊机器人的移动轨迹一般没有严格的规定，点焊机器人不仅承载能力强，而且在点与点之间移位时速度快捷，动作平稳，定位准确，减少移位的时间，提高工作效率。点焊机器人的负载能力取决于所用的焊钳形式，对于用与变压器分离的焊钳，30~45kg 负载的机器人就可以满足要求。但是，这种焊钳一方面由于二次电缆线长，电能损耗大，不利于机器人将焊钳伸入工件内部焊接；另一方面电缆线随机器人运动而不停摆动，电缆的损坏较快。因此，目前大多点焊机器人采用一体式焊钳，这种焊钳连同变压器质量在70kg 左右。考虑到机器人要有足够的负载能力，能以较大的加速度将焊钳送到空间位置进行焊接，一般都选用 100~150kg 负载的重型机器人。为了适应连续点焊时焊钳短距离快速移位的要求，新的重型机器人移动速度更快，可在 0.3s 内完成 50mm 的位移。这对电动机的性能、计算机的运算速度和算法都提出更高的要求。

点焊机器人的典型应用领域是汽车工业。最初，点焊机器人只用于增强焊点作业（往已拼接好的工件上增加焊点）。随着技术越来越成熟，点焊机器人逐渐被要求具有更全面的作业性能。具体来说包括：安装面积小，工作空间大；快速完成小节距的多点定位（例如每 0.3~0.4s 移动 30~50mm 节距后定位）；定位精度高（±0.25mm），以确保焊接质量；持重大（300~1000N），以便携带内装变压器的焊钳；示教简单，节省工时；安全可靠性好等。一般装配每台汽车车体大约需要完成 3000~4000 个焊点，而其中 60% 的焊点都是由点焊机器人完成的。在有些大批量汽车生产线上，服役的机器人台数甚至高达 150 多台。汽车工业引入机器人已取得了明显的效益：改善多品种混流柔性生产线；提高焊接质量及生产率；把工人从恶劣的作业环境中解放出来。目前，机器人已经成为汽车生产行业的支柱。

（2）点焊机器人系统组成

点焊机器人虽然有多种结构形式，但大体上都可以分为三大组成部分（其结构组成如图 2-5 所示），即机器人本体、点焊焊接系统及控制系统。目前应用较广的点焊机器人的本体形式主要为直角坐标简易型及全关节型。前者可具有 1~3 个自由度，焊件及焊点位置受到限制；后者具有 5~6 个自由度，分 DC 伺服和 AC 伺服两种形式，能在可到达的工作区间内任意调整焊钳姿态，以适应多种形式结构的焊接。

图 2-5 中代号说明见表 2-1。

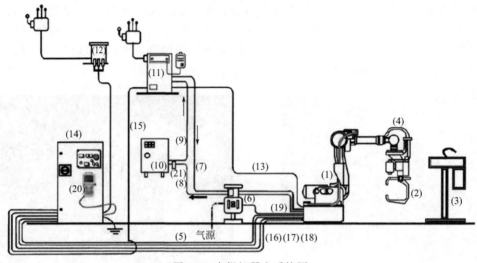

图 2-5 点焊机器人系统图

表 2-1 点焊机器人系统图中代号说明

设备代号	设备名称	设备代号	设备名称
(1)	机器人本体	(12)	机器人变压器
(2)	伺服焊钳	(13)	焊钳供电电缆
(3)	电极修磨机	(14)	机器人控制柜
(4)	管线包	(15)	点焊指令电缆
(5)	焊钳伺服控制电缆	(16)	机器人供电电缆
(6)	气/水管路组合体	(17)	机器人供电电缆
(7)	焊钳冷水管	(18)	机器人控制电缆
(8)	焊钳回水管	(19)	焊钳进气管
(9)	点焊控制箱冷水管	(20)	示教器
(10)	冷水阀组	(21)	冷却水流量开关
(11)	点焊控制箱		

点焊机器人的焊接系统主要由焊接控制器、焊钳（含阻焊变压器）及水、电、气等辅助部分组成，系统原理如图 2-6 所示。

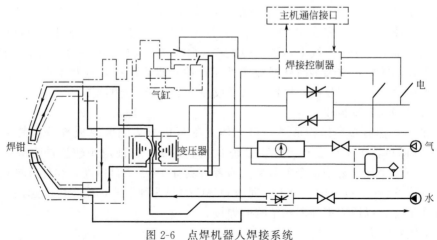

图 2-6 点焊机器人焊接系统

点焊机器人焊钳按驱动方式可分为气压点焊钳和伺服点焊钳；按安装形状结构可分为 C 型焊钳和 X 型焊钳。不同类型的焊钳如图 2-7 所示。

C型伺服焊钳

C型气压焊钳

X型伺服焊钳

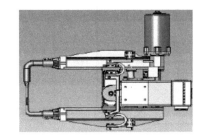

X型气压焊钳

图 2-7　不同类型的焊钳

2.2.2　弧焊机器人

（1）认识弧焊机器人 ▶视频演示 2-2

弧焊机器人是指用于进行自动弧焊（包括切割和热喷涂）的工业机器人，其末端执行器为焊枪，它的组成和原理与点焊机器人基本相同。弧焊机器人是焊接机器人的一种，可被应用在所有电弧焊的工艺方法中，最常用的焊接方法主要包括 CO_2 气体保护焊、MAG 焊、MIG 焊、TIG 焊及埋弧焊等。

相比点焊机器人，弧焊机器人的应用领域更广，可以用电弧加工的行业基本都可以应用，主要应用在汽车零部件、摩托车、薄板五金等行业，另外在以工程机械为主的中厚板行业也获得了广泛的应用。

弧焊过程比点焊过程要更为复杂，工具中心点（TCP），也就是焊丝端头的运动轨迹、焊枪姿态、焊接参数都要求精确控制。弧焊机器人多采用气体保护焊方法（MAG 焊、MIG 焊、TIG 焊），通常的晶闸管式、逆变式、波形控制式、脉冲或非脉冲式等焊接电源都可以装配到机器人上。虽然理论上有五个运动轴的焊接机器人就可以用于电弧焊，但是对复杂形状的焊缝，用五轴的焊接机器人会有困难。因此，除非焊缝比较简单，否则应尽量选用六轴机器人（图 2-8 为 ABB 六轴弧焊机器人）。

图 2-8　ABB 六轴弧焊机器人

（2）弧焊机器人系统组成

弧焊机器人系统是包含焊接装置的机器人焊接工作站，一般由机器人本体、控制系统、变位机、焊接系统及安全防护设备等组成（其组成如

图 2-9 及表 2-2 所示）。

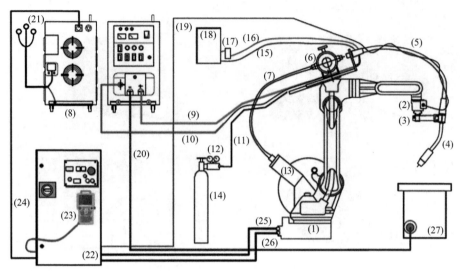

图 2-9　典型弧焊机器人系统组成

表 2-2　图 2-9 中代号说明

设备代号	设备名称	设备代号	设备名称
（1）	机器人本体	（15）	冷却水冷水管
（2）	防碰撞传感器	（16）	冷却水回水管
（3）	焊枪把持器	（17）	水流开关
（4）	焊枪	（18）	冷却水箱
（5）	焊枪电缆	（19）	碰撞传感器电缆
（6）	送丝机构	（20）	功率电缆（一）
（7）	送丝管	（21）	焊机供电一次电缆
（8）	焊接电源	（22）	机器人控制柜 YASNAC XRC
（9）	功率电缆（＋）	（23）	机器人示教盒（PP）
（10）	送丝机构控制电缆	（24）	焊接指令电缆（I/F）
（11）	保护气软管	（25）	机器人供电电缆
（12）	保护气流量调节器	（26）	机器人控制电缆
（13）	送丝盘架	（27）	夹具及工作台（须根据工件设计制造）
（14）	保护气瓶		

2.2.3　激光焊接机器人

（1）认识激光焊接机器人

从 20 世纪 60 年代激光器诞生后，人们就开始研究如何将激光技术应用在焊接上。世界上第一台激光器诞生于 1960 年，我国于 1961 年研制出第一台激光器，从开始的薄小零件或器件的焊接到目前大功率激光焊接在工业生产中的大量应用，经历了近 40 年的发展。由于激光焊接具有能量密度高、变形小、热影响区窄、焊接速度快、易实现自动控制、无后续加工等优点，近年来逐渐成为金属材料加工与制作的重要手段，越来越广泛地应用在汽车、电工电子、航空航天、国防工业、造船、海洋工程、核电设备等领域，所涉及的材料涵盖了几乎所有的金属材料。与传统焊接方法相比，虽然激光焊接设备昂贵，但是激光焊接生产率高和易实现自动化控制的优点使其非常适用于大规模生产线和柔性制造领域。

随着激光技术的飞速发展，柔性耦合光纤传输的高功率工业型激光器的问世实现了激光焊接与机器人结合的可能，先进制造领域在智能化、自动化和信息化技术方面的不断进步促进了机器人技术与激光技术的结合，特别是汽车产业的发展需要，带动了激光焊接机器人产业的形成和发展。从 20 世纪 90 年代开始，欧美发达国家开始致力于激光焊接机器人的研发，进入 2000 年，德国 KUKA、瑞士 ABB、日本 FANUC 等公司均研制出了激光焊接机器人 ▶视频演示 2-3 和激光切割机器人 ▶视频演示 2-4 系列产品（如图 2-10 与图 2-11 所示）。

 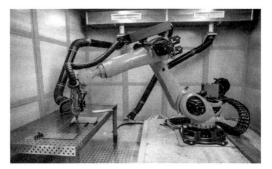

图 2-10　ABB 激光焊接机器人　　　　　图 2-11　光纤激光切割机器人

激光焊接机器人是用于激光焊接自动作业的工业机器人，通过高精度工业机器人实现更加柔性的激光加工作业，其末端执行器为激光加工头。与弧焊机器人相比，激光焊接机器人的焊缝跟踪精度要求更高，其基本性能要求如下：

① 高精度轨迹（≤0.1mm）；
② 持重大（30～50kg），以便携带激光加工头；
③ 可与激光器进行高速通信；
④ 机械臂刚性好，工作范围大；
⑤ 具备良好的振动抑制和控制修正功能。

（2）激光焊接机器人系统的组成

典型的激光焊接机器人系统由高柔性六轴工业机器人、光纤激光器、激光焊接头、工装夹具、防护装备等组成，如图 2-12 所示。

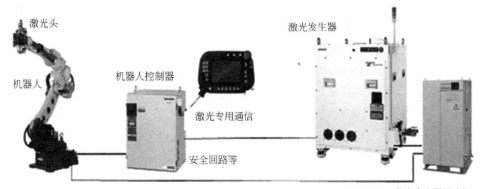

图 2-12　典型激光焊接机器人系统组成

2.3 焊接机器人工作站

2.3.1 认识焊接机器人工作站

　　焊接机器人工作站是一个以焊接机器人为中心的综合性高、集成度高、多设备协同作业的焊接工作单元，是焊接机器人应用系统中一种常见的应用形式，可独立完成焊接工作，也可使用在自动生产线上，作为具有焊接功能的一个"站"。图 2-13 所示为汽车减振器焊接机器人工作站，在这个工作站中可独立完成对减振器各部件的焊接加工。

图 2-13　汽车减振器焊接机器人工作站

2.3.2 焊接机器人工作站的基本组成

　　焊接机器人工作站的机构设计需要结合用户需求分析焊接工件的材料、结构及焊接要求等，规划合理方案。一般来讲，标准化的焊接机器人工作站主要包括机器人本体、控制系统、焊接系统、变位机、清枪系统及安全防护设备等，其系统组成如图 2-14 所示。

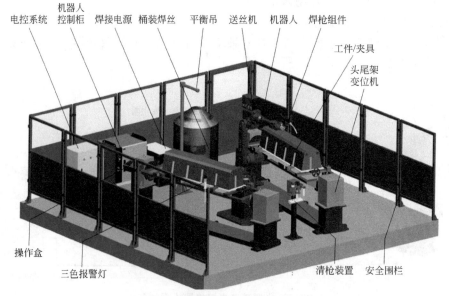

图 2-14　典型的弧焊机器人系统组成

（1）机器人本体

用于焊接的工业机器人一般有三到六个自由运动轴，在末端执行器夹持焊枪，按照程序要求轨迹和速度进行移动。轴数越多，运动越灵活，目前工业装备中最常见的就是六轴多关节焊接机器人。

① 三轴工业机器人　直角坐标机器人即三轴工业机器人，又叫桁架机器人或龙门式机器人。图 2-15 为全自动三轴直角坐标系焊接机器人，它由多维直线导轨搭建而成，直线导轨由精制铝型材、齿型带、直线滑动导轨或齿轮齿条等组成。它的运动自由度仅包含三维空间的正交平移，每个运动自由度之间的空间夹角为直角，同时，在 X、Y、Z 三轴基础上可以扩展旋转轴和翻转轴，构成五自由度和六自由度机器人。直角坐标机器人的主要特点是灵活、多功能、高可靠性、高速度、高精度、高负载，可用于恶劣的环境，便于操作维修，缺点就是只有三个自由度，加工范围及灵活性方面的局限性较大，一般用于加工小型、焊缝简单的工件。

图 2-15　全自动三轴焊接机器人

② 四轴工业机器人　图 2-16 为常见的两种四轴焊接机器人。四轴工业机器人的手臂部分可以在一个几何平面内自由移动，前两个关节可以在水平面上左右自由旋转，第三个关节可以在垂直平面内向上和向下移动或围绕其垂直轴旋转，但不能倾斜。这种独特的设计使四轴机器人具有很强的刚性，从而使它们能够胜任高速和高重复性的工作。

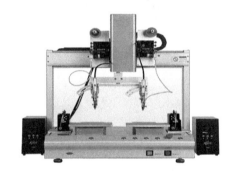

图 2-16　四轴焊接机器人

③ 五轴工业机器人　五轴焊接机器人（如图 2-17 所示）可以在 X、Y、Z 三个方向进行转动，可以依靠基座上的轴实现转身的动作，同时手部有灵活转动的轴，可以实现运动机构的升降、伸缩、旋转等多个独立运动方式，相比四轴机器人更加灵活。

④ 六轴工业机器人　图 2-18 列举了部分品牌的六轴焊接机器人。六轴工业机器人是目前工业生产中装备最多的机型。六轴工业机器人的第一个关节轴能像四轴机器人一样在水平面自由旋转，后两个关节轴能在垂直平面移动。此外，六轴工业机器人有一个"手臂"、两个"腕"关节，这让它具有类似人类手臂和手腕的活动能力。它可以穿过 X、Y、Z 轴，同时每个轴可以独立转

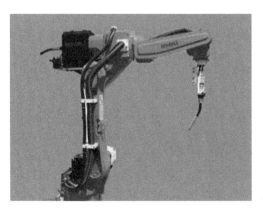

图 2-17　五轴焊接机器人

动。它与五轴工业机器人的最大区别就是增加了一个可以自由转动的轴。因此六轴工业机器人更加灵活高效，其能够深入的工作领域自然就变得更加广泛。

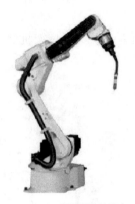

(a) BA006川崎焊接机器人

(b) 安川MA1400焊接机器人

(c) ABB1410机器人

(d) FANUC M-10iA

图 2-18　六轴焊接机器人

(2) 焊接系统

根据焊接方式的不同，机器人上可以加载不同的焊接设备，比如熔化极焊接设备、非熔化极焊接设备、点焊设备等，这里仅以二氧化碳气体保护焊设备为例对焊接系统做介绍。

① 焊接电源　CO_2 焊选用具有平特性或缓降特性的电源，空载电源为 $38\sim70V$。平特性电源主要用于细丝（短路过渡）焊接，配置等速送丝系统，燃烧稳定，焊接参数可调；缓降特性的电源主要用于粗丝焊接，配置变速送丝系统。

图 2-19　NBC-315 抽头式 CO_2 焊机

常见的 CO_2 焊机包括抽头式二氧化碳气体保护焊机、可控硅（晶闸管）二保焊机和逆变式二保焊机。抽头式电焊机（图 2-19）是通过改变二次抽头位置来改变输出电压，它比动铁式或动圈式弧焊变压器简单，但不能连续调节输出电压。晶闸管整流焊机（图 2-20）具有较好的控制性能，其反馈控制可以保证焊接参数稳定，有较强的网络补偿能力。目前较为常用的晶闸管整流焊机主要是 KR 系列。逆变式二保焊机（图 2-21）工作频率高，动特性好，还有良好的控制性能，如引弧性能、焊接性能及抗干扰性能，可分为 MOS-FET 场效应管式、单管 IGBT 式和 IGBT 模块式三大类。

图 2-20　松下晶闸管控制 CO_2/MAG 焊机

图 2-21　逆变式二保焊机

② 焊枪　简单来说，机器人焊枪系统就是把焊枪设备、防撞器等辅助设备通过夹持器安装在工业机器人第六轴法兰上。机器人用焊枪按照冷却方式分为空冷型和水冷型；按照安装方式可分为内置式机器人焊枪系统（其组成如图 2-22 所示）和外置式机器人焊枪系统（其组成如图 2-23 所示）。

图 2-22　内置式机器人焊枪系统

1—枪颈；2—防撞传感器（不含绝缘法兰）；3—焊枪夹持器；4—绝缘法兰；5—集成电缆

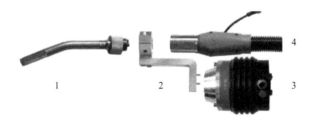

图 2-23　外置式机器人焊枪系统

1—枪颈；2—Z 型夹持器；3—防撞传感器（含绝缘法兰）；4—集成电缆

焊枪枪颈结构如图 2-24 所示。

夹持器是用来连接防撞传感器的，一般外置，分为固定式和可调式，如图 2-25 所示。

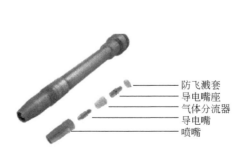

防飞溅套
导电嘴座
气体分流器
导电嘴
喷嘴

图 2-24　枪颈结构

(a) 固定式

(b) 可调式

图 2-25　夹持器

③ 送丝机　送丝机是驱动焊丝向焊枪输送的装置，它处于焊接电源与工件之间，一般情况下更靠近工件，以减小送丝阻力，提高送丝稳定性。

常见的送丝机按照其与焊接电源的结构形式主要有分体式送丝机和一体式送丝机（图 2-26）。

图 2-26　送丝机

由于弧焊机器人焊接时焊枪摆动空间较大，采用一体式送丝机时送丝路径长，阻力较大，容易造成送丝不稳，所以一般采用分体式送丝机。图 2-27 所示为常见的分体式送丝机。

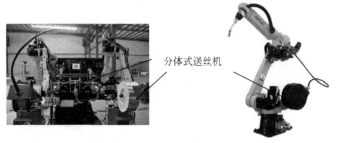

图 2-27　分体式送丝机

送丝机按照送丝形式通常分为三种：推丝式、拉丝式和推拉丝式。不同类型的送丝示意图如图 2-28 所示。

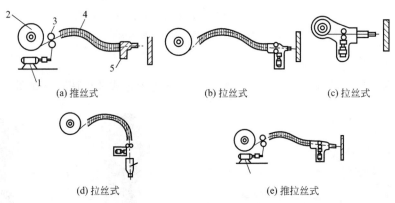

(a) 推丝式　　　　　(b) 拉丝式　　　　　(c) 拉丝式

(d) 拉丝式　　　　　(e) 推拉丝式

图 2-28　送丝机送丝类型

1—电动机；2—焊丝盘；3—送丝滚轮；4—送丝软管；5—焊枪

在弧焊机器人中采用最多的是推丝式，送丝直径为 0.8～2.0mm。推丝机构主要有单驱动和双驱动两种类型，如图 2-29 所示。

（3）机器人外部轴（行走轨道）

为了扩大弧焊机器人的工作范围，让机器人可以在多个不同位置上完成作业任务，提高工作效率和柔性，一种典型的配置就是增加外部轴，将机器人安装在移动轨道上。下面介绍几种常见的机器人行走轨道。

(a) 单驱动送丝机构　　　(b) 双驱动送丝机构

图 2-29　推丝式送丝机结构

① 单轴龙门移动轨道　图 2-30 为单轴龙门移动轨道示意图及实物图。单轴龙门轨道主要由 X 轴移动轨道及结构件、固定 Y 轴、龙门立柱、X 轴驱动主轴箱及精密减速器、拖链、防护罩及附件等组成。单轴龙门轨道是机器人的外部轴，可自由编程，也可与机器人系统联动进行轨迹插补运算，从而使机器人处于最佳的焊接姿态进行焊接。轨道设计时消除了齿轮与齿条啮合的间隙，所以传动精度很高。龙门提供了机器人倒吊式安装平台，扩大了机器人的可达范围。

图 2-30　单轴龙门移动轨道示意图及实物图

② 两轴龙门移动轨道　图 2-31 为两轴龙门移动轨道示意图及实物图。两轴龙门轨道主要由 X 轴移动轨道及结构件、固定 Y 轴、Z 轴移动轨道及结构件、龙门立柱、X 轴驱动主轴箱及精密减速器、Z 轴驱动主轴箱及精密减速器、拖链、防护罩及附件等组成。相比单轴龙门轨道，两轴龙门轨道使机器人的活动可达范围更大。

图 2-31　两轴龙门移动轨道示意图及实物图

③ 三轴龙门移动轨道　三轴龙门移动轨道主要由 X 轴移动轨道及结构件、Y 轴移动轨道及结构件、Z 轴移动轨道及结构件、龙门立柱、X 轴驱动主轴箱及精密减速器、Y 轴驱动主轴箱及精密减速器、Z 轴驱动主轴箱及精密减速器、拖链、防护罩及附件等组成。三轴龙门移动轨道如图 2-32 所示，它是机器人的外部轴，可自由编程，也可与机器人系统联动进行轨迹插补运算，从而使机器人处于最佳的焊接姿态进行焊接。轨道设计时消除了齿轮与齿条啮

合的间隙，所以传动精度很高。龙门提供了机器人倒吊式安装平台，机器人的可达范围最大。

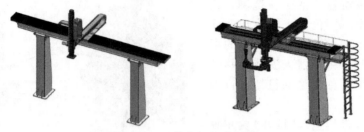

图 2-32　三轴龙门移动轨道

④ 单轴机器人地面轨道　单轴机器人地面轨道主要由地面轨道及结构件、X 轴驱动主轴箱及精密减速器、溜板及结构件、拖链、防护罩及附件等组成。图 2-33 所示为单轴机器人地面轨道，地面轨道是机器人的外部轴，可自由编程，也可与机器人系统联动进行轨迹插补运算。轨道设计时消除了齿轮与齿条啮合的间隙，所以传动精度很高。地面轨道提供了机器人站立式安装平台，安全、可靠。

图 2-33　单轴机器人地面轨道

⑤ 两轴机器人地面轨道　两轴机器人地面轨道主要由 X 轴轨道及结构件、Z 轴轨道及结构件、C 型悬臂支撑、X 轴驱动主轴箱及精密减速器、Z 轴驱动主轴箱及精密减速器、安全气缸、防掉落机构、电磁阀、气管、拖链、防护罩及附件等组成（图 2-34 为两轴机器人地面轨道）。两轴机器人地面轨道提供了机器人站立式安装平台，安全、可靠。

⑥ C 型机器人倒吊支撑　C 型支撑主要由固定立柱及结构件、溜板及结构件、C 型支撑臂、Z 轴驱动主轴箱及精密减速器、安全气缸、防掉落机构、电磁阀、气管、拖链、防护罩及附件等组成。图 2-35 为 C 型机器人倒吊支撑，Z 轴轨道设计时消除了齿轮与齿条啮合的间隙，所以传动精度很高。C 型支撑提供了机器人倒吊（或站立）式安装平台。

图 2-34　两轴机器人地面轨道

图 2-35　C 型机器人倒吊支撑

（4）变位机

变位机是机器人焊接生产线及焊接柔性加工单元的重要组成部分，是外部扩展轴，其作用是将被焊工件通过旋转、平移或两者结合的方式以获得最佳焊接位置，实现焊接的自动化、机械化，提高生产效率和焊接质量。目前，通过专用软件控制可以实现机器人和变位机在加工过程中的联动，可以获得完美焊接路径，完成复杂工件的焊接。在焊接作业前和焊接过程中，变位机通过专用夹具或定位装置固定被焊工件。在自动化焊接生产线中，通常焊接机器人系统会配备两台变位机，一台进行焊接作业，另一台完成工件的装卸工作。选择合适的焊接变位机能提高焊接质量及生产效率，降低工人的劳动强度及生产成本，加强安全文明生产，有利于现场管理。

焊接变位机主要由旋转机头、变位机构以及控制器等部分组成。其中旋转机头的转速可调，可根据要求调节倾斜角度。通过工作台的升降、翻转和回转使固定在工作台上的工件达到所需的焊接和装配角度，工作台回转为变频无级调速，可得到满意的焊接速度。

常见的变位机结构形式主要有以下几种：

① 单轴 E 型机器人变位机　单轴 E 型机器人变位机（结构示意图如图 2-36 所示）拥有一个机器人的外部轴，它的速度可以人为地进行自由编程，并与机器人控制系统联动进行轨迹插补运算。变位机驱动使用机器人系统自带电动机、精密 RV 减速器，通过减速器及回转支承齿轮副达到多级减速的目的。

② 双轴 L 型机器人变位机　双轴 L 型机器人变位机拥有两个机器人的外部轴，每个轴的速度均可进行自由编程，并与机器人控制系统联动进行轨迹插补运算，图 2-37 为双轴 L 型机器人变位机。变位机驱动使用机器人系统自带电动机、精密 RV 减速器，通过减速器及回转支承齿轮副达到多级减速的目的。

③ H 型头尾架式单轴机器人变位机　H 型头尾架式单轴机器人变位机（如图 2-38 所示）拥有一个机器人的外部轴，该轴的速度可以人为地进行自由编程，并与机器人控制系统联动进行轨迹插补运算。变位机驱动使用机器人系统自带电动机、精密 RV 减速器，通过减速器及回转支承齿轮副达到多级减速的目的。尾架带有刹车装置，通过气缸伸缩固定尾架转盘，从而提高变位机整体安全系数及不同种类的应用性能要求。

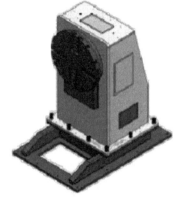

图 2-36　单轴 E 型机器人变位机

图 2-37　双轴 L 型机器人变位机

图 2-38　H 型头尾架式单轴机器人变位机

图 2-39 双轴 D 型机器人变位机

④ 双轴 D 型机器人变位机 双轴 D 型机器人变位机拥有两个机器人的外部轴，每个轴的速度可进行自由编程，并与机器人控制系统联动进行轨迹插补运算。图 2-39 为双轴 D 型机器人变位机。变位机驱动使用机器人系统自带电动机、精密 RV 减速器，通过减速器及与调心滚子轴承上安装的齿轮副达到多级减速的目的。

⑤ 双轴 C 型机器人变位机 双轴 C 型机器人变位机拥有两个机器人的外部轴，每个轴的速度可以人为地进行自由编程，并与机器人控制系统联动进行轨迹插补运算。图 2-40 为双轴 C 型机器人变位机。变位机驱动使用机器人系统自带电动机、精密 RV 减速器，通过减速器及回转支承齿轮副达到多级减速的目的。

⑥ 单轴 M 型机器人变位机 单轴 M 型机器人变位机拥有一个机器人的外部轴，它的速度可以人为地进行自由编程，并与机器人控制系统联动进行轨迹插补运算。图 2-41 为单轴 M 型机器人变位机。变位机驱动使用机器人系统自带电动机、精密 RV 减速器，通过减速器及回转支承齿轮副达到多级减速的目的。尾架安装在地面导轨上，尾架与头架之间距离可通过地轨进行人工自动调节，从而适应不同种类工件、工装的安装。尾架带有刹车装置，通过气缸伸缩固定尾架转盘，从而提高变位机整体安全系数及适应不同种类的应用性能要求。

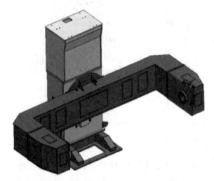

图 2-40 双轴 C 型机器人变位机

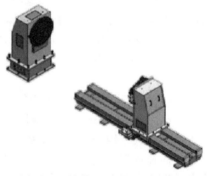

图 2-41 单轴 M 型机器人变位机

在焊接加工中，变位机主要进行工件的回转和平移，一般来说，变位机在技术上应满足以下要求：

① 回转驱动

a. 回转驱动应实现无级调速，并可逆转；

b. 在回转速度范围内，承受最大载荷时转速波动不超过 5%。

② 倾斜驱动

a. 倾斜驱动应平稳，在最大负荷下不抖动，整机不得倾覆，最大负荷 Q 超过 25kg 的，应具有动力驱动功能；

b. 应设有限位装置，控制倾斜角度，并有角度指示标志；

c. 倾斜机构要具有自锁功能，在最大负荷下不滑动，安全可靠。

③ 其他要求

a. 变位机控制部分应设有供自动焊接使用的联动接口；

b. 变位机应设有导电装置，以免焊接电流通过轴承、齿轮等传动部位，导电装置的电阻不应超过 1MΩ，其容量应满足焊接额定电流的要求；

c. 电气设备应符合 GB/T 25295—2010 的有关规定；

d. 工作台的结构应便于装卡工件或安装卡具，也可与用户协商确定其结构形式；

e. 最大负荷与偏心距及重心距之间的关系应在变位机使用说明书中说明。

（5）供气装置

弧焊中常用的保护气体包括二氧化碳（CO_2）、氩气（Ar）、氦气（He）及它们的混合气，如 CO_2＋Ar、CO_2＋Ar＋He 等。供气系统一般由气源（气瓶、汇流排等）、预热器、减压/流量计、电磁气阀、输送管道等组成，必要时可加装干燥器。图 2-42 为供气系统结构。

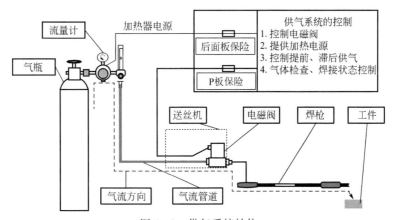

图 2-42　供气系统结构

常用的供气方式可分为瓶装式及集中供气两种类型。

① 瓶装式　瓶体一般由无缝钢管制成，为高压容器设备，其上装有容器阀。常见的瓶体供气设备的主要组成如图 2-43 所示。

二氧化碳气瓶瓶体颜色为铝白色，字体为黑色；氩气瓶为银灰色，字体为绿色；氦气瓶为灰色，字体为深绿色。常见气瓶如图 2-44 所示。

② 集中供气　为了提高工作效率和安全生产，可采用集中供气，即将单个用气点的单个供气气源集中在一起，将多个气体盛装的容器（高压钢瓶、低温杜瓦罐等）集合起来实现集中供气，常用的形式是气体汇流排，图 2-45 所示为某供气室内的气体汇流排。汇流排的工作原理是将瓶装气体通过卡具及软管输入至汇流排主管道，经减压、调节，通过管道输送至使用终端。使用汇流排可以节约换钢瓶的次数，减轻工人的劳动强度和节约人工成本；让高压气体集中管理，可以减少安全隐患的存在；可以节约场地空间，更好地合理利用场地空间；便于气体的管理。

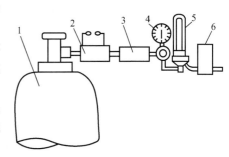

图 2-43　瓶体供气设备组成
1—气瓶；2—预热器；3—干燥器；4—瓶阀；
5—流量计；6—电磁气阀

（6）清枪系统

机器人焊枪经过一段时间焊接后，内壁会积累大量的焊渣，影响焊接质量，因此需要使用焊枪清理装置（图 2-46 所示为德国 WHC-R5C 清枪机构）定期清除；焊丝过短、过长或焊丝端头成球形都会影响焊接加工质量，可以通过剪丝装置进行处理。

(a) 二氧化碳气瓶

(b) 氩气瓶

(c) 氦气瓶

图 2-44　常见焊接用气瓶

图 2-45　气体汇流排

图 2-46　德国 WHC-R5C 清枪机构

焊枪清理装置主要由剪丝、沾油、清渣以及喷嘴外表面的打磨装置等部分组成，该装置组成如图 2-47 所示。剪丝清洗装置（其结构如图 2-48 所示）主要用于用焊丝进行起始点检出的场合，以保证焊丝的干伸长符合要求，提高检出的精度；沾油是为了使喷嘴表面的飞溅易于清理；清渣是清除喷嘴内表面的飞溅，以保证气体的畅通；喷嘴外表面的打磨装置主要是用于清除外表面的飞溅。为实现焊枪的清理，需用夹紧装置将焊枪喷嘴的柱形部位夹紧。铰刀与喷嘴和焊枪的几何形状实现最佳匹配，铰刀上升至喷嘴的内表面并且进行旋转，开始清枪，对喷嘴内表面黏附的焊接飞溅物进行清除，同时通过电缆组件利用压缩空气对喷嘴的内表面进行吹扫。这种清理和吹扫功能相结合的方式，可使焊枪喷嘴内的清洁效果实现最佳化。通过剪丝清洗设备清洗过后的焊枪喷嘴对比如图 2-49 所示。▶视频演示 2-5

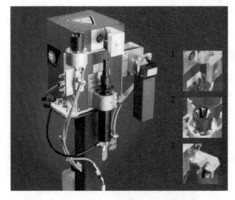

图 2-47　机器人焊枪清理装置的组成
1—焊枪清洗机；2—喷雾器；3—剪丝机构

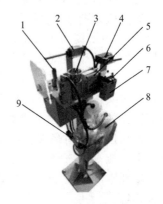

图 2-48　剪丝清洗装置
1—清渣头；2—清渣电动机开关；3—喷雾头；
4—剪丝气缸开关；5—剪丝气缸；6—剪丝刀；
7—剪丝收集盒；8—润滑油瓶；9—电磁阀

① 喷硅油单元　焊枪喷嘴的自动喷硅油装置（如图 2-50 所示）有恒定的喷射时间，它是由气动信号断续器控制的。信号断续器带有手动操控器可以实现首次使用时的充油、喷射效果和喷射方向的检查。

喷射效果可以通过滴油帽上的调节螺栓来调节，两个硅油喷嘴必须交汇到焊枪喷嘴，确保垂直喷入焊枪喷嘴。

其中喷硅油装置的主要结构如图 2-51 所示。

(a) 清枪前　　　　　　　　(b) 清枪后

图 2-49　清枪前后的效果对比

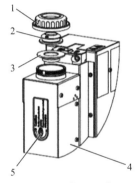

图 2-50　喷硅油单元

1—喷硅油装置上盖；2—焊枪喷嘴橡胶密封圈；3—压紧环；
4—喷硅油装置；5—防飞溅液流量调整螺栓

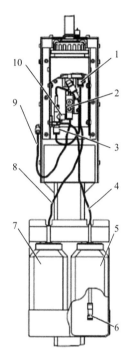

图 2-51　喷硅油装置

1—回流管接头；2—吸入空气量调整；
3—喷硅油装置的硅油瓶接口；4—软管；
5—硅油瓶（加满）；6—止回阀；7—回
油收集瓶；8—软管；9—压缩空气接头；
10—吸入管接口

② 剪丝机构　剪丝机构（如图 2-52 所示）能够保证焊丝的剪切质量，并能提供最佳的焊接起弧效果和焊枪 TCP 测量的精确程度。剪丝装置包括固设于主体上的剪丝缸安装座、固设于剪丝缸安装座上的气动马达、气缸接头、与气缸接头固定连接的移动切刀和与移动切刀的刀刃配合实现剪丝功能的固定切刀等。

③ 喷嘴清理装置　喷嘴清理机构可分为以下几种类型：

a. 铰刀式结构。铰刀式结构是普遍使用的一种结构形式，通过特殊的、适用于焊枪清理的异形铰刀是它的最大特点，图 2-53 为铰刀式清枪器结构。铰刀（其结构如图 2-54 所示）一般由气动马达驱动，由于铰刀是刚性结构，在不同程度焊接飞溅量场合都能使用。通过机加工方式可以加工不同规格的铰刀，可以深入焊枪喷嘴内的狭小空间，能最大限度地将飞溅清理干净。

更换铰刀时需将锁销插入到马达保护盖的孔中，并且安装到位。用扳手逆时针方向卸下铰刀，反顺序操作拧紧清枪铰刀。

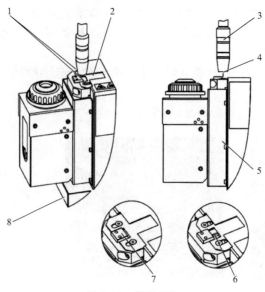

图 2-52　剪丝机构

1—埋头螺钉；2—防护板；3—焊枪；4—焊丝自由端；5—废焊丝落料导向板；

6—移动刀片；7—固定刀片；8—废焊丝落料盒

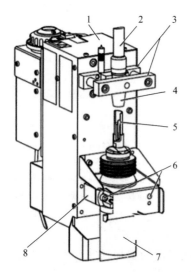

图 2-53　铰刀式清枪器结构

1—清枪装置；2—焊枪；3—喷嘴-夹紧装置；

4—喷嘴；5—铰刀；6—紧固螺钉；7—气动

马达（下降）；8—马达夹持器

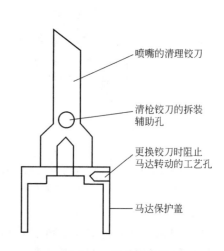

图 2-54　清枪用铰刀

b. 弹簧式结构。弹簧式结构是利用弹簧作为飞溅清理工具的一种清枪机构。这种结构的清枪站（如图 2-55 所示）分为弹簧主动旋转式和弹簧固定式两种。前者机器人焊枪固定，依靠弹簧铰刀的旋转实现焊接飞溅的清理；后者依靠机器人上下移动动作来完成焊接飞溅清理工作。这种装置结构简单，成本低廉，但是不适于大飞溅量场合，不能有效清理喷嘴内部细节位置，容易将弹簧卡死，弹簧力度相对铰刀较弱。

c. 喷砂式结构。喷砂式结构是目前市场上比较高端的一款清枪机构，它是利用喷砂除锈的原理，对焊枪喷嘴及内部结构进行清理的一种装置，其结构较为复杂，产品成本相对较高。喷砂式清枪站（如图 2-56 所示）不仅能对焊枪内部的飞溅进行清理，而且对喷嘴外的飞溅也能清除干净。

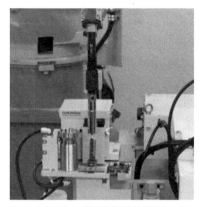

图 2-55　弹簧式清枪装置

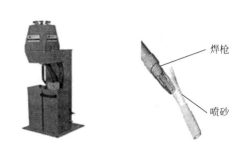

图 2-56　喷砂式清枪站

d. 超声波清洗装置。超声波清洗装置在很多工业领域都有应用，它应用超声波清洗设备的原理制成，它对附着力不强的飞溅颗粒是有效的，但是对焊接飞溅量较大的工况，此款清枪装置并不适合。它相比于铰刀等硬性接触式机构，其优势是不会改变焊枪的 TCP 点，不会触发机器人或焊枪上的安全防撞机构，而且能同时对喷嘴内外进行清理，噪声污染小。

e. 钢刷式结构。钢刷式清理结构适用于飞溅量少且附着力小的工况，比如焊铝结构件等。钢刷式的清理工具在实际应用中比较容易因刮擦而损坏，因此为了保证其正常工作，应及时更换或修正。

f. 刀片式清理机构。刀片式焊枪清理机构也是应用在飞溅量少及飞溅附着力弱的工况下。刀片结构壁较薄，是柔性结构，由气动马达驱动。刀片的旋转方向是顺时针和逆时针双向的，这样能避免长时间使用后刀片的扭曲变形。

（7）安全防护装置

为了防止焊接过程中的弧光辐射、飞溅伤人、工位干扰，一般焊接机器人工作站都配置安全防护装置，例如安全围栏、挡弧光板等。安全防护装置主要有以下几种类型：

① 金属丝网/聚乙烯类丝网围栏　金属丝网/聚乙烯类丝网围栏主要由高强度合金和聚乙烯类材料等组成，围栏分成不同长度的标准模块（1m、2m 等型号），从而更好地适应机器人工作站的防护需求。图 2-57 为此类型围栏的结构示意图。

这类围栏具有以下优点：能有效地对机器人工作站内部工作范围进行防护；拆装方便，如需改动时可在较少时间内拆装完成；提高了机器人工作站内部工作的透明度；高度较低，便于复杂工件进行上下料。

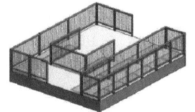

图 2-57　金属丝网/聚乙烯类丝网围栏结构示意图

② 实心钢板围栏　实心钢板围栏主要由高强度实心钢板及有机玻璃等组成，围栏分成不同长度、高度的标准模块（1m、1.5m 等型号），从而更好地保护机器人工作站。配合侧边维修门，可更好地适应不同用户的需求。

图 2-58 为实心钢板围栏示意图。这类围栏具有以下优点：可有效地对机器人工作站内部工作范围进行防护；有效阻挡机器人工作站进行焊接工作时所产生的弧光；拆装方便；挡弧玻璃板可提高机器人工作站内部工作的透明度，让员工可在任何位置都能及时观察到机器人工作站内部状况；提高机器人工作站的集成化、一体化。

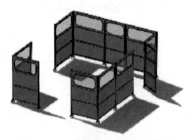

图 2-58 实心钢板围栏示意图

③ 可升降式挡弧光板　可升降式挡弧光板（如图 2-59 所示）可以有效阻止焊接弧光，它由机器人系统控制，机器人在某一工位工作之时，可根据机器人不同姿态而做上下移动，对机器人焊接工作进行充分的让位。它具有以下几种优点：有效减少焊接弧光对操作人员的健康损害；由机器人控制器进行控制，可由示教器进行操作；保护机器人手臂在非工作状态下的安全。

④ 固定式挡弧光板　固定式挡弧光板（如图 2-60 所示）可以有效阻止焊接弧光，它使用专业防弧光玻璃作为主要材料，在不影响机器人进行焊接工作的条件下，充分对弧光进行阻拦。它具有以下几种优点：有效减少焊接弧光对操作人员的健康损害；拆装方便，可进行快速拆装；保护机器人手臂在非工作状态下的安全。

图 2-59　可升降式挡弧光板示意图

图 2-60　固定式挡弧光板示意图

⑤ 安全光栅　在先进的焊接工作站中，也可以采用安全光栅，如图 2-61 所示。

(8) 焊接排烟除尘装置

焊接生产车间的排烟除尘装置主要分两种：管道集中排烟除尘系统和移动式排烟除尘机。

① 集中排烟除尘系统　这类系统主要应用于大型焊接车间、多工位焊接实训室等场所。图 2-62 为某企业车间安装的焊接工位集中排烟装置。在各焊接工位上配置一根万向柔性吸尘臂，可定点将焊接烟尘吸入；吸尘臂与主烟道相连，通过外部主风机引力作用将主烟道中烟尘排入净化装置，净化合格达到排放标准后排出。

图 2-61　安全光栅

图 2-62　集中排烟除尘系统

图 2-63　移动式排烟除尘机

② 移动式排烟除尘机　移动式排烟除尘机的设备总体占地面积较小，方便灵活，主要用

于单一焊接源烟尘的收集和净化。该类型设备配置一根万向柔性吸尘臂（有的配置两根）和拉动吸气罩的手柄，可灵活轻松到达目的烟尘吸气角度，并在无外力作用下自行空中定位。图 2-63 为配置一根万向柔性吸尘臂的移动式排烟除尘机。设备的工作原理是：工作中产生的烟尘由吸气罩吸入净化器，首先通过净化器的阻火网，可对大颗粒碎屑及火星颗粒进行分离截留；初步过滤后的空气将会分流均匀进入净化器主过滤芯，避免火星直接冲击主过滤芯，过滤后的气体符合室内排放标准，通过净化器排风口，直接排入室内循环。

2.3.3 焊接机器人工作站的常见形式

焊接机器人工作站是焊接机器人工作的一个单元，按照机器人与辅助设备的组合形式及协作方式大体可以分为简易焊接机器人工作站、焊接机器人＋变位机组合的工作站（非协同作业）、焊接机器人与周边设备协同作业的工作站。其中，焊接机器人与周边设备协同作业的工作站是指机器人与变位机之间，或者不同机器人之间，通过协调与合作共同完成作业任务的工作站。这一类工作站依据协调方式的不同，又可以分为非同步工作站和同步协作工作站。非同步工作站中，焊接机器人与周边设备不同时运动，运动关系和轨迹规划内容比较简单，所能完成的任务也比较简单。对于一些复杂的作业任务，必须依靠机器人与周边设备在作业过程中同步协调运动，共同完成作业任务，此时机器人与周边设备的协调运动是同步工作站必须要解决的问题。

（1）简易焊接机器人工作站

在简易焊接机器人工作站（如图 2-64 所示）中，工件不需要改变位姿，机器人焊枪可以直接到达加工位置，焊缝较为简单，一般没有变位机，把工件通过夹具固定在工作台上即可完成焊接操作，是一种能用于焊接生产的、最小组成的一套焊接机器人系统。这种类型的工作站的主要结构包括焊接机器人系统、工作台、工装夹具、围栏、安全保护设施和排烟系统等部分，另外根据需要还可安装焊枪喷嘴清理及剪丝装置。该工作站设备操作简单、成本较低、故障率低、经济效益好；但是由于工件是固定的，无法改变位置，因此无法应用在复杂焊缝的工况中。

图 2-64　简易焊接机器人工作站

（2）焊接机器人＋变位机组合的工作站（非协同作业）

这类工作站是目前装备应用较广的一种焊接系统。非协同作业主要是指变位机和机器人不协同作业，变位机用来夹持工件并根据焊接需要改变工件的姿态。它在结构上比简易焊接机器人工作站要复杂一些，变位机与焊接机器人也有多种不同的组合形式。

① 回转工作台＋焊接机器人工作站　图 2-65 为常见的回转工作台＋焊接机器人工作站，这种类型的工作站与简易焊接机器人工作站结构相类似，区别在于焊接时工件需要通过变位机的旋转而改变位置。变位机只作回旋运动，因此，常选用两分度的回转工作台（1 轴）只作正反 180°回转。

回转工作台的运动一般不由机器人控制柜直接控制，而是由另外的可编程控制器（PLC）来控制。当机器人焊接完一个工件后，通过其控制柜的 I/O 端口给 PLC 一个信号，PLC 按预定程序驱动伺服电动机或气缸使工作台回转。工作台回转到预定位置后将信号传给机器人控制柜，调出相应程序进行焊接。

② 旋转-倾斜变位机＋焊接机器人工作站　在焊接加工中，有时为了获得理想的焊枪姿态及路径，需要工件做旋转或倾斜变位，这就需要配置旋转-倾斜变位机，通常为两轴变位机。在这种工作站的作业中，焊件既可以旋转（自转）运动，也可以作倾斜变位，图 2-66 为一种常见的旋转-倾斜变位机＋焊接机器人工作站。

图 2-65 回转工作台+焊接机器人工作站

图 2-66 旋转-倾斜变位机+焊接机器人工作站

这种类型的外围设备一般都是由 PLC 控制的,不仅控制变位机正反 180°回转,还要控制工件的倾斜、旋转或分度的转动。在这种类型的工作站中,机器人和变位机不是协调联动的,即当变位机工作时,机器人是静止的,机器人运动时变位机是不动的。所以编程时,应先让变位机使工件处于正确焊接位置后,再由机器人来焊接作业,再变位,再焊接,直到所有焊缝焊完为止。旋转-倾斜变位机+焊接机器人工作站比较适合焊接那些需要变位的较小型工件,应用范围较为广泛,在汽车、家用电器等生产中常常采用这种方案的工作站,具体结构会因加工工件不同而有差别。

③ 翻转变位机+焊接机器人工作站 图 2-67 为翻转变位机+焊接机器人工作站,在这类工作站的焊接作业中,工件需要翻转一定角度以满足机器人对工件正面、侧面和反面的焊接。翻转变位机由头座和尾座组成,一般头座转盘的旋转轴由伺服电动机通过变速箱驱动,采用码盘反馈的闭环控制,可以任意调速和定位,适用于长工件的翻转变位。

④ 龙门机架+焊接机器人工作站 图 2-68 是龙门机架+焊接机器人工作站中一种较为常见的组合形式。为了增加机器人的活动范围采用倒挂焊接机器人的形式,可以根据需要配备不同类型的龙门机架,图 2-68 中配备的是一台 3 轴龙门机架。龙门机架的结构要有足够的刚度,各轴都由伺服电动机驱动、码盘反馈闭环控制,其重复定位精度必须要求达到与机器人相当的水平。龙门机架配备的变位机可以根据加工工件来选择,图 2-68 中就是配备了一台翻转变位机。对于不要求机器人和变位机协调运动的工作站,机器人和龙门机架分别由两个控制柜控制,因此在编程时必须协调好龙门机架和机器人的运行速度。一般这种类型的工作站主要用来焊接中大型结构件的纵向长直焊缝。

图 2-67 翻转变位机+焊接机器人工作站

图 2-68 龙门机架+焊接机器人工作站

⑤ 轨道式焊接机器人工作站 轨道式焊接机器人工作站的形式如图 2-69 所示,一般焊接机器人在滑轨上做往返移动增加了作业空间。这种类型的工作站主要焊接中大型构件,特别

是纵向长焊缝/纵向间断焊缝、间断焊点等，变位机的选择是多种多样的，一般配备翻转变位机的居多。

（3）焊接机器人与周边设备协同作业的工作站

在焊接加工时，如果焊缝各点的熔池始终都处于水平或小角度下坡状态，则焊缝外观平滑美观，焊接质量高。但是普通变位机很难通过变位来实现整条焊缝都处于这种理想状态，例如球形、椭圆形、曲线、马鞍形焊缝或复杂形状工件周边的卷边接头等。为达到这种理想状态，焊接时变

图 2-69 轨道式焊接机器人工作站

位机必须不断改变工件位置和姿态。也就是说，变位机要在焊接过程中作相应运动而非静止，这有别于前面介绍的不作协调运动的工作站。变位机的运动必须和机器人协同作业共同合成焊缝的轨迹，并保持焊接速度和焊枪姿态在要求范围内，这就是机器人与周边设备的协调运动。

随着机器人控制技术的发展和焊接机器人应用范围的扩大，机器人与周边辅助设备作协调运动的工作站在生产中的应用越来越广泛。目前由于各机器人生产厂商对机器人的控制技术（特别是控制软件）多不对外公开，不同品牌机器人的协调控制技术各不相同，因此使用具有协同作业功能的机器人工作站大都是由机器人生产厂商自主全部配套生产，不同厂家的机器人和变位机很难实现协同控制。如果是特殊复杂的工作站则需要由专业工程开发单位设计周边变位设备，但必须选用机器人公司提供的配套伺服电动机、驱动系统及控制软件才可以实现协同控制。

虽然协同作业工作站成本较高，设备组成也更为复杂，但是由于在复杂焊缝上良好的加工质量，使得它在工业生产中的应用非常广泛。在协同作业的工作站的组成中，理论上所有可用伺服电动机的外围设备都可能与机器人协调联动，前提是伺服电动机（码盘）和驱动单元由机器人生产厂商配套提供，而且机器人控制柜有与外围设备作协调运动的控制软件。因此，在焊接机器人与周边设备协同作业的工作站中，其组成和普通变位机＋焊接机器人工作站的组成相类似，但是其编程和控制技术却更为复杂。

（4）焊接机器人生产线

焊接机器人生产线比较简单的一种是把多台工作站（单元）用工件输送线连接起来组成一条生产线。这种生产线仍然保持单站的特点，即每个站只能用选定的工件夹具及焊接机器人的程序来焊接预定的工件，在更改夹具及程序之前的一段时间内，这条线是不能焊接其他工件的。另一种是焊接柔性生产线（FMS-W）。柔性线也是由多个站组成的，不同的是被焊工件都装夹在统一形式的托盘上，而托盘可以与线上任何一个站的变位机相配合并被自动夹紧。焊接机器人系统首先对托盘的编号或工件进行识别，自动调出焊接这种工件的程序进行焊接。这样每一个站无需作任何调整就可以焊接不同的工件。焊接柔性线一般有一个轨道子母车，子母车可以自动将点固好的工件从存放工位取出，再送到有空位的焊接机器人工作站的变位机上。也可以从工作站上把焊好的工件取下，送到成品件流出位置。整个柔性焊接生产线由一台调度计算机控制。因此，只要白天装配好足够多的工件，并放到存放工位上，夜间就可以实现无人或少人生产了。

工厂选用哪种自动化焊接生产形式，必须根据工厂的实际情况及需要而定。焊接专机适合批量大、改型慢的产品，而且工件的焊缝较长、数量较少、形状规则（直线、圆形）的情况；焊接机器人系统一般适合中、小批量生产，被焊工件的焊缝可以短而多、形状较复杂；柔性焊接线特别适合产品品种多、每批数量又很少的情况。目前国外企业正在大力推广无

（少）库存、按订单生产（JIT）的管理方式，在这种情况下采用柔性焊接线是比较合适的。

2.3.4　焊接机器人工作站的设计

近年来，机械制造行业竞争激烈，许多企业对生产效率和产品质量都提出了更高的要求。将焊接机器人投入到生产线中，可以大幅提高焊接质量及生产效率，带动焊接自动化的发展，适应市场发展的需要。但是，涉及焊接加工的中小型生产企业数量巨大，它们对焊接工作站的需求也是各不相同，同时要求一个焊接工作站中使用不同的设备，这就对机器人工作站的设计和使用提出了更高的要求。因此，企业应根据自身的需求和生产状况，科学合理地设计出满足自身需求的焊接机器人工作站。

（1）焊接机器人工作站设计原则

焊接机器人工作站主要包括机器人、焊接设备和外围辅助设备等，因此在设计方案时应从经济性、科学性、合理性等方面综合考虑，实现效益最大化。在设计焊接机器人工作站时应遵循以下原则：

① 经济合理　企业应根据自身需求及生产状况合理选择工作站的设备，不必超功能配备，例如工业机器人的选择，如果生产的工件较为简单，四轴或五轴工业机器人即可满足焊接加工需要，就不应选配更高级别的六轴工业机器人；再比如配套变位机的选择，如果工件不需要翻转变位，只需要平面移动或旋转，那么就可以选择相应的单轴轨道或回转工作台，无需选配更高级的多轴变位机。另外还应从生产规模、生产周期、设备使用成本、设备经济寿命等因素综合考虑所需装备工作站的数量，合理降低企业生产成本。

② 设备之间的相互兼容　在选配外围辅助设备时，要保证所有外围设备技术指标均能满足焊接机器人的技术要求。例如现在工业机器人生产厂家为了提高竞争力，开发的控制软件都不能通用，因此当有些复杂工件的焊接需要机器人与变位机联动作业时，变位机的选择应当与机器人同一厂家，否则变位机和机器人无法实现兼容。

③ 系统的优化设计　焊接机器人工作站设计时需要考虑影响机器人焊接质量的多方面因素，还要结合实际使用状况，优化设计机器人工作站，最大限度地发挥其优越性。另外装备的工作站如果应用在自动生产线上时，还应考虑工作站与其他加工站的联配问题，比如上下料设计、加工顺序等。

（2）焊接机器人工作站设计因素分析

在焊接机器人工作站的生产应用中，由于设计时对机器人焊接要求上的偏差、设计不合理等问题，许多工作站建成后只能发挥部分作用，在焊接过程中，会不同程度地出现焊缝焊偏、烧穿、焊缝成形不良、熄弧、急停死机和显示屏紊乱等现象，严重影响了产品的加工质量，对设备和资金造成了严重的浪费。产生这种现象的主要因素包括以下几个方面：

① 总体设计布局方面的因素　比如焊接工件的确认、机器人安装方式、设备之间的兼容、生产线上各加工站的衔接等。焊接机器人工作站需要进行筛选来确定适合在该站内进行焊接的工件，需要加工的焊件类型及结构要类似，工件焊接位置变化要在机器人有效工作范围内，要保证焊枪能够以良好的姿态到达焊缝，保证焊枪对工件的可达性；要综合考虑焊件种类、焊接高度、宽度、深度、重要焊缝的分布，焊接要求等因素正确选择机器人的安装方式；根据需要选择配套设备，注重设备的兼容性；还要考虑自动生成线上各工作站的衔接配套工作，否则会造成资源浪费。

② 操作者的因素　在焊接过程中，机器人对焊接环境的变化没有应变的能力，操作者人为因素对机器人焊接质量影响较大。首先，操作者的示教水平直接决定着机器人的焊接质量，如操作者示教焊接位置顺序、焊枪姿态、运动参数等。其次，示教过程中焊接参数选择不合理易产生焊接缺陷。在焊接作业中，要求焊枪跟踪工件的焊道运动，并不断填充金属形成焊

缝，因此，运动过程中速度的稳定性和轨迹精度是两项重要的指标。由于焊枪的姿态对焊缝质量也有一定的影响，因此在跟踪焊道的同时，焊枪姿态的可调范围应尽量大。作业时，为了得到优质的焊缝，需要在动作的示教以及焊接参数（焊接电流、电弧电压、焊接速度）的设定上花费大量的人力和时间。

③ 辅助设备因素

a. 工装夹具的因素。焊接机器人施焊时，其焊枪重复定位精度高，因此对零件尺寸的要求较高，对工装定位精度和夹具夹持质量要求高，各工件焊缝处间隙偏差一般≤0.8mm，否则易出现夹渣、焊缝焊偏、烧穿、急停死机等焊接质量问题。

b. 起重设备吊装的因素。工厂内一般配置的起重小车无微动装置，在装夹工件时难以控制，装夹后易发生焊接位置偏移，示教再现型焊接机器人进行焊接时，不能对焊缝进行动态跟踪反馈，因而焊缝位置有细微变化时，不能保证焊接机器人施焊焊缝质量。

c. 焊接电源的因素。焊接过程的电弧电压、电流瞬间变化时，影响熔滴过渡的平稳性，对焊接质量有较大影响。另外，动特性好的逆变焊机容易引弧，焊接过程中电弧突然拉长一些也不容易熄灭，飞溅也较少。动特性差的焊机，引弧时焊丝容易粘在工件上，焊丝拉开的距离稍大一些就不能引弧，焊接过程中电弧偶然拉长一点，就容易熄弧，有时飞溅较严重。

d. 供气系统的因素。其主要包括气体纯度、供气压力等。例如纯度：如含水分较大及含有害杂质等，易产生气孔质量问题；机器人焊接过程中，当气压过大或过小时，均会产生气孔缺陷。

e. 其他因素。动力电缆交错放置、焊机及工作台是否接地、屏蔽效果以及工作时的抗干扰能力等均会对焊接质量产生相应的影响。

2.4 焊接机器人的应用及发展趋势

2.4.1 焊接机器人的主要技术

(1) 焊缝跟踪技术

在具体焊接过程中，通过运用焊缝跟踪技术，可以针对不同的环境影响因素来对焊接路径和焊接参数进行调整，以此来确保焊接的质量。焊缝跟踪技术主要依托于传感器技术和控制理论方法，同时还应用了近代的模糊数字和神经网络，这标志着焊缝跟踪技术已进入到智能跟踪时代。近年来加大了焊缝跟踪技术的研究力度，一些焊缝跟踪系统已越来越成熟。

(2) 离线编程与路径规划技术

在离线编程和路径规划技术中，主要是利用规划算法对机器人程序进行设置，并根据焊接参数、焊接路径及轨迹等完成具体的焊接任务。这种技术智能化程度较高，而且编程质量和效率都处于较高的水平，唯一的缺点是还没有完全实现全自动编程。

(3) 多台焊接机器人和外围设备的协调控制技术

众所周知，焊接机器人并不是一个独立的工作单元，而是包含变位机及控制柜等元件的工作站或者系统，所以想要提高焊接效率，必须使系统的各个元件协调工作。很多工件焊缝处的横焊等焊接位置能在很大程度上影响焊接质量和焊缝成形的效果，而仅仅依靠调节机器人位置和姿势以达到恰当的焊接位点不仅在技术上很难实现，也会给相应操作带来诸多不便。如果通过控制变位机作协调运动使得将要被焊接的位点一直处于水平的位置，并且工装夹具和弧焊电源等其他元件也作相应的协调运动，焊接的质量和效率将会大大提升。

(4) 仿真技术

焊接机器人是一种多自由度、多连杆的复杂空间结构体，其复杂的空间结构导致其动力学和运动学问题非常复杂，很难进行计算。如果可以不使用整个机器人作为仿真对象，而使用焊接机械手替代，然后再使用电脑图形等技术在电脑中形成几何图形并进行演示，以此对可能遇到的一些问题进行模拟并加以解决，就可以避免很多不必要的操作。

(5) 遥控焊接技术

在一些危险、恶劣的环境下，人不需要进入现场的不安全环境，可以利用远程监视和控制来遥控操作焊接机器人，使其完成具体的焊接任务。遥控焊接技术集中了多门学科的专业知识，在一些特殊及危险环境中具有较好的适用性。遥控焊接技术是当前最高意义上的焊接自动化和智能化，针对该项技术的研究成果也较多。

(6) 焊缝识别与引导技术

目前对焊缝识别和引导主要是通过基于视觉的方法对焊接区图像进行采集，将采集到的信号传送到图像处理器进行处理，通过运算得出具体数值，精确引导焊接机器人对焊缝进行焊接。

(7) 焊接工艺

目前，焊接机器人普遍采用气体保护焊方法，其他还有钨极氩气保护焊、等离子弧焊、切割及机器人激光焊等。但是应用范围最广的还是高速、高效气体保护焊接工艺。

2.4.2　焊接机器人的应用

焊接机器人具有焊接质量好、工作效率高、降低人工的支出、降低生产成本等优点，因此被广泛地运用于工程机械制造、通用机械制造以及兵工制造等领域。据不完全统计，近几年我国工业机器人呈现出快速增长势头，平均年增长率都超过 40%，焊接机器人的增长率超过了 60%。

2.4.3　焊接机器人的发展趋势

(1) 优化焊接机器人控制系统

目前，投入使用的焊机机器人的控制系统都是预先写入的，通过电子计算机的终端控制来操纵这些机器人进行焊接加工。而这些特定写入的操作控制系统很难实现远程或者离线更改，一旦出现控制系统受到攻击或者自带 bug 的爆发就会导致整个生产的瘫痪。所以，未来焊接机器人的控制系统会向着模块化、智能化方向发展，实现远程及离线编程。开放式、模块化控制系统将是焊接机器人控制系统研究的重点方向。其他的研究热点还有基于 PC 网络式控制器以及机器人控制器的标准化和网络化。离线编程的实用化将是在线编程可操作性之外的编程技术的研究重点。

(2) 焊接机器人的网络通信功能

现在使用的焊接机器人大多是单机工作的，在网络连接上的应用技术研发相对甚少，没有网络控制功能，只是机械单一地进行重复工作。当前网络通信技术的发展日新月异，焊接机器人在网络化方面的发展前景巨大，连入网络对实现远程控制也会大有帮助。

(3) 优化焊接机器人的操作结构

焊接机器人自研发之初就是专一为焊接工艺而设的，其结构性能单一，在其他方面的应用上稍显不足。未来智能化的机器人将会全面取代功能单一的机器人，所以焊接机器人也不可避免地要在结构功能上有所突破。

(4) 智能传感器和机器人多传感器信息融合技术

在焊接机器人的工作中传感器的作用巨大，通过传感器可以实现机器人工作位置、速度等方面的变化控制，同时对某些点位要求精确的焊接机器人还配备有激光传感器及压力传感器等。但是这些传感器不能应对气候等特殊条件下的误差控制，未来焊接机器人的传感技术会在视觉、触觉、声觉等偏向人类功能的方面有所突破。

基本传感器仅是一个信号变换元件，随着智能化技术的出现，也就出现了其内部具有对信号进行某些特定处理的传感器，即智能传感器。传感器智能化的发展得益于电子电路的集成化，高集成度的处理器件使得传感器能够具备传感系统的部分信息加工能力。在弧焊机器人传感技术的研究中，电弧传感器和光学传感器占有突出地位。电弧传感器是从焊接电弧自身直接提取焊缝位置偏差信号，实时性好，不需要在焊枪上附加任何装置，焊枪运动的灵活性和可达性最好，尤其符合焊接过程低成本自动化的要求。在多种光学传感器的研究中尤其以视觉传感器最引人注目，由于视觉传感器所获得的信息量大，结合计算机视觉和图像处理最新技术成果，可增强弧焊机器人的外部适应能力。近年来，以模糊控制技术和人工神经网络为主的智能控制技术在传感器研究中的应用大力推动了传感器智能化的发展，机器人系统中使用的传感器种类和数量越来越多。为有效地利用这些传感器的信息，需要对不同信息进行综合处理，从多种传感器信息中获取单一传感器不具备的新功能和新特点。

（5）焊接机器人的人工智能化

人工智能是近年来科技研究的新方向，且在某些领域取得了不错的成效。未来就应用于人类工业生产的焊接机器人而言，也需要在人工智能方面下足功夫，通过智能化机器人来实现类人化思考及学习，可以极大地提高工作效率。目前的工业生产系统正向大型、复杂、动态和开放的方向发展，为了解决传统工业系统和多机器人技术在许多关键问题上遇到的严重挑战，将分布式人工智能和多智能体系统理论充分应用于工业生产系统和多机器人系统，便产生了一门新兴的机器人技术领域——多智能体机器人系统。焊接是工业生产的重要领域，焊接机器人的发展基本上同步于整个机器人行业的发展。所以，多智能体机器人的研究与发展将会很快应用于焊接机器人领域，但要把这些研究成果应用于生产实际，还需要人们做出更大的努力。

（6）虚拟现实技术

虚拟现实技术是一种包括 3D 电脑图形学技术、多功能传感器的交互接口技术和高清显示技术在内的，对事件的现实性从空间和时间上进行分解后重新组合的技术，它能够被用在临场感通信和遥控机器人等方面。另外，虚拟现实技术还能够用于焊接过程的模拟，这样一来我们就可以在实际焊接之前先在电脑上完成"数字化"焊接过程，再用已经完成的数字化操作来指导实际的焊接工作。这一仿真过程可以让用户在还没有进行后期焊接时就先了解未来产品的情况，进而达到有效预测评价生产系统性能的效果，而且实际操作前先进行仿真实验，可以对各种工艺方案进行比较，进而选取和优化机器人焊接轨迹。

（7）离线编程和焊缝规划技术

目前国内外针对焊接机器人的离线编程和焊缝规划技术已经开展了大量的研究工作，利用计算机图形学和规划算法完成焊缝坡口的识别和焊缝轨迹规划，从而大幅提高了焊接机器人的工作效率。利用人工智能技术、神经网络和模糊理论等先进算法进行离线编程的研究是未来的焊接机器人发展的趋势。

第**3**章

ABB 焊接机器人的安装与调试

3.1 ABB 机器人的型号及结构

目前我国市场上的焊接机器人主要来自日本、欧洲和国内。日本机器人的主要制造商包括 MOTOMAN、OTC、PANASONIC、FANUC、ARCMAN 等。欧洲公司包括 KUKA、CLOOS、瑞士 ABB 和奥地利 IGM 等。国内焊接机器人主要包括沈阳新松、广州数控、上海新时代、安徽埃夫特、南京埃斯顿、北京时代等公司的产品。下面主要介绍瑞士 ABB 公司生产的工业机器人。

瑞士 ABB 公司是全球领先的工业机器人技术供应商，提供包括机器人本体、软件和外围设备在内的完整应用解决方案、模块化制造单元及服务。ABB 机器人在全球 53 个国家、100 多个地区开展业务，全球累计装机量 30 余万台，涉及广泛的行业和应用领域。

ABB 致力于研发、生产机器人已有 40 多年的历史，拥有全球 200000 多套机器人的安装经验，是工业机器人的先行者以及世界领先的机器人制造厂商，在瑞典、挪威和中国等地设有机器人研发、制造和销售基地。ABB 于 1969 年售出全球第一台喷涂机器人，1974 年，ABB 公司发明了世界第一台六轴工业机器人，1994 年，ABB 推出了新一代具有 TrueMove 和 QuickMove 功能的机器人。

ABB 机器人早在 1994 年就进入了中国市场，早期的应用主要集中在汽车制造以及汽车零部件行业。随着中国经济的快速发展，工业机器人的应用领域逐步向一般行业扩展，如医药、化工、食品饮料以及电子加工行业。2002 年，ABB 成功打造中国第一条机器人自动化冲压线；2005 年，ABB 在上海开始制造工业机器人并建立了国际领先的机器人生产线，2006 年 ABB 全球机器人业务总部落户上海，实现机器人产品在中国的本土化生产。2009 年，ABB 迁址上海浦东康桥工业园区，发布全球精度最高、速度最快的六轴小型机器人 IRB 120。2010 年，ABB 上海康桥的生产基地成为中国累积装机量最高的工业机器人生产基地，同时这里也成了 ABB 全球唯一的喷涂机器人生产基地、ABB 全球首个机器人质量中心，以及中国首个机器人整车喷涂实验中心。2011 年，ABB 发布全球最快码垛机器人 IRB 460。2013 年，ABB 成为中国首家提供水性胶系统解决方案的机器人供应商，并在上海成立了 ABB 精密组装工程中心。2014 年，ABB 宣布向长城汽车股份有限公司提供 600 余台工业机器人，产品型号包括 IRB 6640、IRB 7600、IRB 2600 等，用于长城汽车位于河北徐水基地二期新厂的新型 SUV 白车身焊装车间。

经过 20 多年的发展，在中国，ABB 提供先进的机器人自动化解决方案，包括白车身焊接、冲压自动化、动力总成和涂装自动化在内的四大系统，即以汽车、塑料、金属加工、铸造、电子、制药、食品、饮料等行业为目标市场，产品广泛应用于焊接、物料搬运、装配、喷涂、精加工、拾料、包装、货盘堆垛、机械管理等领域。

3.1.1　ABB 工业机器人常见型号及规格

表 3-1 介绍了 ABB 机器人主要的型号及特点（具体参数规格以 ABB 官方最新的公布为准）。

表 3-1　ABB 机器人主要的型号及特点

型号	实物图	特点	应用领域
IRB 1410		①工作周期短、运行可靠，能大幅提高生产效率 ②手腕荷重 5kg；上臂提供 18kg 附加荷重，可搭载各种工艺设备 ③过程速度和定位均可调整，能达到最佳的制造精度，次品率极低 ④结构坚固可靠，噪声水平低、例行维护间隔时间长、使用寿命长 ⑤工作范围大、到达距离长、结构紧凑、手腕纤细，即使在条件苛刻、限制颇多的场所，仍能实现高性能操作 ⑥专为弧焊而优化设计，设送丝机走线安装孔，为机械臂搭载工艺设备提供便利。标准 IRC5 机器人控制器配置各项人性化弧焊功能，可通过专利的编程操作手持终端 FlexPendant(示教器)进行操控	弧焊、装配、上胶/密封、机械管理、物料搬运等
IRB 1600		①ABB 第二代 QuickMove™ 运动控制和直齿轮的低摩擦损耗，加速和降速均快于其他机器人，工作周期短，有时可达到其他机器人的一半，大幅提高生产效率 ②采用了独特的"大脑"与"肌肉"组合，应用第二代智能运动 TrueMove™ 控制，无论速度多快，都能确保作业路径准确，加工质量高，提高产量并最大程度降低次品率 ③性能稳定可靠，即便在最恶劣的作业环境下，或是要求最严格的全天候作业中，该款机器人都能正常工作；整个机械部分都是 IP 54 防护等级，敏感件是标准的 IP 67 防护等级；可选型 Foundry Plus 具备 IP 67、特制喷漆、防锈防护且专为恶劣铸造环境定制；高刚性设计配合直齿轮，使这款机器人的可靠性极佳；智能碰撞检测软件进一步提高设备的可靠性 ④便于集成，安装方式灵活多样：支架式、壁挂式、倾斜式或倒置式。选择短臂紧凑版本机器人，可以将 IRB 1600 内置于机器中，同时确保最高总负载达 36kg ⑤齿轮摩擦小，QuickMove™ 和 TrueMove™ 可优化路径，使最高速度时的功耗降低至 0.58kW，速度较低时功耗更小。噪声水平低于 70dB(A)，保证一个良好的低噪声环境	上下料、物料搬运、弧焊、切割、分配、装配、码垛与包装、测量、压铸、注塑等
IRB 1600ID		①专业弧焊机器人，采用集成式配套设计，所有电缆和软管均内嵌于机器人上臂，是弧焊应用的理想选择 ②线缆装嵌于机器人上臂之内，通过对一定工作节拍内的线缆动作情况进行分析，即可精确预测出线缆的使用寿命，将因线缆发生故障而停产的事故降至最低；同时线缆内置，简化了机器人的编程操作 ③线缆内嵌于机器人上臂，可减少线缆摆动，从而延长线缆及其护套的使用寿命	弧焊等

型号	实物图	特点	应用领域
IRB 2600		①机身紧凑,荷重能力强,设计优化,适合弧焊、物料搬运、上下料等目标应用。提供 3 种子型号,可灵活选择落地、壁挂、支架、斜置、倒置等安装方式 ②运用专利的 TrueMove™ 运动控制和软件,精度为同类产品之最,其操作速度更快,废品率更低,在扩大产能、提升效率方面,将起到举足轻重的作用,尤其适合弧焊等加工应用 ③采用优化设计,机身紧凑轻巧,节拍时间与行业标准相比可缩减多达 25%。专利的 QuickMove™ 运动控制软件使其加速度达到同类最高,并实现速度最大化,从而提高产能与效率 ④工作范围大,安装方式灵活,可轻松直达目标设备,不会干扰辅助设备 ⑤底座同 IRB 4600 一样小,可与目标设备靠得更近,从而缩小整个工作站的占地面积。小底座还为下臂进行正下方操作创造了有利条件 ⑥IRB 2600 标准型达到 IP67 防护等级,另有铸造专家 2 型、铸造权威 2 型和洁净室版本等三款升级机型可供选择	上下料、物料搬运、弧焊等
IRB 2600ID		①荷重能力强、工作范围大,在同等量级机型中率先采用中空臂(ID)技术,所有管线均内嵌于上臂和手腕,相比 IRB 2600 型其节拍时间最多可缩短 15%,显著提升了弧焊、物料搬运、上下料等作业的产能 ②所有工艺管线均内嵌于机器人手臂,大幅降低了因干扰和磨损导致停机的风险。这种集成式设计还能确保运行加速度始终无条件保持最大化,从而显著缩短节拍时间,增强生产可靠性 ③IRB 2600ID 系列分两种机型:一种到达距离为 2m,荷重 8kg,适合集成弧焊工艺设备;另一种到达距离为 1.85m,荷重 15kg,配备柔性线束,擅长物料搬运和上下料作业 ④中空臂(ID)技术进一步增强了离线编程的便利性。管线运动可控且易于预测,使编程和模拟能如实预演机器人系统的运行状态,大幅缩短程序调试时间,加快投产进度。编程时间从头至尾最多可节省 90% ⑤IRB 2600ID 所有管线均采用妥善的紧固和保护措施,不仅减小了运行时的摆幅,还能有效防止焊接飞溅物和切削液的侵蚀,显著延长了使用寿命。其采购和更换成本可最多降低 75%,还可每年减少多达三次的停产检修 ⑥设计紧凑,无松弛管线,占地极少,转座半径仅为 337mm,底座宽度也仅为 511mm。在物料搬运和上下料作业中,机器人能更加靠近所配套的机械设备。在弧焊应用中,上述设计优势可降低与其他机器人发生干扰的风险,为高密度、高产能作业创造了有利条件	弧焊、物料搬运、上下料等

型号	实物图	特点	应用领域
IRB 460		①IRB 460 是全球最快的四轴多功能工业机器人,能显著缩短各项作业的节拍时间,大幅提升生产效率。到达距离为 2.4m,有效荷重为 110kg;荷重 60kg 条件下的操作节拍最高可达 2190 次循环/时(400mm×2000mm×400mm),比类似条件下的竞争产品快 15% ②配套 ABB 专利的运动控制软件 QuickMove™ 和 TrueMove™,IRB460 动作平稳,路径精度优异,同时确保节拍时间不受影响 ③占地小,产出高,与速度、荷重接近的同类产品相比,采用紧凑化设计的 IRB 460 与货盘之间的距离可缩短 20%,仅此一项便能提升生产效率达 3% ④成本低,生产效率高。IRB 460 以汽车行业为标准研发,结构刚稳,设计可靠,正常运行时间长,维护成本低。该机器人配备集成式工艺线缆,可减轻磨损,延长使用寿命 ⑤编程更快更简单。人性化软件 RobotStudio Palletizing PowerPac 以普通 PC 为运行平台,使毫无机器人编程经验的用户同样能够进行编程和模拟操作,最多可节约 80% 的编程时间	包装、堆垛、拆垛、物料搬运、上下料、机床管理等
IRB 660		①IRB 660 是一款专用堆垛机器人,其速度、到达距离和有效载荷性能优越。超高速 4 轴运行机构、3.15m 到达距离加上 250kg 的有效载荷,使 IRB 660 成为袋、盒、板条箱和瓶子等包装材料的理想堆垛工具 ②IRB 660 的运行速度在其前一代产品的基础上又有了大幅度提高。优化电动机功率和运动性能使 IRB 660 的周期时间明显短于同类竞争产品。这种新型的堆垛机器人分为高速版和 250kg 版两种版本,前者能全速搬运 180kg 有效载荷,后者则可实现高产量作业 ③IRB 660 的到达距离十分出众,满负荷工作时可同时操作 4 条进料传送带、2 个货盘料垛、1 个滑托板料垛和 4 条堆垛出料线。IRB 660 的通用性、到达距离和承重能力几乎可满足任何堆垛的需求 ④ABB 的多功能 IRC5 控制器、全面包装线软件 PickMaster 具有各种关键功能,可以在车间进行快速便捷的编程和直观的操作 ⑤坚固耐用的设计外加 IP 67 的防护等级更确保了 IRB 660 在最严酷的环境中依然能发挥稳定的性能,并显著延长维护周期	物料搬运、货盘堆垛等
IRB 6600		①IRB 6600 利用上臂延长器和各种手腕模块,大大扩展了工作范围,适合在密集生产线上工作,通过定制可适应具体的工艺过程 ②具有碰撞检测功能,可显著减少碰撞力 ③通过 TrueMove 技术实现电子稳定路径功能 ④在确保机器人维持其运动路径的同时对制动予以控制,并实现迅速复原 ⑤以 QuickMove 技术为基础,通过自调节功能来适应实际有效载荷 ⑥具有被动安全功能,包括负载识别、活动机械挡块和双保险限位开关。另外钢结构、下臂形状的合理设计和上臂肘部的紧凑化设计也对机器人运行安全起到重要作用	点焊、机械管理、物料搬运等

型号	实物图	特点	应用领域
IRB 6600ID		①将工艺电缆内嵌于上臂的布置,线缆紧随机械臂的运动而运动,脱离了不规律的摆动,延长了配套线缆的使用寿命 ②内嵌式布线显著简化了离线编程工作,大幅缩短在线程序微调时间,进一步优化离线编程条件,提高生产效率 ③结构紧凑,机器人手腕可直达轴身等内部的狭窄空间,与其他机器人之间的相互干扰也将明显减少 ④IRB 6600ID 达到了最佳惯性效能,不仅适合搬运重型工件,还能胜任搬运宽型工件	点焊、物料搬运等
IRB 6640/ IRB 6640ID		①IRB 6640 以 IRB 6600 成熟可靠的零部件为基础,具有维护简单、更换方便及正常运行时间长等优点 ②IRB 6640 配备长度不等的手臂,能适应各种作业要求 ③IRB 6640ID(内嵌布线型)将工艺线缆内嵌于上臂,线缆紧随手臂的运动而运动,脱离了无规律摆动 ④IRB 6640 灵活适应各类应用,加长的上臂结合多种手腕模块,显著增强了设备对各种工艺过程的适应能力。机器人可向后弯曲到底,大大扩展了工作范围,极适合在密集的生产线上作业,典型的应用领域包括物料搬运、上下料和点焊 ⑤针对不同作业环境,该机器人也提供不同型号,如铸造专家型、铸造加强型及洁净室型 ⑥提高了荷重能力,有效荷重从 185kg 增加到 200kg,满足承重要求最高的点焊应用。该机器人最大有效荷重高达 235kg ⑦优异的惯性曲线特性,可处理重型甚至宽型部件 ⑧简化安装维护,新增了多项特性,如叉车叉槽结构简化、机器人底脚空间扩大等。此外,机器人重量减轻近 400kg,安装更轻松 ⑨IRB 6640 融合第二代 TrueMove™ 和 QuickMove™ 技术,运动精度更高,进一步缩短编程时间、优化工艺效果。软件还监控机器人内部负载,降低过载风险,延长机器人使用寿命 ⑩被动安全功能。被动安全功能与特性包括负载识别、活动机械挡块、EPS(电子限位开关)及高刚性钢结构 ⑪上臂内嵌式布线,点焊工艺线缆内嵌于机器人上臂,增强机器人动作的可控性,并具有其他多项优点:可预测线缆包寿命、降低备件成本、增强机器人紧凑性,以及提高线缆包运动模拟的可靠性 ⑫IRB 6640 集高效生产、紧凑设计、简便维修、低成本维护等优势于一体	物料搬运、上下料、点焊等

续表

型号	实物图	特点	应用领域
IRB 6700		①IRB 6700 与之前版本相比，更为稳健且维修简便，是 150～300kg 负载等级中性能最好并且总体拥有成本最低的机器人。IRB 6700 不仅在精确度、负载和速度方面大幅超越，同时功耗降低了 15% 且总体可维护性能得到提升，使最小故障间隔时间达到 400000h ②无故障运行时间更长，负载更大，工作范围更大，可用于点焊、物料搬运和机床上下料等领域，强化了 ABB 机器人的产品组合。IRB 6700 有多款型号，负载为 150～300kg，工作范围为 2.6～3.2m，能适应汽车和一般工业中的各种任务 ③随着新一代精准、高效且可靠的电动机和紧凑型齿轮箱的应用，IRB 6700 从制造环节起便更具质量保障。整个机器人结构刚性更好，从而使精度提升、节拍时间缩短且防护增强。它能够适应最严酷的工作环境并可采用 ABB 终极 Foundry Plus 2 保护系统 ④采用具有图形化和 3D 模拟界面的维护支持软件 Simstructions，为维修工序提供了易于理解的文档支持，也使电动机的维护可达性得到直观演示 ⑤6700 系列每款机器人的设计均适用 Lean ID［一种最新的集成配线缆包技术（ID）解决方案］，其目的旨在通过将 Dress Pack 的最外部组件集成到机器人内部达到成本与可靠性之间的平衡。为 IRB 6700 配备 Lean ID 可使编程和仿真更加简便，由于电缆动作易于预测得到简化，占地面积缩小，以及由于综合磨损减少而延长维修间隔时间	点焊、物料搬运、机床上下料

3.1.2　技术规格

ABB 系列机器人型号众多，具体到某一型号机器人的技术规格可详见说明书或者到 ABB 官网查询，下面仅以在焊接领域应用广泛的 IRB 1410 型和 IRB 1600ID 型机器人为例介绍其基本技术规格。

IRB 1410 型机器人主要应用在弧焊、装配、上胶/密封、机械管理、物料搬运等领域，特别是在弧焊方面获得广泛的应用，其主要技术参数见表 3-2。图 3-1 为 IRB 1410 工作范围示意图，图 3-2 为 IRB 1410 有效载荷示意图。

表 3-2　IRB 1410 型机器人技术参数

承重能力		5kg
第 5 轴到达距离		1.44m
附加载荷	第 3 轴	18kg
	第 3 轴	19kg
轴数	机器人本体	6
	外部设备	6
集成信号源		上臂 12 路信号
集成气源		上臂最高 8bar(1bar=10^5Pa)

续表

重复定位精度	0.05mm(ISO 试验平均值)
TCP 最大速度	2.1m/s
电源电压	200～600V,50/60Hz
变压器额定值	4kV·A/7.8kV·A,带外轴
机器人安装	落地式
机器人底座	620mm×450mm
机器人本体质量	225kg
机器人单元环境温度	5～45℃
相对湿度	最高 95%
防护等级	电气设备为 IP54,机械设备需干燥环境
噪声水平	最高 70dB
辐射	EMC/EMI 屏蔽
洁净室	100 级,美国联邦标准 209e

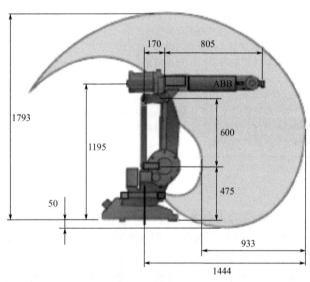

图 3-1　IRB 1410 工作范围示意图

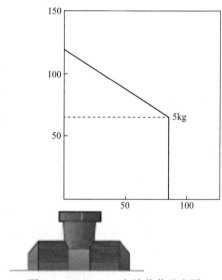

图 3-2　IRB 1410 有效载荷示意图

　　IRB 1600ID 型机器人采用集成式配套设计,所有电缆和软管均内嵌于机器人上臂,是弧焊应用的理想选择。其线缆包供应弧焊所需的全部介质,包括电源、焊丝、保护气和压缩空气。其主要技术参数如表 3-3 所示,工作范围见表 3-4 和图 3-3。

表 3-3　IRB 1600ID 型机器人技术参数

IRB 1600ID-4/1.5	工作范围	1.5m
	荷重能力	4kg
轴数		6
重复路径精度		0.48mm
重复定位精度		0.02mm(ISO 试验平均值)
功耗(ISO)		Cube(最高速度)0.57kW

电源电压	200～600V,50/60Hz
变压器额定值	4kV·A/7.8kV·A,带外轴
机器人安装方式	落地式、倒置式
机器人底座	484mm×648mm
机器人单元环境温度	5～45℃
相对湿度	最高95%
防护等级	IP40
噪声水平	最高73dB
辐射	EMC/EMI屏蔽
洁净室	100级,美国联邦标准209e

表 3-4　IRB 1600ID 型机器人工作范围

轴运动	工作范围	轴最大转速
轴 1 旋转	+180°～-180°	180°/s
轴 2 手臂	+150°～-90°	180°/s
轴 3 手臂	+79°～-238°	180°/s
轴 4 手腕	+155°～-155°	320°/s
轴 5 弯曲	+135°～-90°	380°/s
轴 6 翻转	+200°～-200°	460°/s

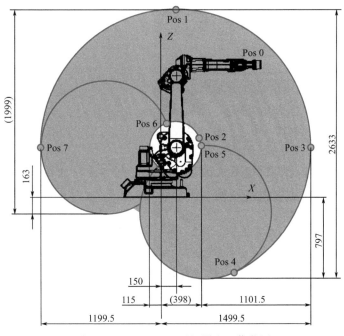

图 3-3　IRB 1600ID 型机器人工作范围

3.2 ABB 焊接机器人的安装

3.2.1 设备清单目录

（1）机械手（机器人本体）

ABB 六轴工业机器人的轴如图 3-4 所示。

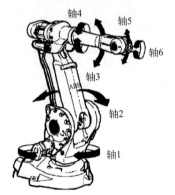

图 3-4 ABB 六轴工业机器人的轴

ABB 六轴工业机器人的主要特点有：

① ABB 机器人是由六个转轴组成六杆开链机构，理论上可达到运动范围内空间任何的一个点；

② 每轴均由 AC 伺服电动机驱动，每一个电动机后均有编码器；

③ 每个轴均带有一个齿轮箱，机械手运动精度可达±0.05～±0.2mm；

④ 设备带有 24V DC，机器人均带有平衡气缸和弹簧；

⑤ 均带有手动松闸按钮，用于维修时使用；

⑥ 串口测量板（SMB）带有六节可充电的镍铬电池，起保存数据作用。

（2）控制系统

S4 系统机器人控制箱如图 3-5 所示。

S4 系统机器人控制箱有两种型式：1700mm×915mm×530mm 和 1300mm×915mm×530mm；S4C 系统机器人控制箱有两种型式：1300mm×915mm×530mm 和 950mm×800mm×540mm。

（3）软件系统（RobotWare）

RobotWare 是 ABB 提供的机器人系列应用软件的总称。RobotWare 目前包括 BaseWare、BaseWare Option、ProcessWare、DeskWare、FactoryWare 五个系列。每个机器人均配有一张 IRB 或 Key 盘，若干张系统盘和参数盘。根据每台机器人的工作性质另外有应用软件选项盘。IRB 或 Key 盘为每台机器人特有的，其他盘片是通用的。

（4）手册

ABB 机器人手册主要包括：

① User Guide：用户手册，介绍具体操作步骤。

② Product Manul：产品手册，介绍设备的维修保养。

③ PAPID Refurence：编程手册，介绍编程的操作。

④ Installation Manul：安装手册，介绍安装步骤。

图 3-5 S4 系统机器人控制箱

3.2.2　ABB 机器人本体与控制柜的安装

(1) 机器人本体的安装

安装机器人本体时常使用叉车或吊车吊装，过程中必须要使用专业工具。图 3-6 所示为机器人装运时的姿态，这也是推荐的运送姿态。各轴的角度如表 3-5 所示。

表 3-5　机器人本体装运时的各轴角度

轴	角度
1	0°
2	−40°
3	+25°

① 用叉车抬升机器人

a. 叉举设备组件。叉举设备组件与机器人的配合方式如图 3-7 所示。

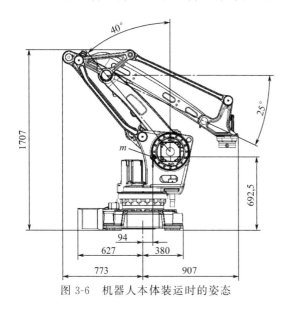

图 3-6　机器人本体装运时的姿态

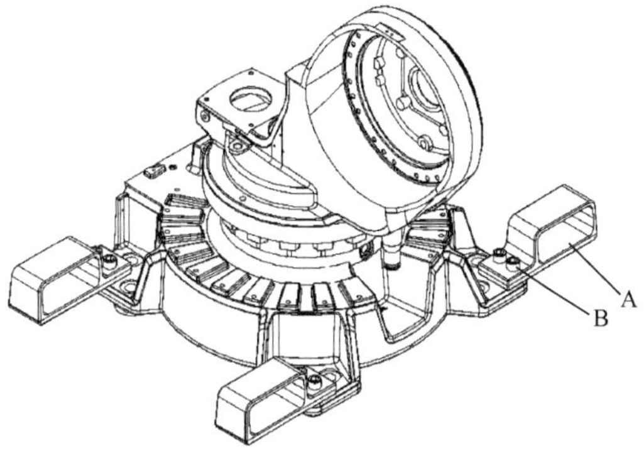

图 3-7　叉举设备组件与机器人的配合方式

A—叉举套；B—连接螺钉 M20×60，

质量等级 8.8（2pcs×4）

b. 操作步骤：

· 将机器人调整到装运姿态，如图 3-6 所示。

· 关闭连接到机器人的电源、液压源、气压源。

· 用连接螺钉将四个叉举套固定在机器人的底座上，如图 3-7 所示。

· 检验所有四个叉举套都已正确固定后，再进行抬升。

· 将叉车叉插入套中，如图 3-8 所示。

· 小心谨慎地抬起机器人并将其移动至安装现场，移动机器人时请保持低速。

注意：在任何情况下，人员均不得出现在悬挂载荷的下方；若有必要，应使用相应尺寸的起吊附件。

② 用圆形吊带吊升机器人　吊升组件结构如图 3-9 所示。

图 3-10 所示为机器人本体吊装示意图。

其中 A 为缠绕带，增加摩擦力，也避免机器人受到损伤。

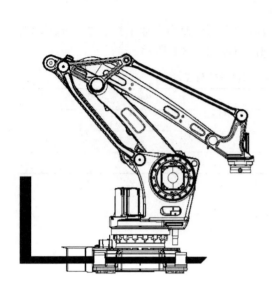

图 3-8 将叉车叉插入套中

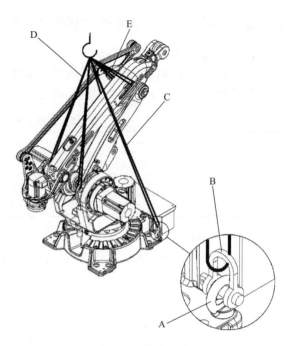

图 3-9 吊升组件

A—吊眼螺栓 M20（2pcs）；B—钩环（2pcs），提升能力
为 2000kg；C—圆形吊带，2m（2pcs），提升能力为
2000kg；D—圆形吊带，2m（2pcs），提升能力为
2000kg，单股缠绕；E—圆形吊带，2m，固定而
不使其旋转，提升能力为 2000kg，双股缠绕

（2）控制柜的安装

安装控制柜时也要保持控制柜的平衡，图 3-11 是控制柜吊装示意图。

图 3-12 为控制柜场地布置示意图。

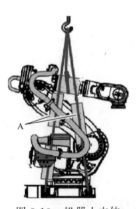

图 3-10 机器人本体
吊装示意图

图 3-11 控制柜
吊装示意图

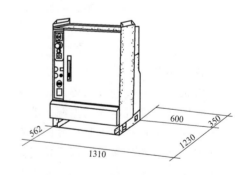

图 3-12 控制柜场地
布置示意图

3.2.3 控制柜的基本构造

控制柜的运动控制技术、TrueMove 和 QuickMove 是精度、速度、周期时间、可编程性

以及与外部设备同步性等机器人性能指标的重要保证。IRC5 为 ABB 所推出的第五代机器人控制器。该控制器采用模块化设计概念，配备符合人机工程学的全新 Windows 界面装置，并通过 MultiMove 功能实现多台（多达 4 台）机器人的完全同步控制，能够通过一台控制器控制多达 4 台机器人和总计 36 个轴，在缩短工作周期、提高过程效益方面有着十分明显的优势，为同类产品设立了最新技术标准。模块化控制器可满足各种不断变化的需求，控制模块和驱动模块的设计允许用户使用 IRC5 适应各种不断变化的需求。用户只需增添功能，即可轻松扩展 IRC5 控制器，提高产能。模块化设计意味着用户友好性。在单机器人工作站中，所有模块均可叠放在一起（过程模块也可叠放在紧凑型控制器机箱上），也可并排摆放；若采用分布式配置，模块间距可达 75m（驱动模块与机械臂之间的距离应在 50m 以内），实现了最大灵活性。各模块还可依墙相互紧靠摆放，最大限度地缩小占地面积。所有接口均设置在机箱前部，方便操作，使客户能缩短停机时间，从而节省生产过程时间和成本。IRC5 控制柜目前有四款不同类型的产品，如图 3-13 所示。

(a) 单柜式　　　　(b) 双柜式　　　　(c) 面板式　　　　(d) 紧凑式

图 3-13　ABB IRC5 控制柜类型

下面以单柜式 ABB IRC5 为例介绍其内部结构，如图 3-14 所示。

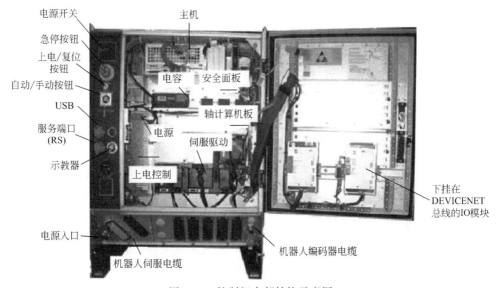

图 3-14　控制柜内部结构示意图

① 主机：用于存放系统和数据，相当于电脑的主机，接收处理机器人运动数据和外围信

号，将处理的信号发送到各单元。

② 电源：控制柜主要电流通断系统。

③ 电容：充电和放电是电容器的基本功能。此电容用于机器人关闭电源后，保存数据后再断电，相当于延时断电功能。

④ 轴计算机：该计算机不保存数据，机器人本体的零位和机器人当前位置的数据都由轴计算机处理，处理后的数据传送给主计算机。

⑤ 安全面板：在控制柜正常工作时，控制柜操作面板上的急停开关或急停按钮和外部的一些安全信号由安全面板处理。

⑥ IO模块：控制单元主板与设备的连接；控制单元主板与串行主轴及伺服轴的连接；控制单元/板与显示单元的连接。

⑦ 伺服驱动：驱动装置接收到主计算机传送的驱动信号后，驱动机器人本体运动。

3.2.4 ABB机器人本体与控制柜的连接

机器人本体与控制柜之间的连接主要包括电动机动力电缆、转数计数器和用户电缆的连接（连接示意图如图3-15所示）。

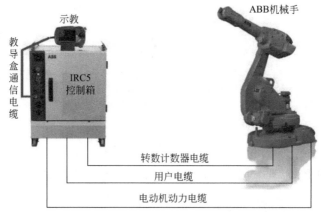

图3-15 机器人本体与控制柜连接示意图

（1）电动机动力电缆的连接

动力电缆的连接见图3-16，动力电缆由卡扣固定，拆装时需用力将卡扣安装好。

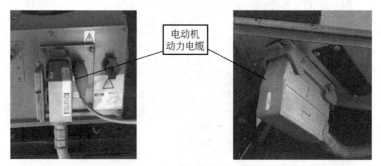

图3-16 动力电缆的连接

（2）转数计数器电缆的连接

转数计数器电缆的连接如图3-17所示。

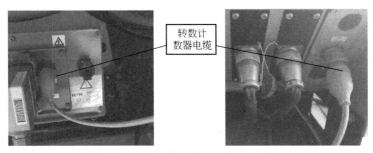

图 3-17　转数计数器电缆的连接

（3）用户电缆的连接

服务器信息块（SMB）协议是一种 IBM 协议，用于在计算机间共享文件、打印机、串口等。一旦连接成功，客户机可通过用户电缆发送 SMB 命令到服务器上，从而客户机能够访问共享目录、打开文件、读写文件等。ABB 机器人在本体及控制柜上都有用户电缆预留接口，如图 3-18 所示。

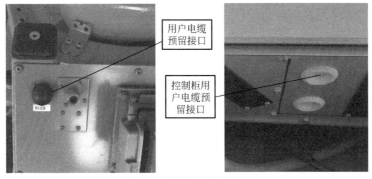

图 3-18　用户电缆的连接

3.2.5　焊机与控制柜的连接

用户根据需要选择焊接系统，然后将焊枪、送丝机等硬件设备通过机械连接方式安装到机器人本体上。

为了准确和可靠地完成焊接工作，必须使机器人手臂和焊机能够正确地配合使用，因此需要把焊机接入到机器人系统中统一控制和调度。传统的机器人控制系统直接通过端口控制焊机的工作。在焊接场所恶劣的环境下，这种离散的端口控制方式具有现场布线困难和抗干扰能力差等缺点。采用现场总线的连接方式可以实现机器人与焊机之间的通信，可以克服现场环境对焊机工作造成的干扰。

机器人集成了 DeviceNet 总线，通过 DeviceNet 总线与外部设备进行通信，完成自动化生产过程。如果焊机配置有通信接口，则可以直接与机器人总线连接进行通信。但是目前大多数字焊机提供的数字通信方式为 061 通信协议，不能直接与机器人总线连接进行通信。这里可以设置一个总线通信转换单元作为中转站，即将焊机发送的变量通过转换后以报文的形式发送到机器人端，并将机器人发送的报文转化成 RS232 信号发送给焊机，实现协议转换，达到机器人与焊机通信的目的。

机器人移动到焊接工作点位置，控制系统由输入输出系统通过外部向焊接控制箱发出启动焊接信号，焊接控制箱发出信号、焊枪闭合、焊接开始；焊接结束时控制箱发出焊接结束信号，打开焊枪，机器人接受焊接结束信号和焊枪打开到位信号后发出移动信号，机器人移动到下一个工作点位置。

3.3 焊枪及外部轴的配置

这里主要介绍点焊机器人配置焊钳的基本操作。点焊焊枪是机器人常用的作业工具,配置焊钳外部轴需要进行以下操作。

3.3.1 加载 EIO 与 MOC

加载 EIO 参数:在原始裸机备份的系统文件 Syspar 中的 EIO 文件,根据现场实际 I/O 的定义,可以用电脑离线编写 I/O 具体的名称和地址,写好之后加载到机器人。具体步骤如表 3-6 所示。

表 3-6 加载 EIO 参数操作步骤

操作说明	操作界面
①切换至 I/O 界面点击"文件",点击"加载参数"	
②点击"加载参数并替换副本"	
③选择"EIO.cfg",并点击"确定"	

操作说明	操作界面
④当文件 EIO.cfg 加载之后,MOC.cfg 文件也做相应的更改后进行加载。点击进入"Motion"界面并点击"加载参数"	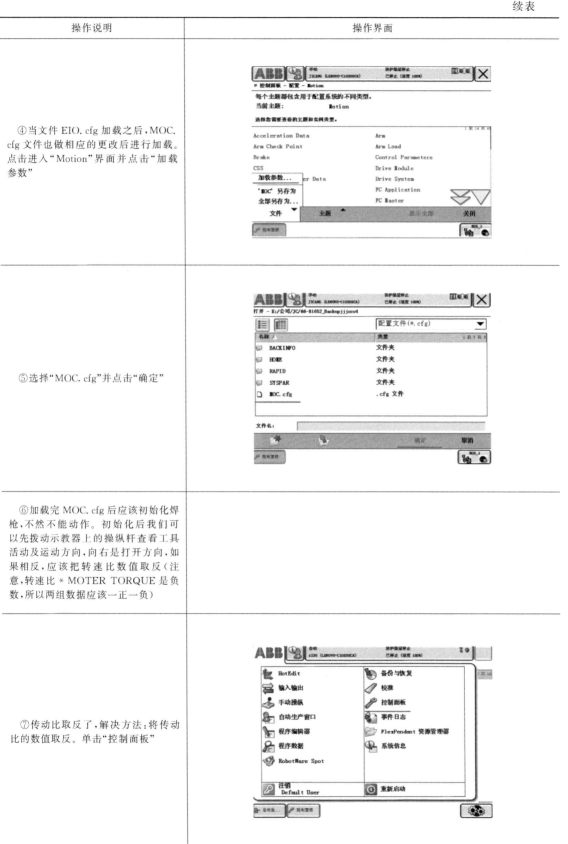
⑤选择"MOC.cfg"并点击"确定"	
⑥加载完 MOC.cfg 后应该初始化焊枪,不然不能动作。初始化后我们可以先拨动示教器上的操纵杆查看工具活动及运动方向,向右是打开方向,如果相反,应该把转速比数值取反(注意,转速比 * MOTER TORQUE 是负数,所以两组数据应该一正一负)	
⑦传动比取反了,解决方法:将传动比的数值取反。单击"控制面板"	

续表

操作说明	操作界面
⑧点击"配置"	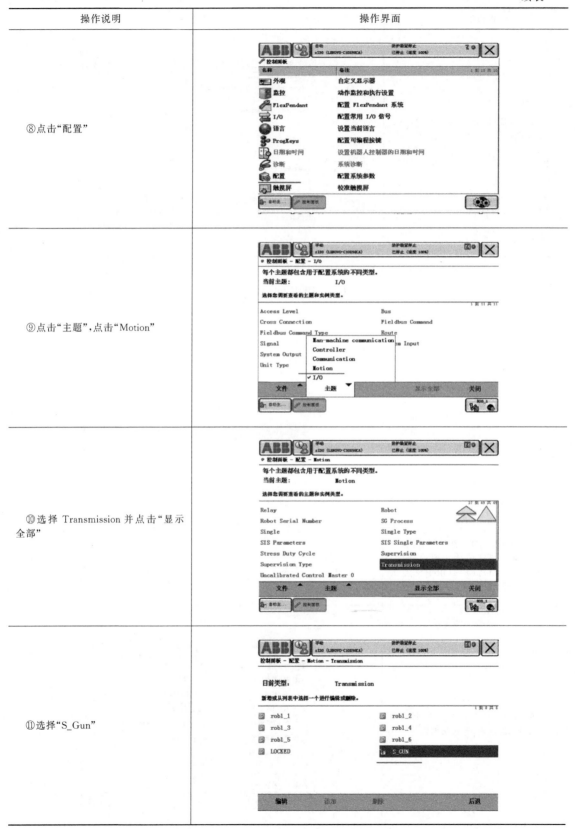
⑨点击"主题",点击"Motion"	
⑩选择 Transmission 并点击"显示全部"	
⑪选择"S_Gun"	

续表

操作说明	操作界面
⑫将原本的数值取反即可	
⑬加载 MOC 以后摇动伺服枪时如果出现关节碰撞,报警代码为 50056,首先将伺服焊枪微校再关闭伺服焊枪	

3.3.2　加载伺服焊枪

伺服焊枪的加载操作如表 3-7 所示。

表 3-7　加载伺服焊枪的操作步骤

操作说明	操作界面
①首先在 ABB 主菜单中点击"程序编辑器"	
②加载伺服焊枪首先创建一个主程序 main	

操作说明	操作界面
③点击"pp 移至 Main",使此程序为主程序	
④单击"调用例行程序…"	
⑤选择"ManAddGunName"为另行程序并长按播放键	

续表

操作说明	操作界面
⑥进入到次界面单击"Yes"	
⑦单击"OK"	
⑧单击"Yes"	
⑨单击"OK",完成加载	

3.3.3 外部轴校准

外部轴校准的具体操作步骤如表 3-8 所示。

表 3-8 外部轴校准的操作步骤

操作步骤及说明	操作界面
①外部轴校准即外部轴零点的设定。首先在 ABB 主菜单中点击"控制面板"	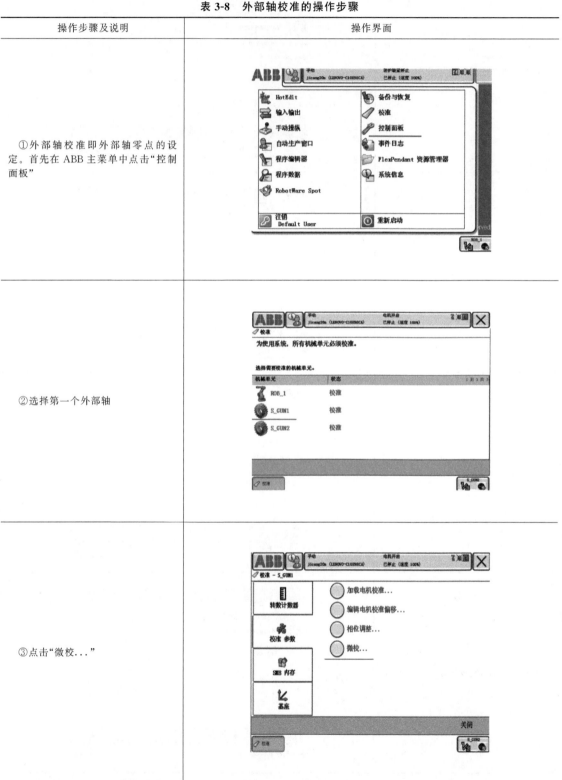
②选择第一个外部轴	
③点击"微校…"	

续表

操作步骤及说明	操作界面
④确保外部轴处于零点位置,然后单击"是",外部轴校准完成	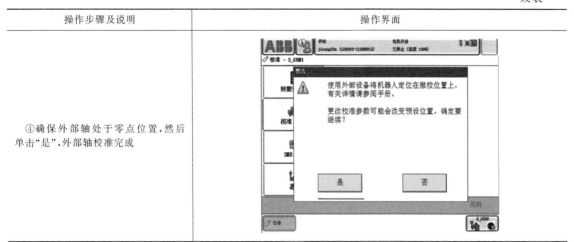

3.3.4　设定传动比

传动比是机构中两转动构件角速度的比值,也称速比。多级减速器各级传动比的分配,直接影响减速器的承载能力和使用寿命,还会影响其体积、重量和润滑。

在示教器中设定传动比的操作步骤如表 3-9 所示。

表 3-9　设定传动比的操作步骤

操作步骤及说明	操作界面
①在 ABB 主菜单中单击"控制面板""配置""Motion"	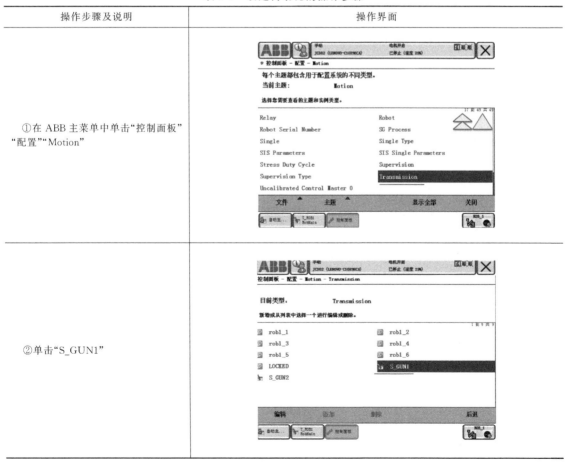
②单击"S_GUN1"	

续表

操作步骤及说明	操作界面
③把计算的数值输入上去,然后单击"确定"	

3.3.5 计算最大扭矩

最大扭矩的设置步骤如图 3-10 所示。

表 3-10 最大扭矩的设置步骤

操作步骤及说明	操作界面

①首先在示教器中新建立一个程序	```
	PROC test_1()
	    ActUnit S_GUN1;
	    SetForce gun1, force_test;
	ENDPROC
	``

②FORCE-TEST 里的参数,此时扭矩与压力还未转换成一定比例(正常比例接近 1∶1000),所以此处压力应该为扭矩。厚度应该为压力表厚度,保持时间可以设为 2s。运动方式可设为单周循环模式,不然会连续加压。需要通过改变扭矩来测出接近最大压力对应的最大扭矩,扭矩范围一般在 2.5~5 之间,如果超出,就要考虑是否出错 执行程序,观察压力表数据显示,更改扭矩,直到压力打出额定值。把测出的扭矩输入 MOTIONSG-PROCESS,把 Sync check Off 改成 Yes,在 Stress Duty Cycle 里面的最大扭矩也改成测得值	Max Force Control Motor Torque 5.5 Sync Check Off Yes Name S_GUN1 Speed Absolute Max 418 Torque Absolute Max 5.5
③设置之后单击"是"进行热启动	

3.3.6　伺服焊枪上下范围

设置伺服焊枪上下范围的操作步骤如表 3-11 所示。

表 3-11　设置伺服焊枪上下范围的操作步骤

操作说明	操作界面
①伺服焊枪上下范围是指焊钳开合范围，首先测量出动臂最大的张开范围，然后在示教器中单击"控制面板"	
②单击"配置"	
③单击"Motion"	
④点击"S_GUN1"	

续表

操作说明	操作界面
⑤输入设定的上限值。注意 0.185 的单位是 m,更改之后暂时不需要重启。静电极臂不需要标注距离	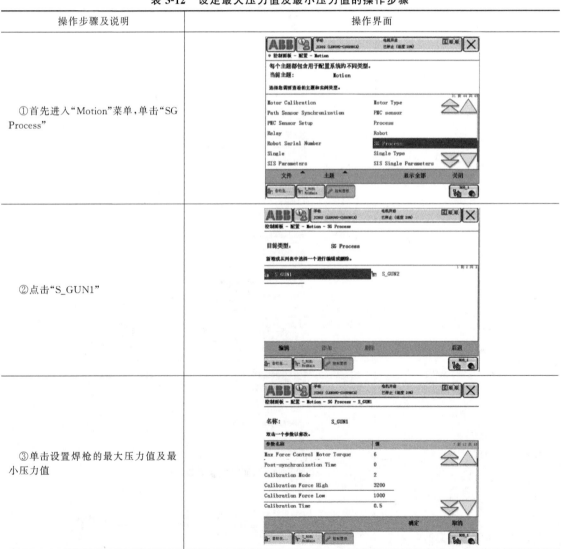

3.3.7　设定最大压力值及最小压力值

设定最大压力值及最小压力值的操作步骤如表 3-12 所示。

表 3-12　设定最大压力值及最小压力值的操作步骤

操作步骤及说明	操作界面
①首先进入"Motion"菜单,单击"SG Process"	
②点击"S_GUN1"	
③单击设置焊枪的最大压力值及最小压力值	

续表

操作步骤及说明	操作界面
④设置之后单击"是"进行热启动	

3.3.8　伺服焊枪压力测试

伺服焊枪压力测试的操作步骤如表 3-13 所示。

表 3-13　伺服焊枪压力测试的操作步骤

操作说明	操作界面
①点击"焊枪力校准"	
②选择"1"	
③num_of_calib 代表压力标定次数；max_force 代表伺服焊枪最大压力；sensor_thickness 代表压力计厚度；force_time 代表压力测定时间。点击"Return"	

操作说明	操作界面
④点击"2"	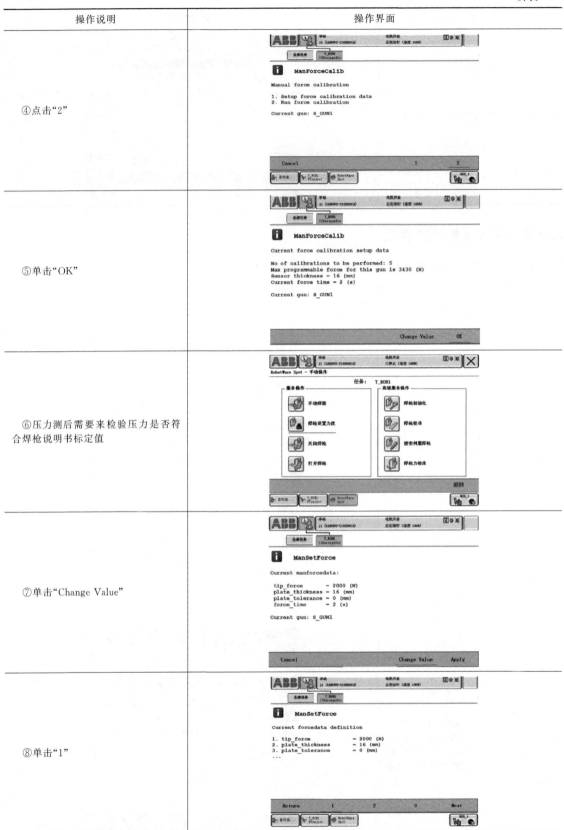
⑤单击"OK"	
⑥压力测后需要来检验压力是否符合焊枪说明书标定值	
⑦单击"Change Value"	
⑧单击"1"	

续表

操作说明	操作界面
⑨更改 tip_force 的数值来进行压力测定。观察压力机上显示的数值和设定值之间的误差大小，一般为 ±50 左右，误差很大时需要重新对伺服焊枪的压力进行测定	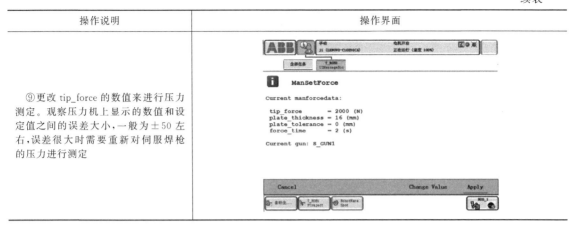

3.4　I/O 信号的配置

3.4.1　常用的 ABB 标准 I/O 板

ABB 机器人提供了丰富的 I/O 通信接口，可以轻松地实现与周边设备进行通信。除了通过 ABB 机器人提供的标准 I/O 板与外围设备进行通信以外，ABB 机器人还可以使用 DSQC667 模块通过 Profibus 与 PLC 进行快捷和大数据量的通信，如表 3-14 所示。

表 3-14　ABB 机器人通信方式

PC	现场总线	ABB 标准
RS232 通信 OPC	Device Net	标准 I/O 板
Server Socket	Profibus	PLC
Message	Profibus-DP	
	Profinet	
	EtherNet IP	

注：Message 是一种通信协议；表中第二列中的现场总线是不同厂商推出的现场总线协议。

ABB 的标准 I/O 板提供的常用信号处理有数字输入 di、数字输出 do、模拟输入 ai、模拟输出 ao 以及输送链跟踪。这里我们以常用的 DSQC652 板介绍 ABB I/O 信号配置。DSQC652 正面示意图如图 3-19 所示。

图 3-19 中各部分内容说明见表 3-15。

表 3-15　DSQC652 面板标号说明

标号	说明
A	数字输出信号指示灯
B	X1、X2 数字输出接口
C	X5 是 DeviceNet 接口
D	模块状态指示灯
E	X3、X4 数字输入接口
F	数字输入信号指示灯

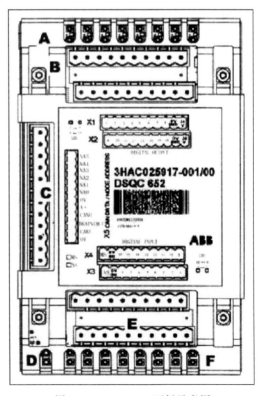

图 3-19　DSQC652 面板示意图

DSQC652 板各接口端子定义如表 3-16 所示。

表 3-16　DSQC652 板各接口端子定义

端子	端子编号	使用定义	地址分配
X1	1	OUTPUT CH1	0
	2	OUTPUT CH2	1
	3	OUTPUT CH3	2
	4	OUTPUT CH4	3
	5	OUTPUT CH5	4
	6	OUTPUT CH6	5
	7	OUTPUT CH7	6
	8	OUTPUT CH8	7
	9	0V	
	10	24V	
X2	1	OUTPUT CH9	8
	2	OUTPUT CH10	9
	3	OUTPUT CH11	10
	4	OUTPUT CH12	11
	5	OUTPUT CH13	12
	6	OUTPUT CH14	13
	7	OUTPUT CH15	14
	8	OUTPUT CH16	15
	9	0V	
	10	24V	
X3	1	INPUT CH1	0
	2	INPUT CH2	1
	3	INPUT CH3	2
	4	INPUT CH4	3
	5	INPUT CH5	4
	6	INPUT CH6	5
	7	INPUT CH7	6
	8	INPUT CH8	7
	9	0V	
	10	未使用	
X4	1	INPUT CH9	8
	2	INPUT CH10	9
	3	INPUT CH11	10

续表

端子	端子编号	使用定义	地址分配
X4	4	INPUT CH12	11
	5	INPUT CH13	12
	6	INPUT CH14	13
	7	INPUT CH15	14
	8	INPUT CH16	15
	9	0V	
	10	24V	
X5	1	0V BLACK	
	2	CAN 信号线 low BLUE	
	3	屏蔽线	
	4	CAN 信号线 high WHILE	
	5	24V RED	
	6	GND 地址选择公共端	
	7	模块 ID bit 0(LSB)	
	8	模块 ID bit 1(LSB)	
	9	模块 ID bit 2(LSB)	
	10	模块 ID bit 3(LSB)	
	11	模块 ID bit 4(LSB)	
	12	模块 ID bit 5(LSB)	

注:BLACK 黑色,BLUE 蓝色,WHITE 白色,RED 红色。

3.4.2　定义 I/O 总线(DSQC652 板为例)

I/O 总线的定义步骤如表 3-17 所示。

表 3-17　定义 I/O 总线的操作步骤　▶视频演示 3-1

操作说明	操作界面
①首先将示教器中系统模式设定为"手动模式"	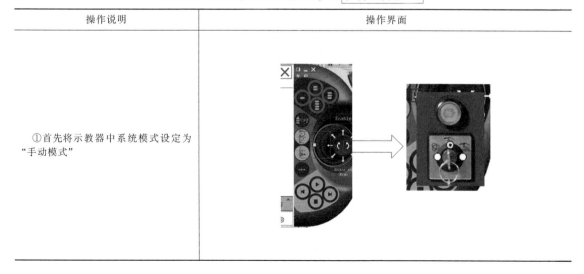

操作说明	操作界面
②首先 ABB 主菜单中点击"控制面板"	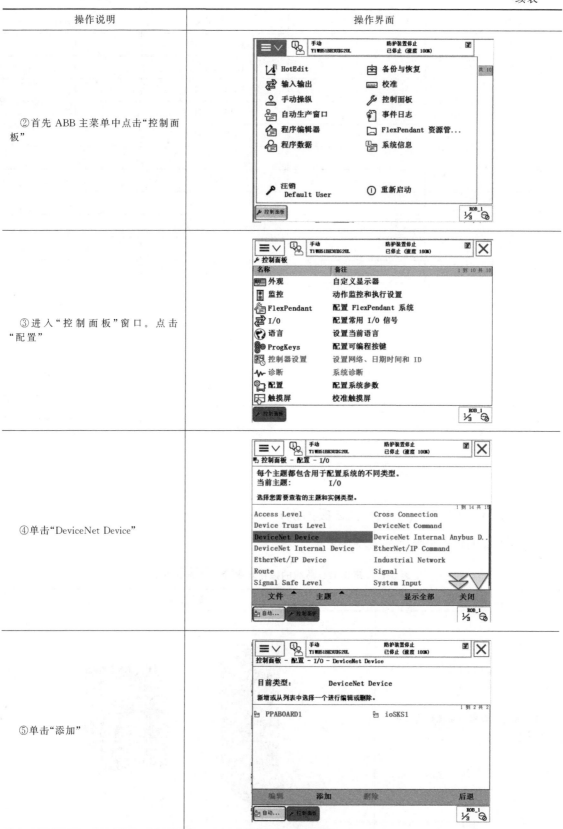
③进入"控制面板"窗口。点击"配置"	
④单击"DeviceNet Device"	
⑤单击"添加"	

续表

操作说明	操作界面
⑥双击"Name"	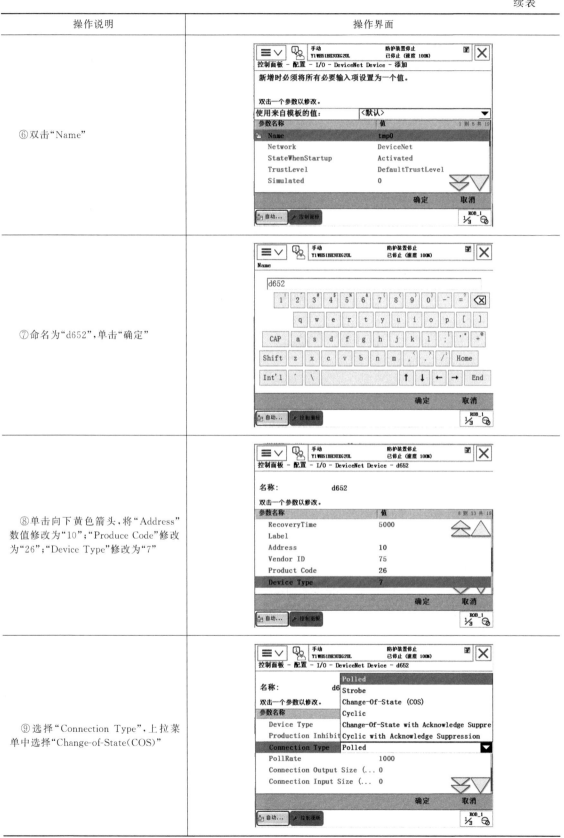
⑦命名为"d652"，单击"确定"	
⑧单击向下黄色箭头，将"Address"数值修改为"10"；"Produce Code"修改为"26"；"Device Type"修改为"7"	
⑨选择"Connection Type"，上拉菜单中选择"Change-of-State(COS)"	

续表

操作说明	操作界面
⑩将右图中两项数值分别设定为"2"。单击"确定"	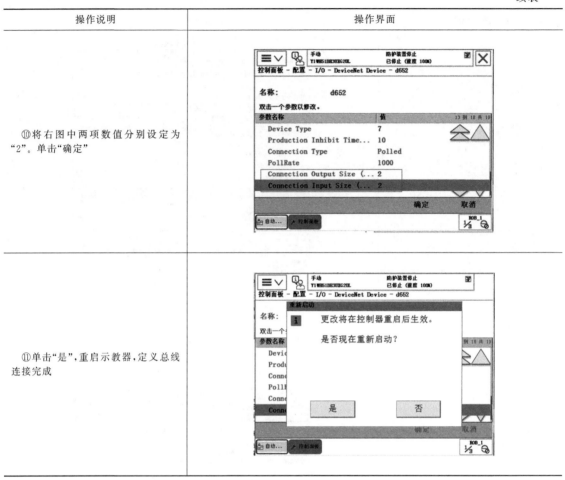
⑪单击"是",重启示教器,定义总线连接完成	

3.4.3 定义数字输入/输出信号

定义数字输入和数字输出信号的操作步骤相类似,这里以设置数字输入 di1 为例介绍操作步骤,如表 3-18 所示。

表 3-18 定义 di1 信号的操作步骤 ▶视频演示 3-2

操作说明	操作界面
①在 ABB 主菜单,选择"控制面板"	

续表

操作说明	操作界面
②进入"控制面板"窗口,单击"配置"	
③点击"Signal",单击"显示全部"	
④单击"添加"	
⑤双击"Name",命名为"di1"	

续表

操作说明	操作界面
⑥双击"Type of signal",在出现的列表中选择"Digital Input"(注意:如果设置数字输出,这里就选择"Digital Output")	
⑦双击"Assigned to Device"在列表中选择"d652"(已命名总线为"d652")	
⑧双击"Device Mapping"映射物理端口,输入相应的映射端口地址,对应地址为 0~15,共 16 个。然后单击"确定"	
⑨单击"是",系统重启,di1 设置完成	

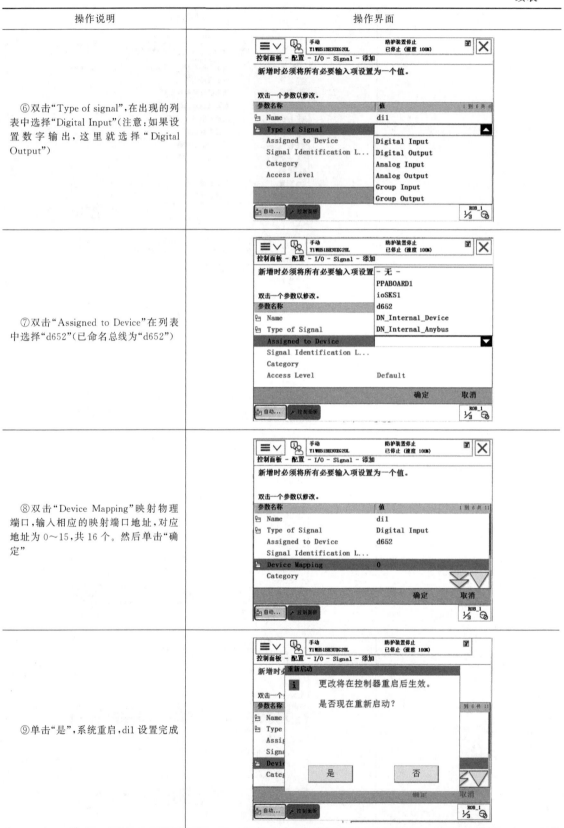

数字输入/输出信号的相关参数说明见表 3-19。

表 3-19 数字输入/输出信号的相关参数说明

信号类型	参数名称	设定值	说明
数字输入 di	Name	di1	设定数字输入信号的名字
	Type of Signal	Digital Input	设定信号的类型
	Assigned to Device	d652	设定信号所在的总线
	Device Mapping	0	设定信号所占用的地址
数字输出 do	Name	do1	设定数字输入信号的名字
	Type of Signal	Digital Output	设定信号的类型
	Assigned to Device	d652	设定信号所在的总线
	Device Mapping	32	设定信号所占用的地址

3.4.4 定义模拟输出信号

定义模拟输出信号的操作步骤如表 3-20 所示。

表 3-20 模拟输出信号 ao1 的设置 ▶视频演示 3-3

操作说明	操作界面
①在 ABB 主菜单,选择"控制面板"	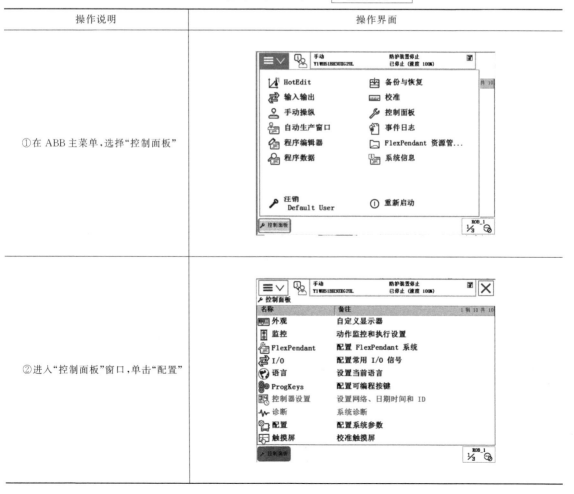
②进入"控制面板"窗口,单击"配置"	

操作说明	操作界面
③点击"Signal"	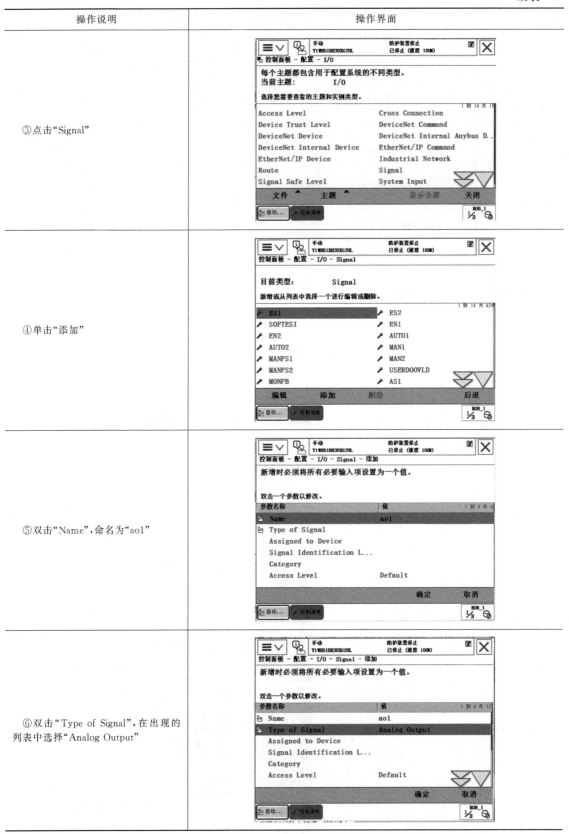
④单击"添加"	
⑤双击"Name",命名为"ao1"	
⑥双击"Type of Signal",在出现的列表中选择"Analog Output"	

续表

操作说明	操作界面
⑦双击"Assigned to Device"在列表中选择"d652"（已命名总线为 d652）	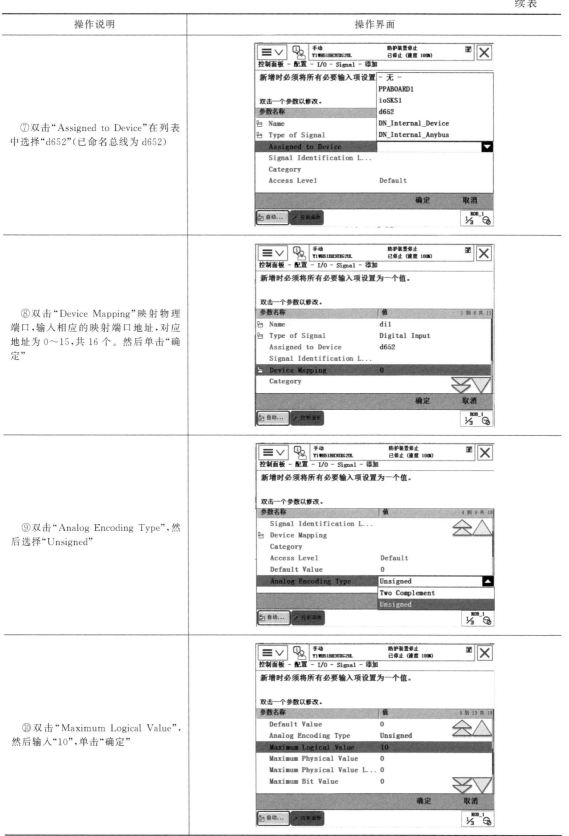
⑧双击"Device Mapping"映射物理端口，输入相应的映射端口地址，对应地址为 0～15，共 16 个。然后单击"确定"	
⑨双击"Analog Encoding Type"，然后选择"Unsigned"	
⑩双击"Maximum Logical Value"，然后输入"10"，单击"确定"	

续表

操作说明	操作界面
⑪双击"Maximum Physical Value"，然后输入"10"	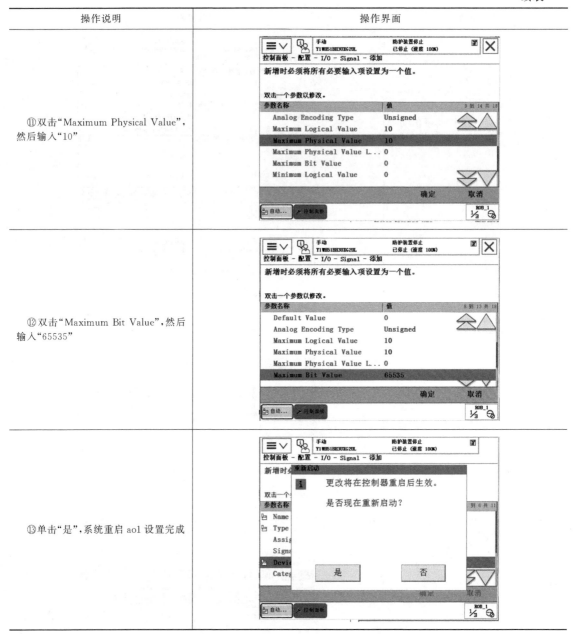
⑫双击"Maximum Bit Value"，然后输入"65535"	
⑬单击"是"，系统重启 ao1 设置完成	

模拟输出信号的相关参数见表 3-21。

表 3-21 模拟输出信号的相关参数说明

参数名称	设定值	说明
Name	ao1	设定数字输入信号的名字
Type of Signal	Analog Output	设定信号的类型
Assigned to Device	d652	设定信号所在的总线
Device Mapping	0~15	设定信号所占用的地址
Default Value	12	默认值，不得小于最小逻辑值
Analog Encoding Type	Unsigned	Unsigned 数值范围从 0 开始，无负数

续表

参数名称	设定值	说明
Maximum Logical Value	40.2	最大逻辑值,焊机最大输出电压 40.2V
Maximum Physical Value	10	最大物理值,焊机最大输出电压所对应 I/O 板的最大输出电压值
Maximum Physical Value Limit	10	最大物理限值,I/O 板的最大输出电压值
Maximum Bit Value	65535	最大逻辑位值,16 位
Minimum Logical Value	12	最小逻辑值,焊机最小输出电压 12V
Minimum Physical Value	0	最小物理值,焊机最小输出电压所对应 I/O 板的最小输出电压值
Minimum Physical Value Limit	0	最小物理限值,I/O 板的最小输出电压值
Minimum Bit Value	0	最小逻辑位值
Unit Mapping	32	设定信号所占用的地址

3.4.5　系统输入输出与 I/O 信号的关联

以数字输入信号控制电动机上电为例来介绍系统输入输出与 I/O 信号的关联的操作，具体操作步骤如表 3-22 所示。

表 3-22　数字输入信号控制电动机上电的操作步骤　▶视频演示 3-4

操作说明	操作界面
①在 ABB 主菜单中单击"控制面板"	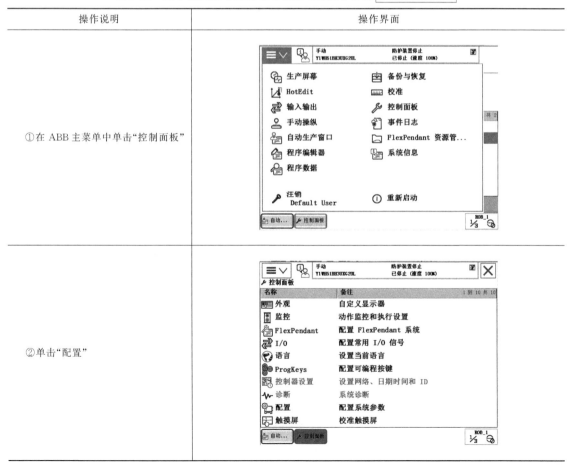
②单击"配置"	

续表

操作说明	操作界面
③单击"System Input"	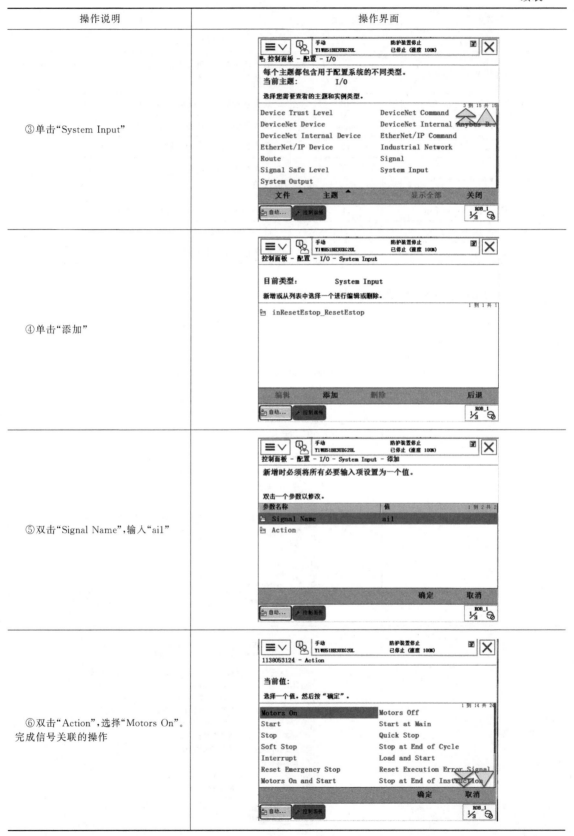
④单击"添加"	
⑤双击"Signal Name",输入"ai1"	
⑥双击"Action",选择"Motors On"。完成信号关联的操作	

3.4.6　I/O 信号的监控与操作

I/O 信号监控的操作步骤如表 3-23 所示。

表 3-23　I/O 信号监控的操作步骤　▶ 视频演示 3-5

操作说明	操作界面
①在 ABB 主菜单中单击"输入输出"	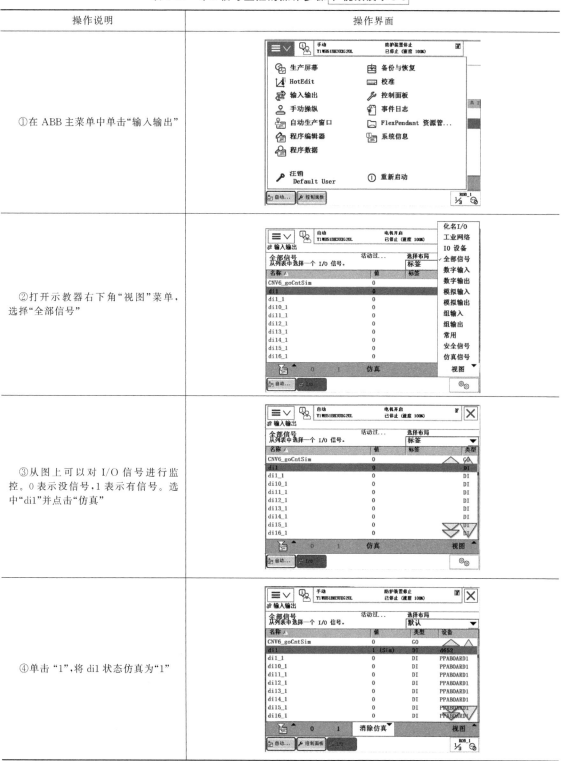
②打开示教器右下角"视图"菜单，选择"全部信号"	
③从图上可以对 I/O 信号进行监控。0 表示没信号，1 表示有信号。选中"di1"并点击"仿真"	
④单击 "1"，将 di1 状态仿真为"1"	

续表

操作说明	操作界面
⑤仿真结束后单击"消除仿真"	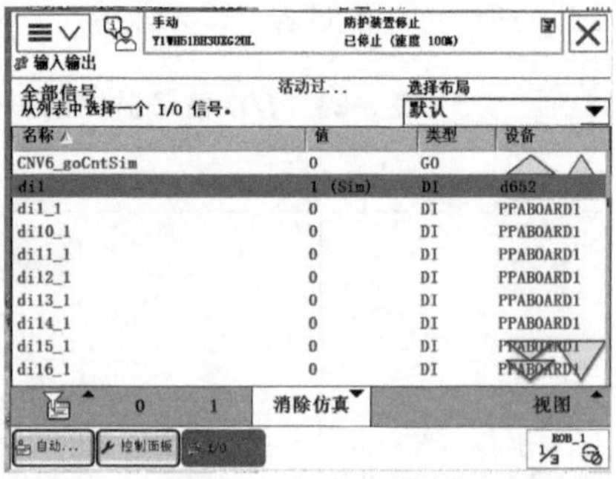

3.5 ABB 机器人的粗校准

ABB 机器人的六个关节轴都有一个机械原点的位置。在以下情况下，需要对机械原点的位置进行转数计数器的更新操作：

① 更换伺服电动机转数计数器电池后；
② 当转数计数器发生故障修复后；
③ 转数计数器与测量板之间断开后；
④ 断电后，机器人关节轴发生了移动；
⑤ 当系统报警提示"10036 转数计数器未更新"时。

转数计数器更新的具体操作步骤如表 3-24 所示。

表 3-24　更新转数计数器的操作步骤 ▶视频演示 3-6

操作说明	操作界面
①右图为机器人六个关节轴的机械原点刻度示意图。注意，使用手动操纵让机器人各关节轴运动到机械原点刻度位置的顺序是：4—5—6—1—2—3。另外，不同型号机器人的机械原点刻度位置会有所不同，请参考 ABB 随机光盘说明书	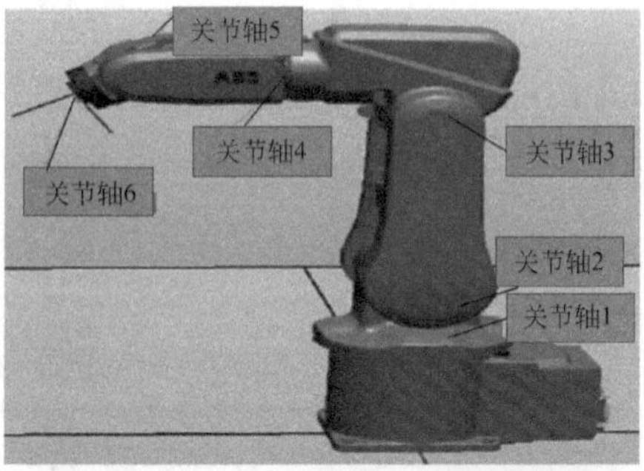
②在手动操纵菜单中，选择"轴 4-6"运动模式，将关节轴 4 运动到机械原点刻度位置	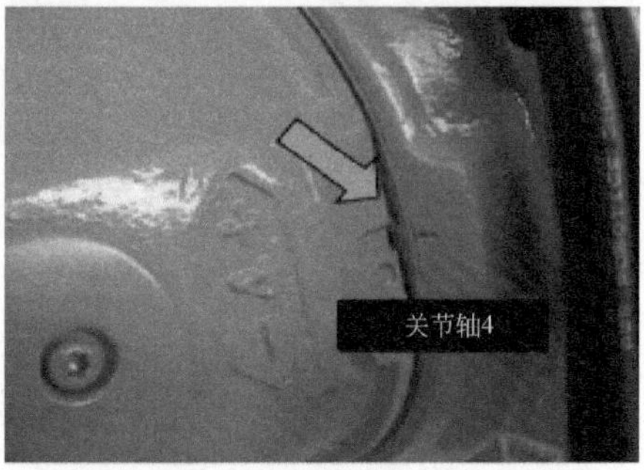

操作说明	操作界面
③同理将关节轴 5 和关节轴 6 运动到机械原点刻度位置	
④在手动操纵菜单中，选择"轴 1-3"运动模式，分别将关节轴 1～3 运动到机械原点刻度位置	

续表

操作说明	操作界面
⑤在 ABB 主菜单中选择"校准"	
⑥单击"ROB_1"	
⑦选择"校准参数",选择"编辑电机校准偏移"	
⑧将机器人本体上电动机校准偏移记录下来(位于机器人机身)	
⑨单击"是"	

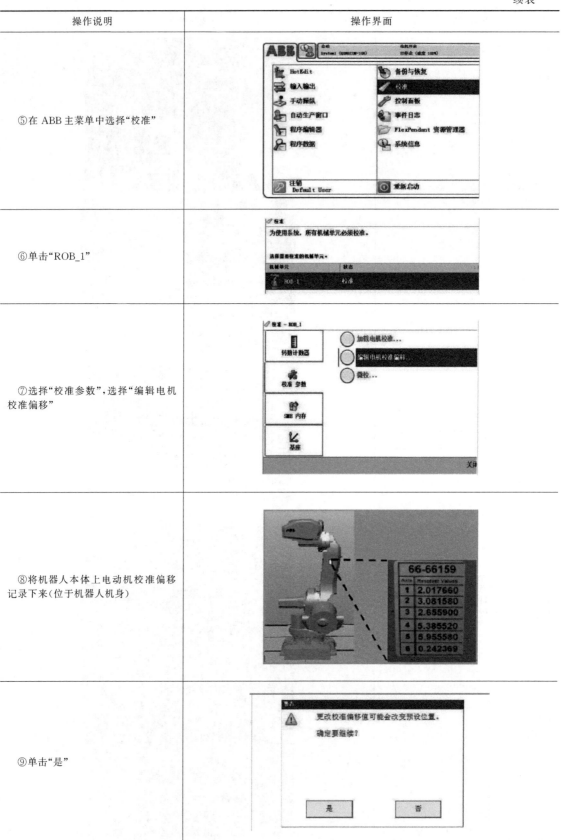

续表

操作说明	操作界面
⑩输入从机器人本体记录的电动机校准偏移数据,然后单击"确定"。如果示教器中显示的数据与机器人本体上的标签数据一致,则无须修改,直接单击"取消"退出,跳到第⑭步	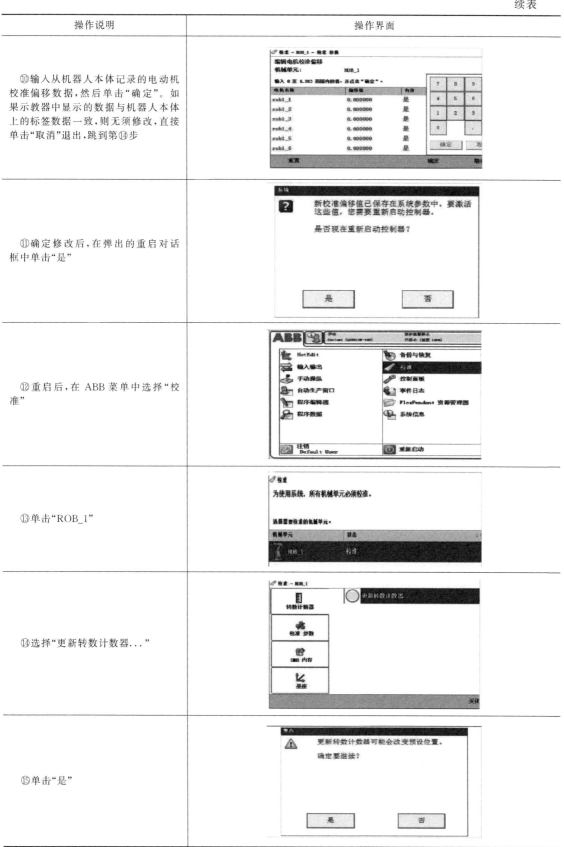
⑪确定修改后,在弹出的重启对话框中单击"是"	
⑫重启后,在 ABB 菜单中选择"校准"	
⑬单击"ROB_1"	
⑭选择"更新转数计数器…"	
⑮单击"是"	

操作说明	操作界面
⑯单击"全选",然后单击"更新"(如果机器人由于安装位置的关系,无法六个轴同时到达机械原点刻度位置,则可以逐一对关节轴进行转数计数器更新)	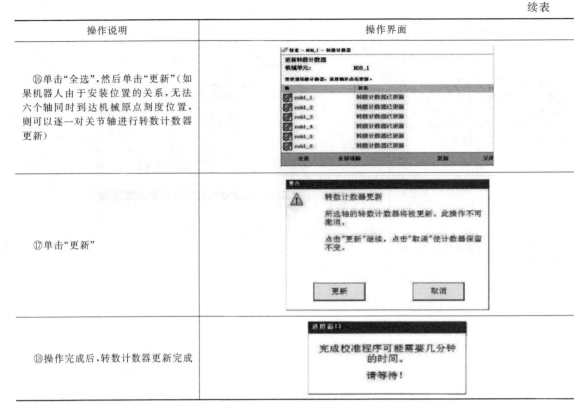
⑰单击"更新"	
⑱操作完成后,转数计数器更新完成	

3.6 ABB 机器人的精校准

3.6.1 转动盘适配器

(1) 结构
转动盘适配器如图 3-20 所示。

(2) 存放和预热
存放后,必须将摆锤工具安装在水平位置,且在使用前必须至少预热(通电)5min。存放位置或预热位置如图 3-21 所示。

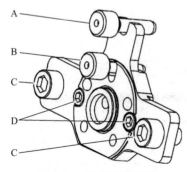

图 3-20 转动盘适配器

A—导销 8mm;B—导销 6mm;C—螺钉 M10;D—螺钉 M6

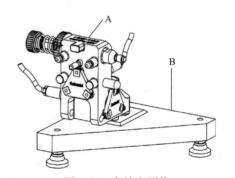

图 3-21 存放和预热

A—校准摆锤 3HAC4540-1;B—校准盘 3HAC020552-002

3.6.2　准备转动盘适配器

（1）启动 Levelmeter 2000

① Levelmeter 2000 的布局和连接　图 3-22 显示了 Levelmeter 2000 的布局和连接。

② Levelmeter 2000 的设置

a. 在使用之前对 Levelmeter 2000 至少预热 5min。

b. 将角度的计量单位（DEG）设置为精确到小数点后三位，如 0.330 等。

③ 启动 Levelmeter

a. 使用所附的电缆连接测量单元和传感器。

b. 启动 Levelmeter 2000 的电源。

c. 连接传感器 A 和 B。

d. 将 Levelmeter 2000 的 OUT 端口与控制柜内的 COM1 端口相连。

e. 校准机器人

④ Levelmeter 2000 的电源　有两种方式可供选择。

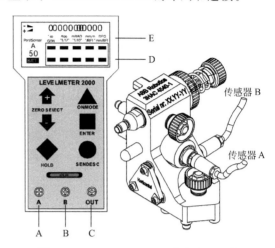

图 3-22　Levelmeter 2000 的布局和连接
A—连接传感器 A；B—连接传感器 B；C—连接 SIO 1；
D—选择指针；E—计量单位

a. 电池模式。按下 ON/MODE 启动 Levelmeter，直到显示屏闪烁。此时会关闭电池节电模式，使用后不要忘记关闭。

b. 外部电源。将电源线（红/黑）连接到 12～48V DC，位于机柜（连接器 XT31）或外部电源。

⑤ 地址　确保传感器有不同的地址。只要地址彼此之间互不相同，设置成任何地址都可行。

⑥ 测定传感器

a. 将传感器连接到传感器连接点。

b. 按 ON/MODE。

c. 按 ON/MODE，直到 SENSOR（传感器）下面的圆点闪烁。

d. 按 ENTER。

e. 按 ZERO/SELECT 箭头，直到 A、B 闪烁。

f. 按 ENTER。等待，直到 A、B 再次闪烁。

g. 按 ENTER。

（2）校准传感器（校准摆锤）和 Levelmeter 2000

① 传感器安装到校准盘　传感器安装到校准盘如图 3-21 所示。

② 校准传感器

a. 将校准盘放在平稳的底座上。

b. 用异丙醇清洁校准盘表面和传感器的三个接触面。

c. 将传感器安装到两个合理位置之一。

d. 重复按 ON/MODE 按钮，直到 SENSOR 文本被选中。

e. 重复按 ENTER。

f. 重复按 ZERO/SELECT，直到 A 显示在 Port/Sensor 的下方。

g. 按 ENTER，然后等待，直到 A 停止闪烁。再次按 ENTER。

h. 按 ON/MODE，直到文本 ZERO 被选中。

i. 按 ENTER。将显示方向指示灯（＋／－）和最后的零偏差。等待数秒，直到传感器稳定。

j. 按 HOLD，直到 ZERO 下方的指示灯开始闪烁。

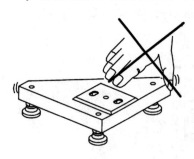

k. 取下摆锤工具，将其旋转 180°，如图 3-23 所示。然后将工具安装在相应的孔型中。这里要注意不要更改校准盘的位置。等待数秒，直到传感器稳定。

l. 按 HOLD 并等待数秒后，将显示新的零偏差。

m. 按 ENTER。此时传感器校准完毕，对于这两个位置应显示相同的值，但极性（＋／－）相反。

n. 按步骤 d~g 中所述将仪器调整为读取传感器 B。

o. 重复步骤 h~m。

p. 按步骤 d~g 中所述将仪器调整为读取传感器 A、B。

图 3-23　取下摆锤工具将其旋转 180°

q. 检查结果。

③ 检查传感器

a. 将校准盘放在平稳的底座上。

b. 用异丙醇清洁校准盘表面和传感器的接触面。

c. 将传感器安装到两个合理位置之一。

d. 将仪器调整为显示传感器 A 和 B。

e. 等待数秒直到传感器稳定，读取仪器所显示的值。

f. 取下传感器，将其旋转 180°，如图 3-24 所示。然后将其重新安装在相应的孔型中。等待数秒，直到传感器稳定。注意不要更改校准盘的位置。

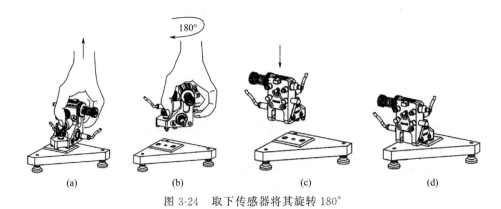

图 3-24　取下传感器将其旋转 180°

g. 读取传感器 A 和 B 的值。两个读数之差应小于 $0.002°$，且极性（＋／－）相反。如果差大于此值，则必须重新校准传感器。

（3）校准传感器安装位置，CalPend

① 卸除设备　在将传感器安装到机器人之前必须确保完成以下操作：

a. 确保没有可能影响传感器位置的接线；

b. 从轴 1 上卸下所有位置开关。但不能将传感器安装在参照位置。

② 准备校准摆锤　在对 IRB 260、IRB 460、IRB 660 和 IRB 760 的轴 1 和 6 以及其他机器人的轴 1 进行校准之前使用这一步骤准备校准摆锤。

a. 通过移动内手轮压缩弹簧（轴向运动），如图 3-25 所示。

b. 在轴上顺时针旋转内手轮，以将弹簧锁在压缩位置，如图 3-26 所示。

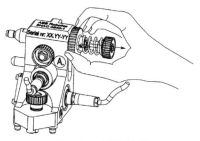

图 3-25　压缩弹簧

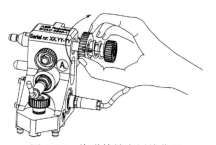

图 3-26　将弹簧锁在压缩位置

c. 在轴 1（或 IRB 260、IRB 460、IRB 660 和 IRB 760 的轴 6）校准之后，释放压缩弹簧。

③ 摆锤安装位置　校验参考位置（IRB 460）时摆锤的安装位置如图 3-27 所示，注意摆锤一次只能安装在一个位置。校验轴 1（IRB 460、IRB 660、IRB 760）、轴 2（IRB 460、IRB 660、IRB 760）、轴 3（IRB 460、IRB 660、IRB 760）、轴 6（IRB 460、IRB 660）时摆锤的安装位置分别如图 3-28～图 3-31 所示。

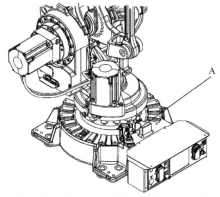

图 3-27　校验参考位置（IRB 460）时
摆锤的安装
A—参照传感器位置中的校准摆锤

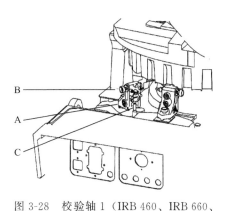

图 3-28　校验轴 1（IRB 460、IRB 660、
IRB 760）时摆锤的安装
A—校准摆锤；B—校准摆锤连接螺钉；C—固定销（IRB 460
的长度为 58mm，IRB 660 和 IRB 760 的长度为 68mm）

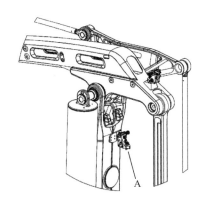

图 3-29　校验轴 2（IRB 460、IRB 660、
IRB 760）时摆锤的安装
A—校准传感器

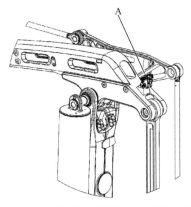

图 3-30　校验轴 3（IRB 460、IRB 660、
IRB 760）时摆锤的安装
A—校准传感器

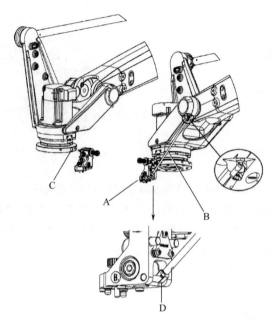

图 3-31　校验轴 6 (IRB 460、IRB 660) 时摆锤的安装

A—校准传感器；B—校准杆，在传感器与机器人球阀之间起连接作用；

C—转动盘上的锥形连接孔；D—注意！确保将校准杆安装在传感器销的最右端

3.6.3　校准

(1) 使用 Calibration Pendulum Ⅱ

Calibration Pendulum Ⅱ用于现场，可恢复机器人原位置（例如在从事检修活动之后）。

① Calibration Pendulum Ⅱ的原理　在校准程序中，首先在参照平面上测量传感器的位置。然后，将摆锤校准传感器放在每根轴上，机器人达到其校准位置，从而将传感器差值降低到接近零。

② 获得最佳结果的前提条件

a. 用异丙醇清洁机器人的所有接触面。

b. 用异丙醇清洁摆锤的所有接触面。

c. 检查并确认在机器人上安装摆锤的孔中没有润滑油和颗粒。

d. 不要触摸传感器或摆锤上的电缆。

e. 检验并确认当安装在机器人上时，摆锤的电缆不是固定悬挂的。

f. 将摆锤安装到法兰（只适用于大型机器人）上时，尽可能将螺钉拧紧。螺钉锥面要与法兰锥面紧紧贴合，这一点非常重要。

g. 使用调整盘和 Levelmeter 定期检查和校准（如需要）传感器。

(2) 准备校准，CalPend

① 确保机器人已做好校准的准备：所有维修或安装活动已完成；机器人已准备好运行。

② 检查并确认用于校准机器人的所有必需硬件均已提供。

③ 从机器人的上臂取下所有外围设备（例如工具和电缆等）。

④ 取下用于安装校准和参照传感器的表面上的所有盖子，用异丙醇清洁这些表面。

注意同一校准摆锤既可用作校准传感器也可用作参照传感器，具体取决于当时所起的作用。

⑤ 用异丙醇清洁导销孔。

⑥ 连接校准设备和机器人控制器，并启动 Levelmeter2000。

⑦ 校准机器人。

⑧ 检验校准。

（3）校准顺序

必须按升序顺序校准轴，即 1→2→3→4→5→6。

（4）利用校准摆锤校准

① 准备机器人校准。

② 微调待校准的机器人轴，使其接近正确的校准位置。

③ 更新转数计数器（粗略校准）。

④ 仅对轴 1 有效。将定位销安装到机器人基座。确保连接面清洁，没有任何裂痕和毛刺。

⑤ 从 FlexPendant 启动校准服务例行程序，并按照说明操作，其中包括在需要时安装校准传感器。

注意：根据 FlexPendant 上的说明在机器人上安装传感器后，单击"确定"会启动机器人运动！确保机器人的工作范围内没有任何人！

⑥ 点击"OK"（确定）。许多信息窗口将在 FlexPendant 上短暂闪过，但在显示具体操作之前无须采取任何操作。

⑦ 完成校准后，确认所有已校准轴的位置。

⑧ 断开所有校准设备，重新安装所有保护盖。

3.6.4　更新转数计数器

更新转数计数器的操作步骤如表 3-24 所示。

3.7　ABB 焊接机器人干涉区的建立

信号干涉区是指两台机器人之间的干涉区，一台机器人具有绝对的优先权，即该机器人首先进入干涉区，作业完成之后另一台机器人才可以进入干涉区内工作。

在这里我们假设干涉区名为 interential，在初始状态下 AB 两台机器人的 interential＝on。

图 3-32 为机器人干涉区示意图。在图 3-32 中 A、B 两个机器人的程序中 Q 和 P 两点马上要接近干涉区位置，为了使两机器人不能同时进入，Q、P 两点均有 do interential＝of 和 wite di＝on 的指令。假设 A 机器人具有绝对的优先权，到达 Q 点时先运行 do interential＝of 指令，B 机器人运行到 P 点时便停止在 wite di＝on 指令，当 A 机器人作业离开干涉区到达 W 点时，将运行 do interential＝on 指令，此时 B 机器人可以进行作业。

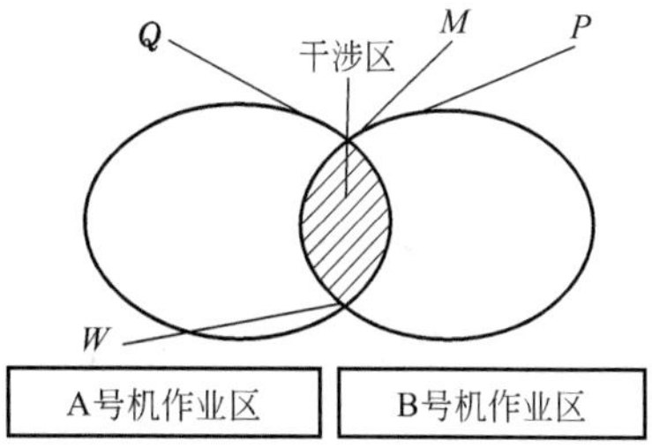

图 3-32　机器人干涉区示意图

同理假设 B 机器人是绝对优先，那么 B 机器人运行到 W 点时也要运行 do interential＝on 指令，A 号机器人也会继续作业。

不仅仅是两台机器人，如果周边还有其他机器人，因动作而结合的干涉区都要进行设置。

第4章
ABB 工业机器人的基本操作

4.1 示教器的基本操作

4.1.1 认识示教器

示教器（图 4-1）是工业机器人重要的控制及人机交互部件，是进行机器人的手动操纵、程序编写、参数配置以及监控等操作的手持装置，也是操作者最常打交道的机器人控制装置。

图 4-1　ABBIRC5 示教器

一般来说，操作者左手握持示教器，右手进行相应的操作，如图 4-2 所示。

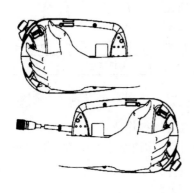

图 4-2　手持示教器

4.1.2 示教器的基本结构

（1）示教器的外观及布局

示教器的外观布局如图 4-3 和图 4-4 所示。

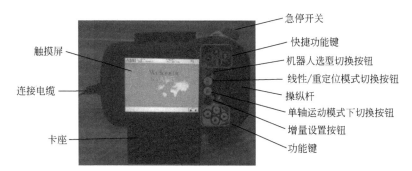

图 4-3 ABBIRC5 示教器正面

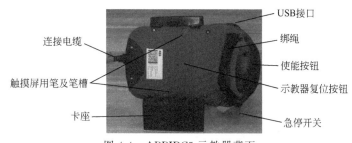

图 4-4 ABBIRC5 示教器背面

示教器正面有专用的硬件按钮（图 4-3），用户可以在上面的四个预设键上配置所需功能。示教器硬件按钮说明如表 4-1 所示。

表 4-1 示教器硬件按钮

硬件按钮示意图	标号	说明
	A～D	预设按键
	E	选择机械单元
	F	切换运动模式，重定位或线性模式
	G	切换运动模式，轴 1～3 或轴 4～6
	H	切换增量
	J	步退按钮。按下时可使程序后退至上一条指令
	K	启动按钮。开始执行程序
	L	步进按钮。按下时可使程序前进至上一条指令
	M	停止按钮。按下时停止程序执行

（2）正确使用使能键

使能键按钮位于示教器手动操作摇杆的右侧，操作者应用左手的手指进行操作。

在示教器按键中要特别注意使能键的使用。使能键是机器人为保证操作人员人身安全而设置的。只有在按下使能键并保持在"电动机开启"的状态下，才可以对机器人进行手动的操作和程序的编辑调试。当发生危险时，人会本能地将使能键松开或按紧，机器人则会马上停下来，保证安全。另外在自动模式下，使能键是不起作用的；在手动模式下，该键有三个位置：

① 不按——释放状态：机器人马达不上电，机器人不能动作。

② 轻轻按下：机器人马达上电，机器人可以按指令或摇杆操纵方向移动。

③ 用力按下：机器人马达失电，停止运动。

4.1.3 示教器的界面窗口

（1）主界面

示教器的主界面如图 4-5 所示，由于版本的不同，示教器的开机界面会有所不同。

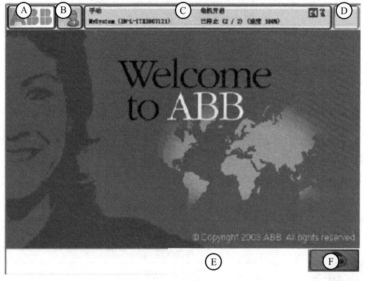

图 4-5　示教器主界面

各部分说明如表 4-2 所示。

表 4-2　示教器主界面说明

标号	说明
A	ABB 菜单
B	操作员窗口：显示来自机器人程序的信息。程序需要操作员做出某种响应以便继续时，往往会出现此情况
C	状态栏：状态栏显示与系统状态有关的重要信息，如操作模式、电动机开启/关闭、程序状态等
D	关闭按钮：点击关闭按钮将关闭当前打开的视图或应用程序
E	任务栏：透过 ABB 菜单，可以打开多个视图，但一次只能操作一个，任务栏显示所有打开的视图，并可用于视图切换
F	快捷键菜单：包含对微动控制和程序执行进行的设置等

（2）界面窗口

菜单中每项功能选择后，都会在任务栏中显示一个按钮。可以按此按钮进行切换当前的任务（窗口）。图 4-6 是一个同时打开四个窗口的界面，在示教器中最多可以同时打开 6 个窗口，且可以通过单击窗口下方任务栏按钮实现在不同窗口之间的切换。

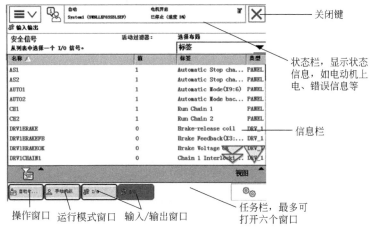

图 4-6　ABB 示教器系统窗口

4.1.4　示教器的主菜单

示教器系统应用进程从主菜单开始，每项应用将在该菜单中选择。按系统菜单键可以显示系统主菜单，如图 4-7 所示，各菜单功能见表 4-3。

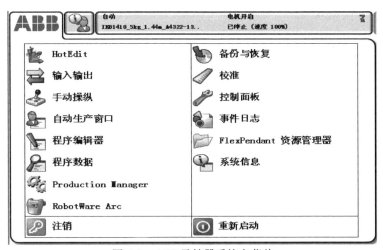

图 4-7　ABB 示教器系统主菜单

表 4-3　ABB 机器人示教器主菜单功能

序号	图标	名称	功能
1		输入输出（I/O）	查看输入输出信号
2		手动操纵	手动移动机器人时,通过该选项选择需要控制的单元,如机器人或变位机等

续表

序号	图标	名称	功能
3		自动生产窗口	由手动模式切换到自动模式时,窗口自动跳出。自动运行中可观察程序运行状况
4		程序数据	设置数据类型,即设置应用程序中不同指令所需要的不同类型的数据
5		程序编辑器	用于建立程序、修改指令及程序的复制、粘贴、删除等
6		备份与恢复	备份程序、系统参数等
7		校准	输入、偏移量、零位等校准
8		控制面板	参数设定、I/O单元设定、弧焊设备设定、自定义键设定及语言选择等。例如,示教器中英文界面选择方法:ABB→控制面板→语言→Control Panel→Language→Chinese
9		事件日志	记录系统发生的事件,如电动机通电/失电、出现操作错误等各种过程
10		FlexPendant 资源管理器	新建、查看、删除文件夹或文件等
11		系统信息	查看整个控制器的型号、系统版本和内存等

4.1.5 示教器的快捷菜单

快捷菜单提供较操作窗口更加快捷的操作按键,可用于选择机器人的运动模式、坐标系等,是"手动操作"的快捷操作界面,每项菜单使用一个图标显示当前的运行模式或设定值。快捷菜单如图 4-8 所示,各选项含义见表 4-4。

图 4-8 ABB 机器人系统快捷菜单

表 4-4　ABB 机器人系统快捷菜单功能

序号	图标	名称	功能
1	ROB_1 1/3 ⊙	快捷键	快速显示常用选项
2	🦾	机械单元	工件与工具坐标系的改变
3	⊙	增量	手动操纵机器人的运动速度调节
4	▶	运行模式	有连续运行和单次运行运行两种
5	▶	步进运行	不常用
6	🕐	速度模式	运行程序时使用,调节运行速度的百分率
7	停止和启动	停止和启动	停止和启动机械单元

注：ABB示教器版本不同，快捷键各部分图标会不同，但是并不影响各快捷键的定义和使用。

4.2　ABB 机器人系统的基本操作

4.2.1　机器人系统的启动及关闭

(1) 认识机器人电器柜

机器人电器柜面板如图 4-9 所示。

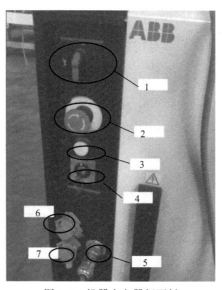

图 4-9　机器人电器柜面板

各部分功能如表 4-5 所示。

表 4-5　面板部件说明

标号	说明
1	机器人电源开关:用来闭合或切断控制柜总电源。图 4-9 所示状态为开启,逆时针旋转为关闭
2	急停按钮:用于紧急情况下的强行停止,当需恢复时只需顺时针旋转释放即可
3	上电按钮及上电指示灯:手动操作时,当指示灯常亮时,表示电动机上电;当指示灯频闪时,表示电动机断电。当机器人切换到自动状态时,在示教器上点击确定后还需按下这个按钮机器人才会进入自动运行状态
4	机器人运动状态切换旋钮:分为自动、手动、手动 100% 三挡模式,左侧为自动运行模式,中间为手动限速模式,右侧为手动全速模式
5	示教器接口:连接示教器
6	USB 接口:可以连接外部移动设备,如 U 盘等,可用于系统的备份/恢复、文件或程序的拷贝/读取等
7	RJ45 以太网接口:连接以太网

（2）机器人的开关机操作

① 开机　在确保设备正常及机器人工作范围内无人后,打开机器人控制柜上的电源主开关（如图 4-10 所示的电源总开关）,系统自动检查硬件。检查完成后若没有发现故障,系统将在示教器显示如图 4-11 所示的界面信息。

② 关机　在关闭机器人系统之前,首先要检查是否有人处于工作区域内,以及设备是否运行,以免发生意外。如果有程序正在运行,则必须先用示教器上的停止按钮使程序停止运行。当机器人回复到原点后关闭机器人控制柜上的主电源开关,机器人系统关闭。

这里需要特别注意的是,为了保护设备,不得频繁开关电源,设备关机后再次开启电源的间隔时间不得小于两分钟。

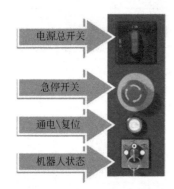

图 4-10　机器人控制柜开关

图 4-11　ABB 机器人启动界面

4.2.2　机器人系统的重启

ABB 机器人系统可以长时间无人操作,无须定期重新启动运行的系统。在以下情况下需要重新启动机器人系统：

①　安装了新的硬件；

②　更改了机器人系统配置参数；

③　出现系统故障（SYSFIL）；

④　RAPID 程序出现程序故障；

⑤　更换 SMB 电池。

ABB 机器人系统的重启动主要有以下几种类型：

①　热启动：使用当前的设置重新启动当前系统。

②　关机：关闭主机。

③　B-启动：重启并尝试回到上一次的无错状态，一般情况下当系统出现故障时常使用这种方式。

④　P-启动：重启并将用户加载的 RAPID 程序全部删除。

⑤　I-启动：重启并将机器人系统恢复到出厂状态。

操作步骤为：主菜单→重新启动→选择所需要的启动方式。

4.2.3　设置系统语言

ABBIRC5 示教器出厂时，默认的显示语言是英语。系统支持多种显示语言，为了方便操作，下面以设置中文界面为例介绍设定系统语言的操作，具体操作步骤如表 4-6 所示。

表 4-6　设置示教器系统语言步骤 ▶视频演示 4-1

操作说明	操作界面
①将控制柜上的机器人状态钥匙切换到中间的手动限速状态,在状态栏中确认机器人状态已切换为手动限速模式	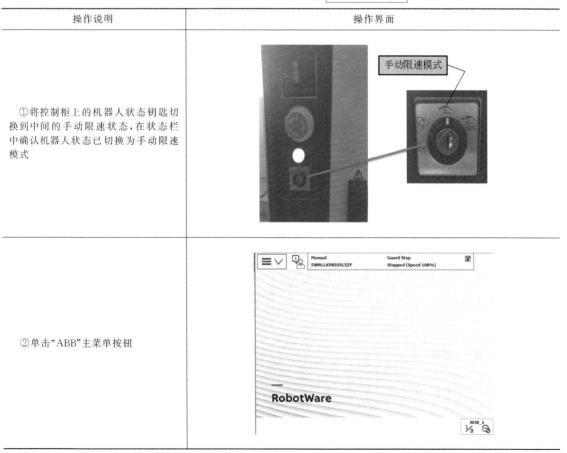
②单击"ABB"主菜单按钮	

操作说明	操作界面
③选择"Control Panel"	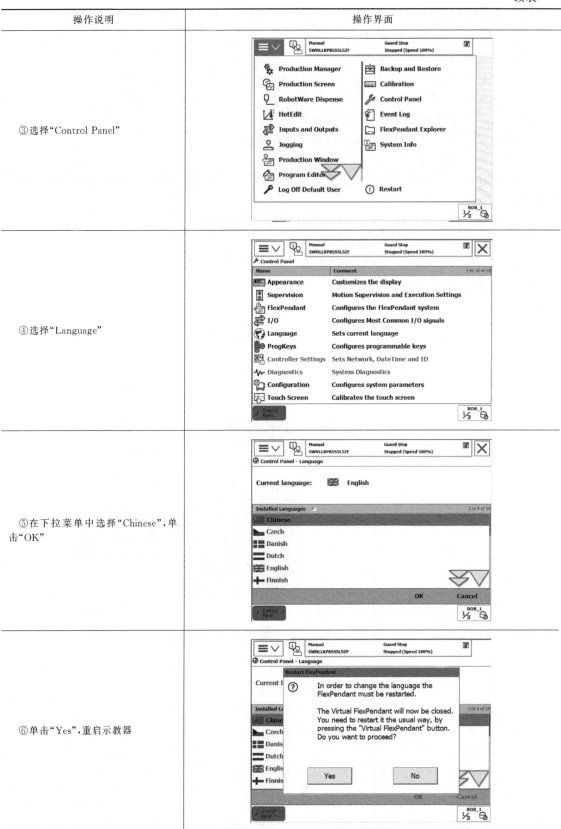
④选择"Language"	
⑤在下拉菜单中选择"Chinese",单击"OK"	
⑥单击"Yes",重启示教器	

续表

操作说明	操作界面
⑦重启后示教器自动切换到中文界面	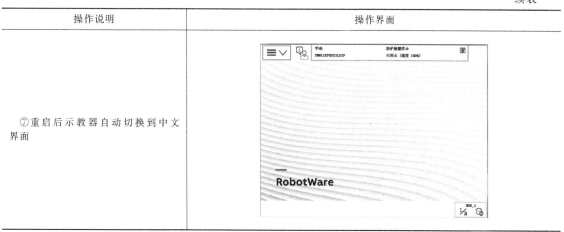

4.2.4　设置系统日期与时间

设定机器人系统的时间，是为了方便进行文件的管理和故障的查阅与管理，在进行各种操作之前要将机器人系统的时间设定为本地区的时间，具体操作步骤见表 4-7。

表 4-7　机器人系统的时间设定步骤

操作说明	操作界面
①单击"ABB"按钮，在主菜单下选择"控制面板"	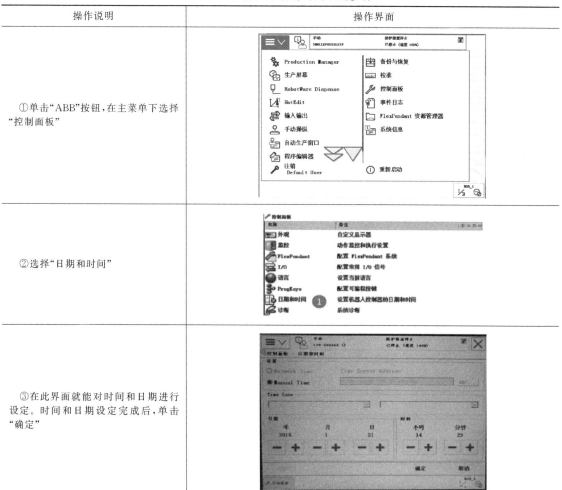
②选择"日期和时间"	
③在此界面就能对时间和日期进行设定。时间和日期设定完成后，单击"确定"	

4.2.5 查看机器人常用信息与事件日志

通过示教器界面上的状态栏进行 ABB 机器人常用信息的查看，状态栏常用信息介绍如图 4-12 所示，其界面说明见表 4-8。

图 4-12 状态栏常用信息

表 4-8 界面说明

标号	说明
A	机器人的状态，包括手动、全速手动和自动三种
B	机器人的系统信息
C	机器人电动机状态，图中表示电动机开启
D	机器人程序运行状态
E	当前机器人或外部轴的使用状态

单击窗口中上部的状态栏，就可以查看机器人的时间日志，图 4-13 为查看时间日志界面。

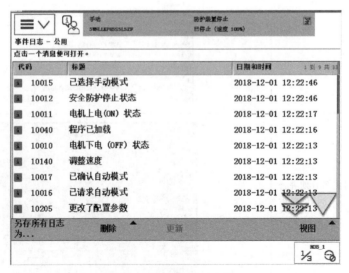

图 4-13 查看时间日志界面

4.2.6　系统的备份与恢复

定期对机器人系统进行备份，是保证机器人正常工作的良好习惯。备份文件可以放在机器人内部的存储器上，也可以备份到移动设备（如 U 盘、移动硬盘等）上，建议使用 U 盘进行备份，且必须专盘专用防止病毒感染。备份文件包含运行程序和系统配置参数等内容。当机器人系统出错时，可以通过备份文件快速地恢复备份前的状态。为了防止程序丢失，在更改程序前建议做好备份。

（1）系统的备份

系统备份的具体操作步骤如表 4-9 所示。

表 4-9　系统备份的操作步骤 ▶视频演示 4-2

操作说明	操作界面
①单击"ABB"按钮，在主菜单下单击"备份与恢复"	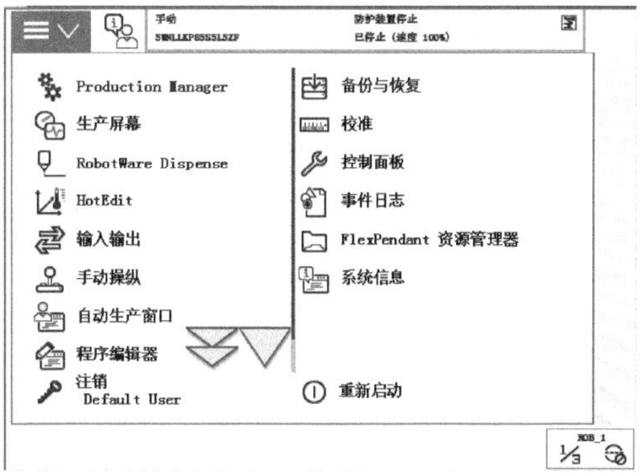
②单击"备份当前系统…"	
③点击"ABC…"是进行存放备份数据目录的设定，点击"…"选择备份存放的位置，然后单击"备份"	

续表

操作说明	操作界面
④等待系统备份	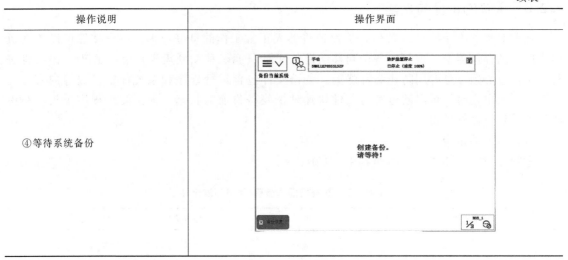

(2) 系统的恢复

系统恢复的具体操作步骤如表 4-10 所示。

表 4-10　系统恢复的操作步骤

操作说明	操作界面
①单击"ABB"按钮,在主菜单下单击"备份与恢复",单击"恢复系统…"	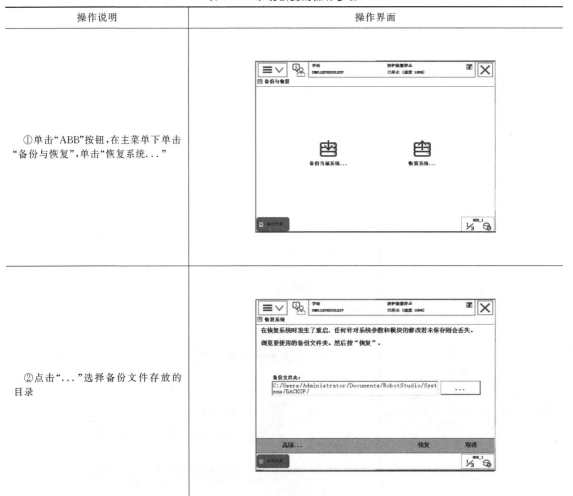
②点击"…"选择备份文件存放的目录	

续表

操作说明	操作界面
③选择备份的文件，单击"确定"	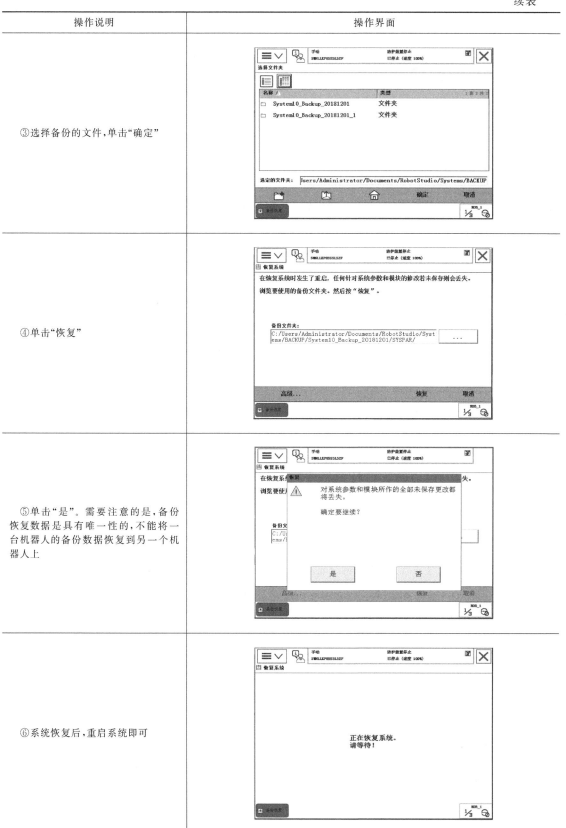
④单击"恢复"	
⑤单击"是"。需要注意的是，备份恢复数据是具有唯一性的，不能将一台机器人的备份数据恢复到另一个机器人上	
⑥系统恢复后，重启系统即可	

需要注意的是，备份恢复数据是具有唯一性的，不能将一台机器人的备份数据恢复到另一台机器人上。

4.3 新建和加载程序

4.3.1 ABB 机器人存储器

机器人运行程序一般是由操作人员按照加工要求示教机器人并记录运动轨迹而形成的文件，编辑好的程序文件存储在机器人存储器中。机器人的程序由主程序、子程序及程序数据构成。在一个完整的应用程序中，一般只有一个主程序，而子程序可以是一个，也可以是多个。

机器人的程序编辑器中存有程序模板，类似计算机办公软件的 Word 文档模板，编程时按照模板在里面添加程序指令语句即可。"示教"就是机器人学习的过程，在这个过程中，操作者要手把手教会机器人做某些动作，机器人的控制系统会以程序的形式将其记忆下来。机器人按照示教时记忆下来的程序展现这些动作，就是"再现"过程。

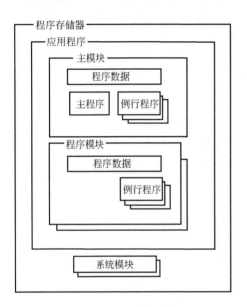

图 4-14 ABB 工业机器人存储器的组成

ABB 机器人存储器包含应用程序和系统模块两部分。存储器中只允许存在一个主程序，所有例行程序（子程序）与数据无论存在什么位置，都全部被系统共享。因此，所有例行程序与数据除特殊规定以外，名称不能重复。ABB 工业机器人存储器组成如图 4-14 所示。

（1）应用程序（program）的组成

应用程序由主模块和程序模块组成。主模块（main module）包含主程序（main routine）、程序数据（program data）和例行程序（routine）；程序模块（program modules）包含程序数据（program data）和例行程序（routine）。

（2）系统模块（system modules）的组成

系统模块包含系统数据（system data）和例行程序（routine）。所有 ABB 机器人都自带两个系统模块，USER 模块和 BASE 模块。使用时对系统自动生成的任何模块都不能进行修改。

4.3.2 新建和加载程序

在示教器中新建和加载一个程序的步骤如表 4-11 所示。

ABB 机器人支持从外部移动设备导入程序到系统中，例如通过仿真系统建立的程序等。加载 U 盘程序的具体操作步骤如表 4-12 所示。

表 4-11　新建和加载程序 ▶视频演示 4-3

操作说明	操作界面
①在主菜单下,单击"程序编辑器"	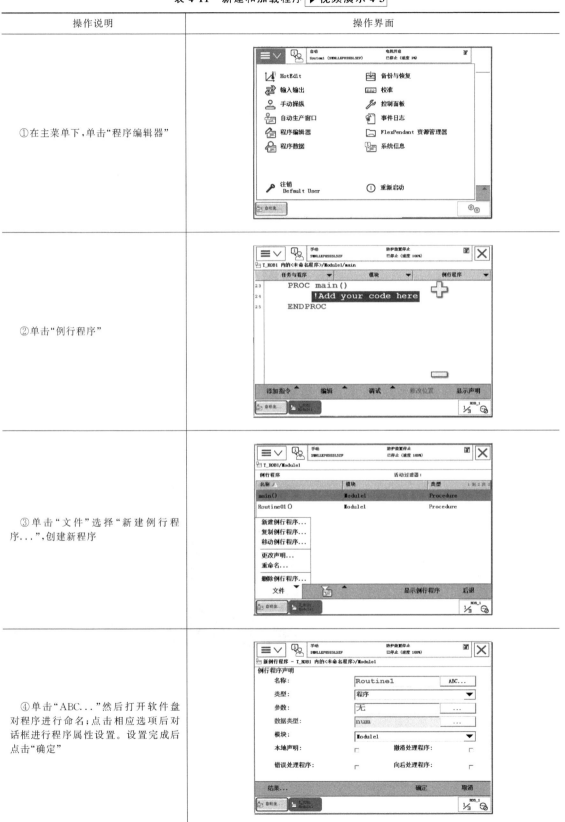
②单击"例行程序"	
③单击"文件"选择"新建例行程序...",创建新程序	
④单击"ABC..."然后打开软件盘对程序进行命名;点击相应选项后对话框进行程序属性设置。设置完成后点击"确定"	

操作说明	操作界面
⑤程序创建完成	
⑥若编辑已有程序,则在步骤③中选择"加载程序",显示已存储程序名称,然后选择所需要加载的程序单击"确定"。为了给新程序腾出空间,可以先删除先前加载的程序	

表 4-12　加载 U 盘程序的步骤

操作说明	操作界面
①打开 ABB 控制柜,将 USB 存储器插入柜内上部机箱的 USB 接口中	
② 在 ABB 主菜单栏中单击"FlexPendant 资源管理器"	

续表

操作说明	操作界面
③在弹出的画面中与台式机操作相同，把 USB 存储器中的含有程序的文件夹复制到 ABB 控制柜内部的存储器中	
④返回主菜单，单击"程序编辑器"	
⑤单击"任务与程序"	
⑥在弹出的画面中单击"文件"，在子菜单中单击"加载程序"	

续表

操作说明	操作界面
⑦然后单击"不保存"	
⑧在弹出的画面中找到含有新程序的文件夹，选中.pgf文件，单击"确定"	
⑨等待几秒钟后程序加载完成	

4.4 程序数据的设置

4.4.1 程序数据及类型

（1）程序数据

程序数据是在程序模块或系统模块中设定的值和定义的一些环境数据。在机器人的编程中，为了简化指令语句，需要在语句中调用相关程序数据。这些程序数据都是按照不同功能分类并编辑好后存储在系统内的，因此我们要根据实际需要提前创建好不同类型的程序数据以备调用。创建的程序数据通过同一个模块或其他模块中的指令进行引用。例如图 4-15 是一条常用的机器人直线运动的指令 MoveL，调用了四个程序数据。指令中的指令说明见表 4-13。

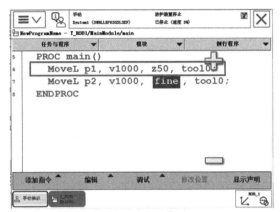

图 4-15　程序指令

表 **4-13**　指令说明

程序数据	数据类型	说明
p1	robtarget	机器人运动目标位置数据
v1000	speeddata	机器人运动速度数据
z50	zonedata	机器人运动转弯数据
tool0	tooldata	机器人工作数据 TCP

（2）程序数据的类型

ABB 机器人的程序数据共有 76 个，程序数据可以根据实际情况进行创建，为 ABB 机器人的程序设计提供了良好的数据支持。

数据类型可以利用示教器主菜单中的"程序数据"窗口进行查看，也可以在该目录下进行创建所需的程序数据，程序数据界面如图 4-16 所示。

图 4-16　程序数据界面

按照存储类型，程序数据主要包括变量 VAR、可变量 PERS、常量 CONST 三种类型。

① 变量 VAR　变量型数据在程序执行的过程中和停止时，会保持当前的值。但如果程序指针被移到主程序后，当前数值会丢失。以图 4-17 中变量型数据为例：

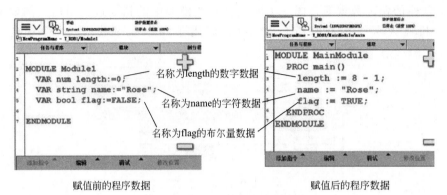

赋值前的程序数据　　　　　　　　　　　　　　赋值后的程序数据

图 4-17　程序数据赋值前后对比

其中 VAR 表示存储类型为变量，num 表示程序数据类型。在定义数据时，可以定义变量数据的初始值，如 length 的初始值为"0"，name 的初始值为"Rose"，flag 的初始值为"FALSE"。在程序中执行变量型数据的赋值，在指针复位后将恢复为初始值。

② 可变量 PERS　可变量最大的特点是，无论程序的指针如何，都会保持最后赋予的值。可变量程序数据的赋值如图 4-18 所示。

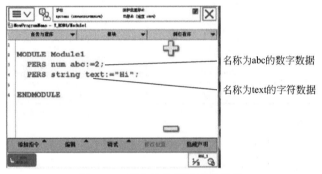

图 4-18　可变量程序数据的赋值

在机器人执行的 RAPID 程序中也可以对可变量存储类型的程序数据进行赋值的操作，PERS 表示存储类型为可变量。特别要注意的是在程序执行完成以后，赋值的结果会一直保持不变，直到对其进行重新赋值。

③ 常量 CONST　常量的特点是在定义时已赋予了数值，不允许在程序编辑中进行修改，需要修改时要手动修改。常量程序数据的赋值如图 4-19 所示。

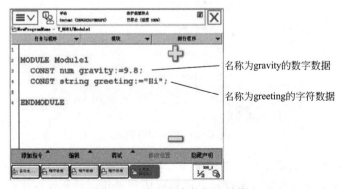

图 4-19　常量程序数据的赋值

4.4.2　程序数据的建立

在 ABB 机器人系统中可以通过两种方式建立程序数据：

① 直接在示教器的程序数据画面中建立程序数据；

② 在建立程序指令时，同时自动生成对应的程序数据。

下面以在示教器中建立布尔数据（bool）为例介绍程序数据的建立步骤，其他程序数据建立步骤相类似。

建立 bool 数据的操作步骤如表 4-14 所示。设定程序数据中的参数及说明见表 4-15。

表 4-14　bool 数据的建立　▶视频演示 4-4

操作说明	操作界面
①在 ABB 主菜单栏中单击"程序数据"	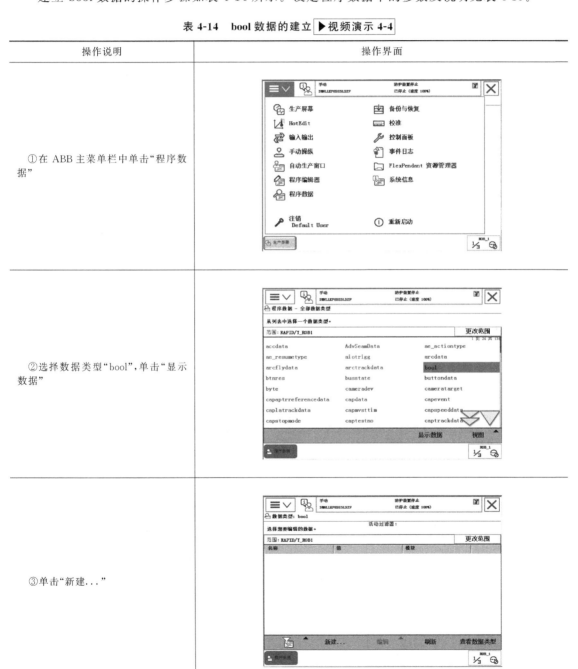
②选择数据类型"bool"，单击"显示数据"	
③单击"新建…"	

操作说明	操作界面
④进行名称的设定、单击下拉菜单选择对应的参数,设定完成后单击"确定"完成设定。数据参数及具体说明见表4-15	

表 4-15　设定程序数据中的参数及说明

设定参数	参数说明
名称	设定数据的名称
范围	设定数据可使用的范围
存储类型	设定数据的可存储类型
任务	设定数据所在的任务
模块	设定数据所在的模块
例行程序	设定数据所在的例行程序
维数	设定数据的维数
初始值	设定数据的初始值

4.4.3　常用的程序数据

根据不同的数据用途,可定义不同类型的程序数据。系统中还有针对一些特殊功能的程序数据,在对应的功能说明书中会有相应的详细介绍,详情可查看随机光盘电子版说明书,也可根据需要新建程序数据类型。常用的程序数据如表4-16所示。

表 4-16　常用的程序数据

程序数据	说明	程序数据	说明
bool	布尔量	byte	整数数据 0~255
num	数值数据	pose	坐标转换
clock	计时数据	robjoint	机器人轴角度数据
dionum	数字输入/输出信号	robtarget	机器人与外轴的位置数据
intnum	中断标志符	speeddata	机器人与外轴的速度数据
extjoint	外轴位置数据	string	字符串
jointtarget	关节位置数据	tooldata	工具数据
orient	姿态数据	trapdata	中断数据
mecunit	机械装置数据	wobjdata	工件数据
pos	位置数据(只有 X、Y 和 Z)	zonedata	TCP 转弯半径数据
loaddata	负荷数据		

4.4.4　机器人坐标系的设置及选择

工业机器人具有以下几种坐标系：基坐标系、工具坐标系、工件坐标系、大地坐标系、用户坐标系等。在手动模式下操控机器人时，我们可以通过示教器来选择相应的坐标系，具体操作步骤如表 4-17 所示。

表 4-17　坐标系选取的步骤

操作说明	操作界面
①将控制柜上的机器人状态钥匙切换到中间的手动限速状态，在状态栏中确认机器人状态已切换为"手动"	
②在 ABB 主菜单栏中单击"手动操纵"	
③在手动操纵界面下，单击"坐标系"	

续表

操作说明	操作界面
④单击需要设定的坐标系,单击"确定"	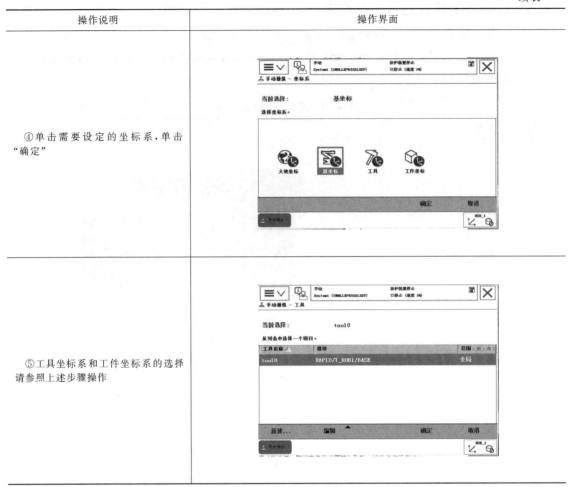
⑤工具坐标系和工件坐标系的选择请参照上述步骤操作	

4.4.5 工具坐标 tooldata 的设定

工具坐标系的工具数据 tooldata 是用于描述安装在机器人第六轴上的工具 TCP、重量、重心等参数数据。所有机器人在手腕处都有一个预定义工具坐标系（tool0），默认工具（tool0）的工具中心点位于机器人安装末端执行器法兰盘的中心，与机器人基座方向一致。创建新工具时，tooldata 工具类型变量将随之创建。该变量名称将成为工具的名称。新工具具有质量、框架、方向等初始默认值，这些值在工具使用前必须进行定义。

标定工具坐标系，需要标定特殊空间点，空间点的个数从 3 点直到 9 点，标定的点数越多，TCP 的设定越准确，相应的操作难度越大。标定工具坐标系时，首先在机器人工作范围内找一个精确的固定点做参考点；然后在工具上确定一个参考点即 TCP（最好是工具中心点），例如在焊接机器人中，常定义焊丝端头为焊枪工具的 TCP；用手动操纵机器人的方法，移动工具上的 TCP 通过 N 种不同姿态同固定点相碰，得出多组解，通过计算得出当前 TCP 与机器人手腕中心点（tool0）的相应位置，坐标系方向与 tool0 一致。可以采用 3 点法标定 TCP，一般为了获得更精确的 TCP，我们常使用 6 点法进行操作，第 4 点是用工具的参考点垂直于固定点，第 5 点是工具参考点从固定点向将要设定为 TCP 的 X 方向移动，第 6 点是工具参考点从固定点向将要设定为 TCP 的 Z 方向移动。6 点法标定工具坐标系的操作步骤见表 4-18。

表 4-18　6 点法标定工具坐标系的操作步骤 ▶ 视频演示 4-5

操作说明	操作界面
①将控制柜上的机器人状态钥匙切换到中间的手动限速状态,在状态栏中确认机器人状态已切换为"手动"	
②在 ABB 主菜单中单击"手动操纵"	
③单击"工具坐标"	
④单击"新建..."	

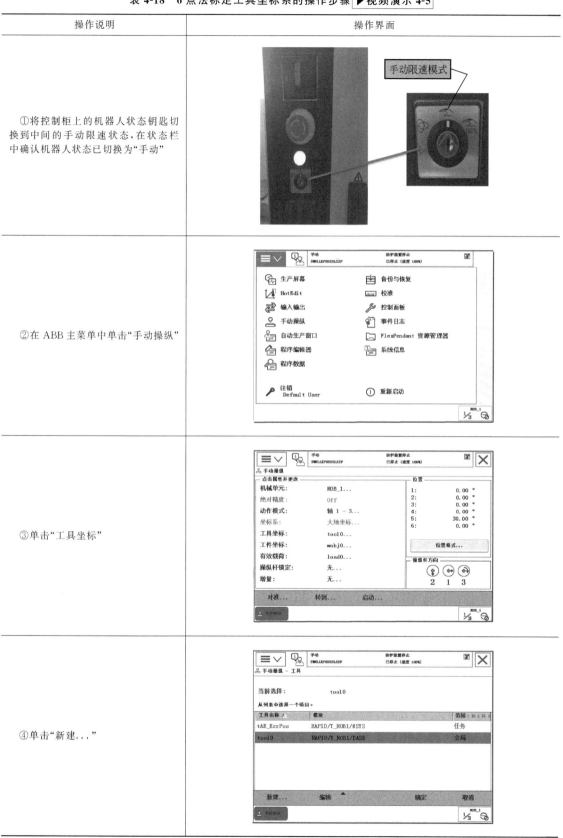

操作说明	操作界面
⑤新工具坐标系命名为"tool1"，单击"初始值"	
⑥在"mass"后输入焊枪的质量	
⑦在"cog"目录下输入焊枪相对于法兰盘的位置偏移量。单击"确定"	
⑧单击"确定"	

续表

操作说明	操作界面
⑨选中"tool1"，单击"编辑"，单击"定义"	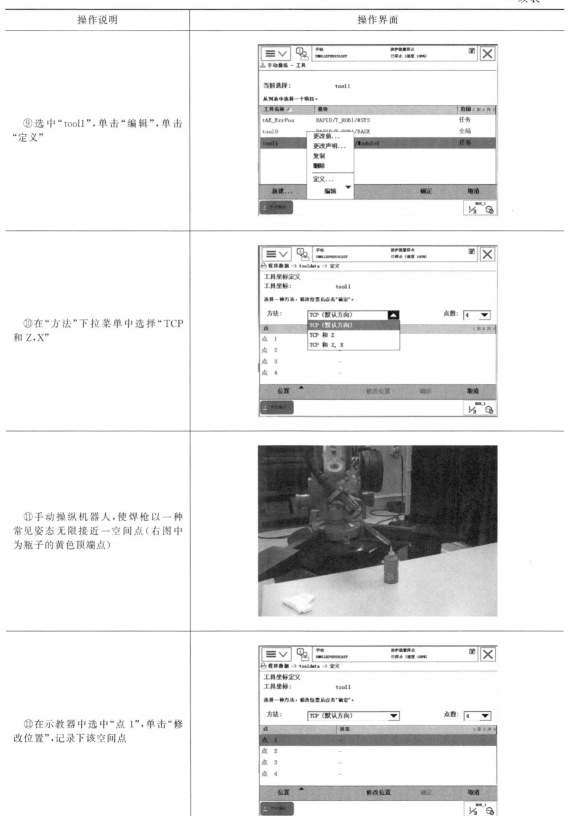
⑩在"方法"下拉菜单中选择"TCP和 Z,X"	
⑪手动操纵机器人，使焊枪以一种常见姿态无限接近一空间点（右图中为瓶子的黄色顶端点）	
⑫在示教器中选中"点 1"，单击"修改位置"，记录下该空间点	

操作说明	操作界面
⑬同理,改变焊枪姿态,手动操纵机器人 TCP 无限接近设定的空间点后,分别记录下点 2 和点 3。注意,在 3 个记录点上焊枪姿态相差越大,设定的工具坐标系越精准	
⑭手动操纵机器人使 TCP 垂直并无限接近于设定的空间点,记录下第 4 点	
⑮手动操纵机器人 TCP 点从第 4 点沿设定的 X 方向移动一段距离后,记录为第 5 点	
⑯手动操纵机器人 TCP 重新回到记录的第 4 点,然后操纵 TCP 沿设定的 Z 方向移动一定距离,记录为第 6 点	

续表

操作说明	操作界面
⑰ 6 点全部记录后,在示教器窗口中单击"确定"。工具坐标系 tool1 标定完成	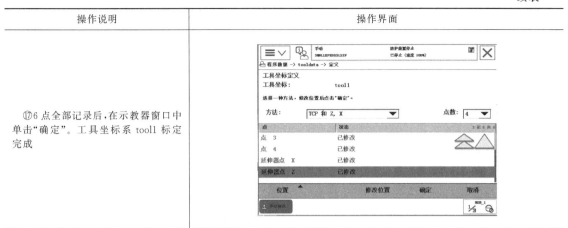

4.4.6　工件坐标 wobjdata 的设定

工件坐标系与工件有关,通常是最适合对机器人进行编程的坐标系。如图 4-20 所示,工件坐标系定义工件相对于大地坐标系(或其他坐标系)的位置。它必须定义两个框架:用户框架(与大地基座相关)和工件框架(与用户框架相关)。机器人可以拥有若干个工件坐标系,或者表示不同工件,或者表示同一个工件在不同位置的若干副本。

对机器人进行编程就是在工件坐标系中创建目标和路径。当重新定位工作站中的工件时,我们只需要更改工件坐标系的位置,则所有路径将即刻随之更新(如图 4-21 所示)。在定义工件坐标系后,我们可以操作外部轴或传送导轨移动工件,因为整个工件可联同其他路径一起运动。

如果在若干位置对同一对象或若干相邻工件执行同一路径,为了避免每次都必须为所有的位置编程,我们可以定义一个位移坐标系。此坐标系还可以与搜索功能结合使用,以抵消单个部件的位置差异。需要指出的是位移坐标系是基于工件坐标系而定义的。

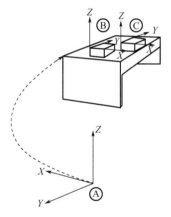

图 4-20　工件坐标系
A—大地坐标系;B—工件坐标系 1;
C—工件坐标系 2

建立一个工件坐标系需要在对象的平面上定义三个点,如图 4-22 所示。

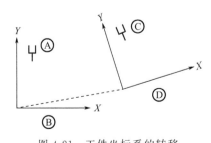

图 4-21　工件坐标系的转移
A—原始位置;B—工件坐标系;C—新位置;D—位移坐标系

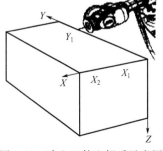

图 4-22　建立工件坐标系示意图

X_1:X_1 点用来确定工件坐标系的原点。

X_2：X_1、X_2 点用来确定工件坐标系 X 轴正方向。

Y_1：Y_1 点用来确定 Y 轴正方向。

工件坐标系各轴方向符合右手定则，确定好了 X 轴和 Y 轴的正方形后，Z 轴正方形即可根据右手定则确定（图 4-23）。

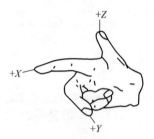

图 4-23　右手定则示意图

工件坐标系的设置步骤如表 4-19 所示。

表 4-19　工件坐标系的设置步骤　▶ 视频演示 4-6

操作说明	操作界面
①将控制柜上的机器人状态钥匙切换到中间的手动限速状态，在状态栏中确认机器人状态已切换为"手动"	
②在 ABB 主菜单中单击"手动操纵"	
③单击"工件坐标"	

续表

操作说明	操作界面
④单击"新建…"	
⑤新工具坐标系命名为"wobj1",单击"初始值"	
⑥设置好相应属性后,单击"确定"	
⑦选中新建的工件坐标"wobj1",单击"编辑",单击"定义"	

续表

操作说明	操作界面
⑧在"方法"下拉菜单中选择"3 点"	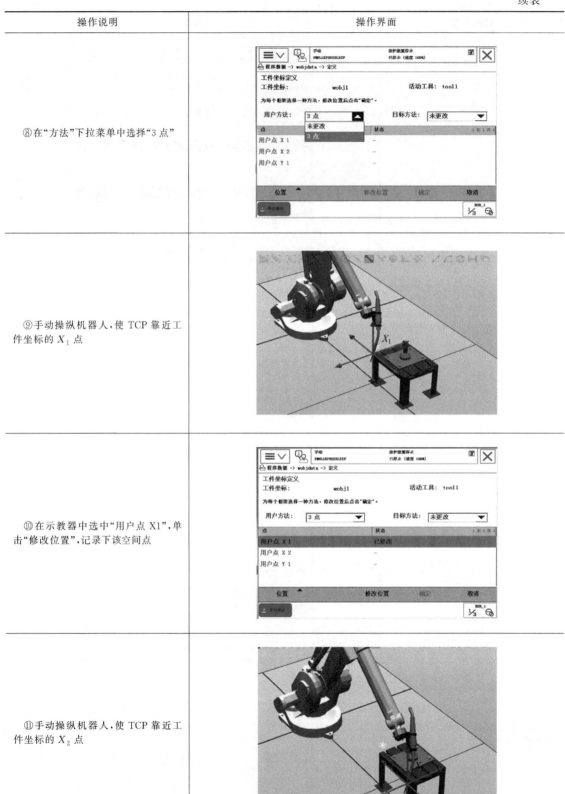
⑨手动操纵机器人,使 TCP 靠近工件坐标的 X_1 点	
⑩在示教器中选中"用户点 X1",单击"修改位置",记录下该空间点	
⑪手动操纵机器人,使 TCP 靠近工件坐标的 X_2 点	

续表

操作说明	操作界面
⑫在示教器中选中"用户点 X2",单击"修改位置",记录下该空间点	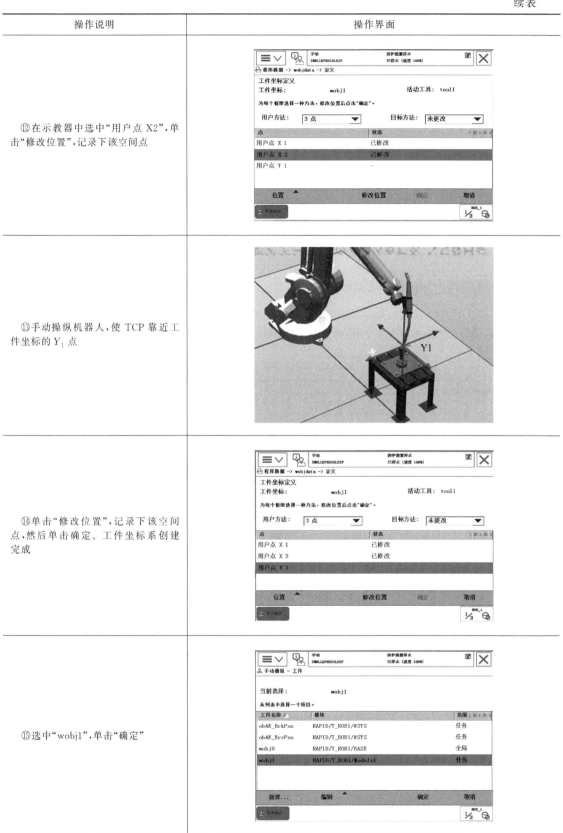
⑬手动操纵机器人,使 TCP 靠近工件坐标的 Y_1 点	
⑭单击"修改位置",记录下该空间点,然后单击确定。工件坐标系创建完成	
⑮选中"wobj1",单击"确定"	

续表

操作说明	操作界面
⑯返回手动操纵界面,可以看到工件坐标选项为"wobj1"。使用线性运动模式,体验新建立的工件坐标系	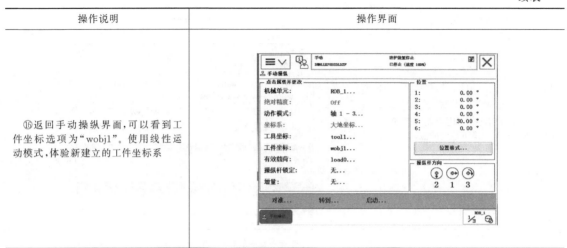

4.4.7 有效载荷 loaddata 的设定

对于搬运应用的机器人,应正确设定夹具的质量、重心 tooldata、搬运对象的质量和重心数据 loaddata 等。有效载荷 loaddata 的设定步骤如表 4-20 所示。

表 4-20 有效载荷的设定步骤 ▶视频演示 4-7

操作说明	操作界面
①将控制柜上的机器人状态钥匙切换到中间的手动限速状态,在状态栏中确认机器人状态已切换为"手动"	
②在 ABB 主菜单中单击"手动操纵"	

续表

操作说明	操作界面
③单击"有效载荷"	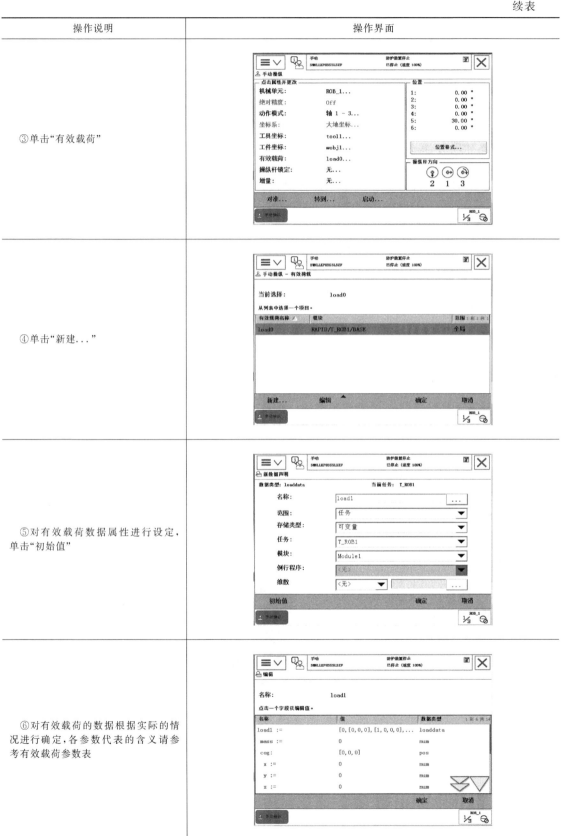
④单击"新建…"	
⑤对有效载荷数据属性进行设定，单击"初始值"	
⑥对有效载荷的数据根据实际的情况进行确定，各参数代表的含义请参考有效载荷参数表	

4.5 手动操纵机器人

在手动操作模式下，选择不同的运动轴就可以手动操纵机器人运动。设置机器人为手动模式的操作方法参照表 4-21。示教器上的摇杆具有三个自由度，因此可以控制三个轴的运动。在表 4-21 的操作步骤④中，当选择"轴 1-3"，在按下示教器的使能按钮给机器人上电后，拨动摇杆即可操纵机器人第 1、2 和 3 轴；选择"轴 4-6"可操纵机器人第 4、5 和 6 轴。机器人动作的速度与摇杆的偏转量成正比，偏转量越大，机器人运动速度越高，最高速度为 250mm/s。除在以下三种情况下不能操纵机器人外，无论何种窗口打开，都可以用摇杆操纵机器人。

① 自动模式下；
② 未按下使能按钮（MOTORS OFF）时；
③ 程序正在执行时。

如果机器人或外部轴不同步，则只能同时驱动一个单轴，且各轴的工作范围无法检测，在到达机械停止位时机器人停止运动。因此，若发生不同步的状况，需要对机器人各电动机进行校正。

手动操作机器人运动共有三种操作模式：单轴运动、线性运动和重定位运动。

4.5.1 单轴移动机器人

关节坐标系下操纵机器人就是选择单轴运动模式操纵机器人。ABB 机器人是由六个伺服电动机驱动六个关节轴（见图 3-4），可通过示教器上的操纵杆来控制每个轴的运动方向和运动速度。具体操作步骤如表 4-21 所示。

表 4-21　单轴操纵机器人的步骤 ▶ 视频演示 4-8

操作说明	操作界面
①将控制柜上的机器人状态钥匙切换到中间的手动限速状态，在状态栏中确认机器人状态已切换为"手动"	
②在 ABB 主菜单中单击"手动操纵"	

续表

操作说明	操作界面
③单击"动作模式"	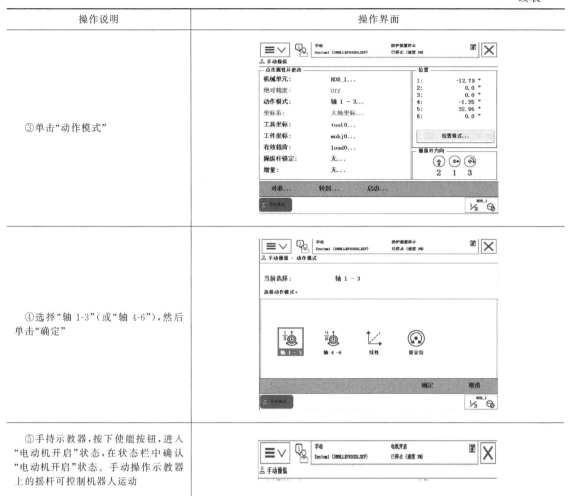
④选择"轴 1-3"（或"轴 4-6"），然后单击"确定"	
⑤手持示教器，按下使能按钮，进入"电动机开启"状态，在状态栏中确认"电动机开启"状态。手动操作示教器上的摇杆可控制机器人运动	

操纵杆的操纵幅度和机器人的运动速度相关，操作幅度越小，机器人运动速度越慢；操纵幅度越大，机器人运动速度越快。为了安全起见，在手动模式下，机器人的移动速度要小于 250mm/s。操作人员应面向机器人站立，机器人的移动方向如表 4-22 所示。

表 4-22　操纵杆的操作说明

序号	摇杆操作方向	机器人移动方向
1	操作方向为操作者的前后方向	沿 X 轴运动
2	操作方向为操作者的左右方向	沿 Y 轴运动
3	操作方向为操纵杆正反旋转方向	沿 Z 轴运动
4	操作方向为操纵杆倾斜方向	与摇杆倾斜方向相应的倾斜移动

4.5.2　线性模式移动机器人

直角坐标系下手动操纵机器人即选择线性运动模式操纵机器人。线性运动是指安装在机器人第六轴法兰盘上工具的 TCP 在空间做线性运动。这种运动模式的特点是不改变机器人第六轴加载工具的姿态，从一目标点直线运动至另一目标点。在手动线性运动模式下控制机器人运动的操作步骤如表 4-23 所示。

表 4-23　线性运动模式操纵机器人的步骤 ▶视频演示 4-9

操作说明	操作界面
①将控制柜上的机器人状态钥匙切换到中间的手动限速状态,在状态栏中确认机器人状态已切换为"手动"	
②在 ABB 主菜单中单击"手动操纵"	
③单击"动作模式"	
④单击"线性",然后单击"确定"	

续表

操作说明	操作界面
⑤单击"工具坐标"。机器人的线性运动要在工具坐标中选定相应的工具坐标系	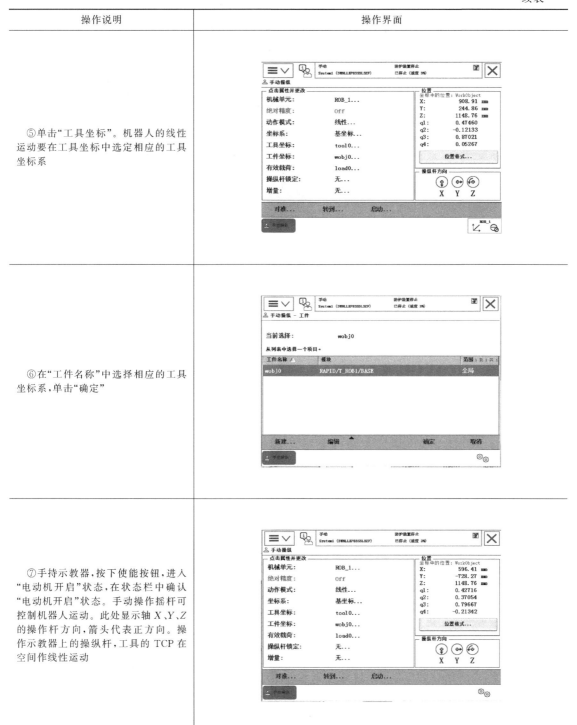
⑥在"工件名称"中选择相应的工具坐标系,单击"确定"	
⑦手持示教器,按下使能按钮,进入"电动机开启"状态,在状态栏中确认"电动机开启"状态。手动操作摇杆可控制机器人运动。此处显示轴 X、Y、Z 的操作杆方向,箭头代表正方向。操作示教器上的操纵杆,工具的 TCP 在空间作线性运动	

4.5.3　重定位模式移动机器人

工具坐标系下手动操纵机器人即在重定位运动模式下操纵机器人。机器人的重定位运动是指机器人第六轴法兰盘上的工具 TCP 在空间中绕着坐标轴旋转的运动,也可以理解为机器人绕着工具 TCP 作姿态调整的运动。具体操作步骤如表 4-24 所示。

表 4-24　重定位模式操纵机器人的步骤 ▶视频演示 4-10 和 4-11

操作说明	操作界面
①将控制柜上的机器人状态钥匙切换到中间的手动限速状态，在状态栏中确认机器人状态已切换为"手动"	
②在 ABB 主菜单中单击"手动操纵"	
③单击"动作模式"	
④选择"重定位"，然后单击确定	

续表

操作说明	操作界面
⑤单击"工具坐标"。机器人的线性运动要在工具坐标中选定相应的工具坐标系	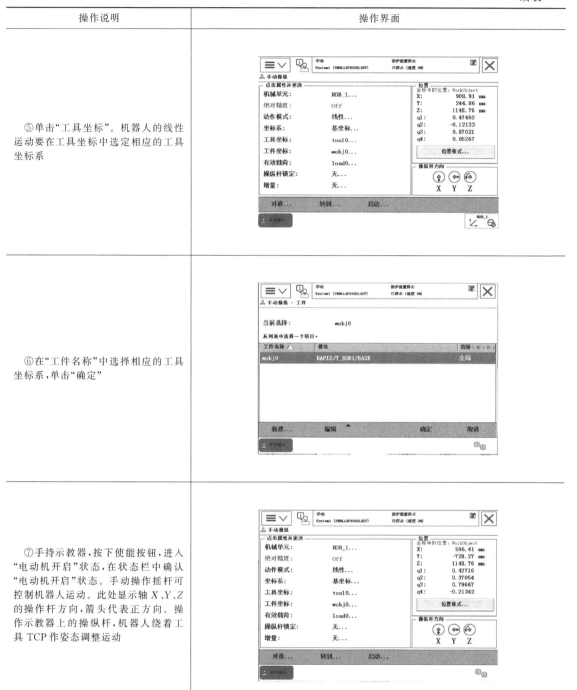
⑥在"工件名称"中选择相应的工具坐标系,单击"确定"	
⑦手持示教器,按下使能按钮,进入"电动机开启"状态,在状态栏中确认"电动机开启"状态。手动操作摇杆可控制机器人运动。此处显示轴 X、Y、Z 的操作杆方向,箭头代表正方向。操作示教器上的操纵杆,机器人绕着工具 TCP 作姿态调整运动	

4.5.4　增量模式控制机器人运动

如果对使用操纵杆通过位移幅度来控制机器人运动的速度不熟练的话,那么可以使用增量模式来控制机器人的运动。在增量模式下,操纵杆每位移一次机器人就移动一步。如果操纵杆持续一秒或数秒后,机器人就会持续移动,移动速率为 10 步/s。

增量模式控制机器人运动的操作步骤如表 4-25 所示。

表 4-25　增量模式控制机器人运动的操作步骤

操作说明	操作界面
①"手动操纵"界面中,选中"增量"	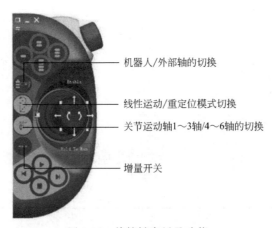
②根据需要选择增量的移动距离,然后单击"确定"	

增量	移动距离 Mm	角度 °
小	0.05	0.005
中	1	0.02
大	5	0.2
用户	自定义	自定义

4.5.5　手动操纵的快捷方式

(1) 手动操纵的快捷按钮

在示教器面板上设置有手动操纵的快捷键,具体布局及功能如图 4-24 所示。

机器人/外部轴的切换

线性运动/重定位模式切换

关节运动轴1～3轴/4～6轴的切换

增量开关

图 4-24　快捷键布局及功能

(2) 手动操纵的快捷菜单

快捷菜单提供较操作窗口更加快捷的操作按键,可用于选择机器人的运动模式、坐标系等,是手动操纵的快捷操作界面,每项菜单使用一个图标显示当前的运行模式或设定值。快捷菜单如图 4-8 所示,各选项含义见表 4-4。

具体操作步骤及界面说明如表 4-26 所示。

表 4-26　快捷键操作步骤 ▶ **视频演示 4-12**

操作说明	操作界面
①单击快捷菜单按钮	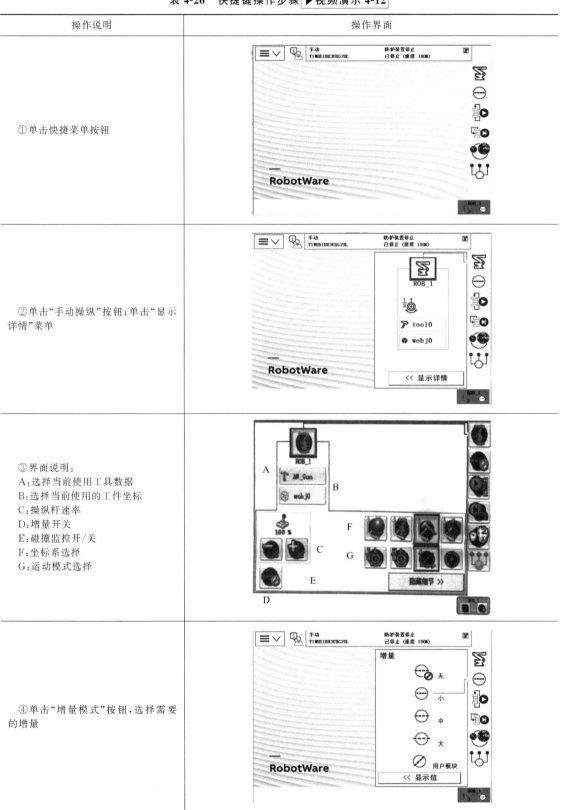
②单击"手动操纵"按钮；单击"显示详情"菜单	
③界面说明： A：选择当前使用工具数据 B：选择当前使用的工件坐标 C：操纵杆速率 D：增量开关 E：碰撞监控开/关 F：坐标系选择 G：运动模式选择	
④单击"增量模式"按钮，选择需要的增量	

续表

操作说明	操作界面
⑤自定义增量值的方法：选择"用户模块"，然后单击"显示值"就可以进行增量值的自定义了	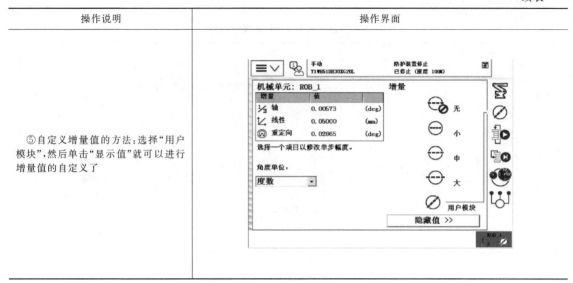

4.6 ABB 机器人基本运动指令

ABB 机器人常用基本运动指令有三个，分别是 MoveJ、MoveL 和 MoveC。其中 MoveJ 表示关节轴运动，即将 TCP 运动到某一空间点；MoveL 表示直线运动指令，要求 TCP 作直线运动；MoveC 表示圆周运动，要求 TCP 作圆弧运动。

4.6.1 关节轴运动指令 MoveJ

关节轴运动指令 MoveJ 是在对路径精度要求不高的情况下，机器人的工具中心点 TCP 从一个位置 P_{10} 移动到另一个位置 P_{20}，两个位置之间的路径不一定是直线，如图 4-25 所示。

MoveJ 直线运动指令的说明如图 4-26 所示。

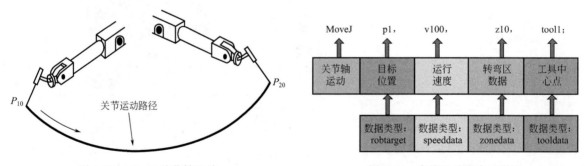

图 4-25 MoveJ 关节轴运动   图 4-26 直线运动指令示意图

在图 4-26 中，MoveJ 表示关节轴运动指令；p1 表示一个空间点，即直线运动的目标位置；v100 表示机器人运行速度为 100mm/s；z10 表示转弯半径为 10mm；tool1 表示选定的工具坐标系。

在程序编辑中插入运动指令 MoveJ 的操作如表 4-27 所示。

表 4-27 插入 MoveJ 指令的操作步骤 ▶视频演示 4-13

操作说明	操作界面
①在 ABB 主菜单中选择"手动操纵"确认关键参数(坐标系、工具坐标、工件坐标等)设置是否正确,确认无误后关闭页面	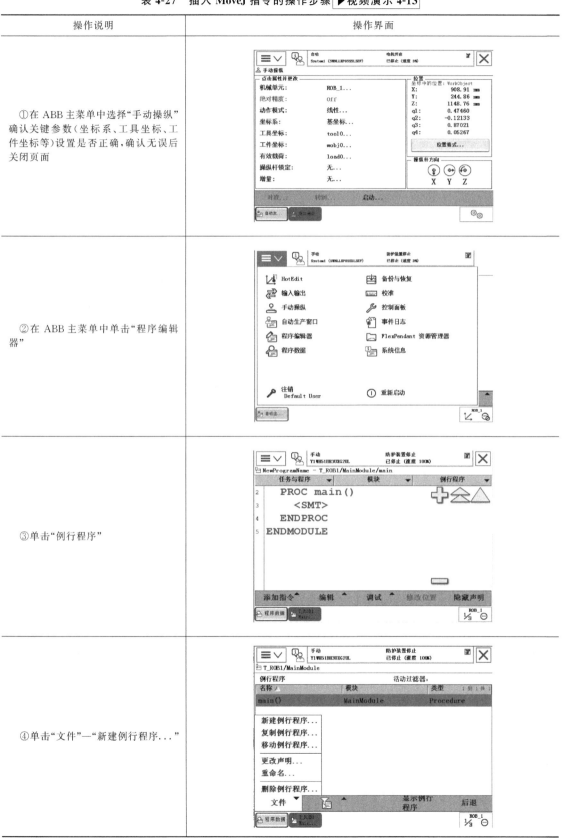
②在 ABB 主菜单中单击"程序编辑器"	
③单击"例行程序"	
④单击"文件"—"新建例行程序..."	

续表

操作说明	操作界面
⑤单击"ABC...",命名新程序"tiaoshi",单击"确定"	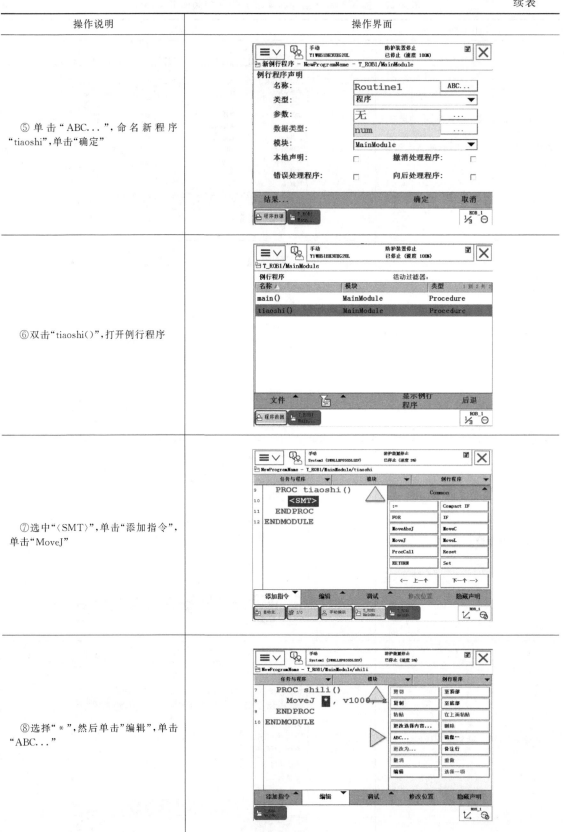
⑥双击"tiaoshi()",打开例行程序	
⑦选中"〈SMT〉",单击"添加指令",单击"MoveJ"	
⑧选择"＊",然后单击"编辑",单击"ABC..."	

续表

操作说明	操作界面
⑨在输入面板中输入"p1",单击"确定"	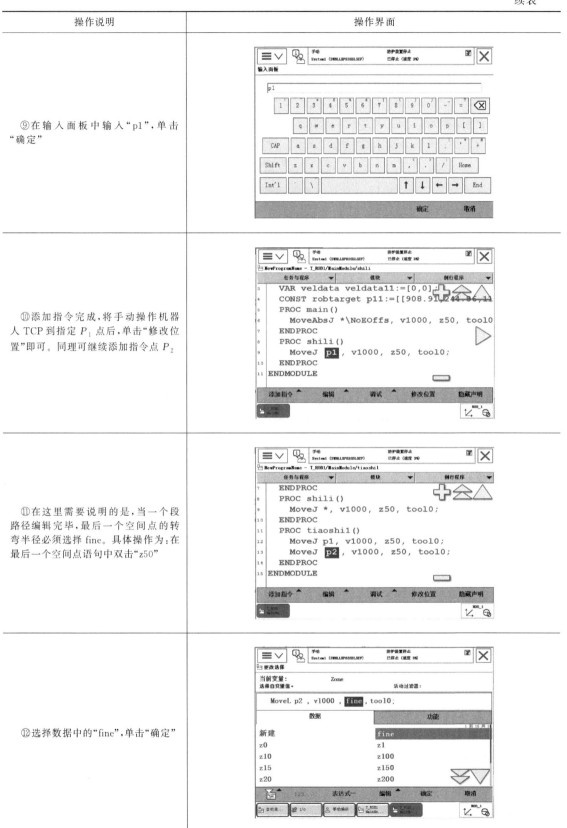
⑩添加指令完成,将手动操作机器人 TCP 到指定 P_1 点后,单击"修改位置"即可。同理可继续添加指令点 P_2	
⑪在这里需要说明的是,当一个段路径编辑完毕,最后一个空间点的转弯半径必须选择 fine。具体操作为:在最后一个空间点语句中双击"z50"	
⑫选择数据中的"fine",单击"确定"	

续表

操作说明	操作界面
⑬机器人 TCP 的运动空间点插入完毕	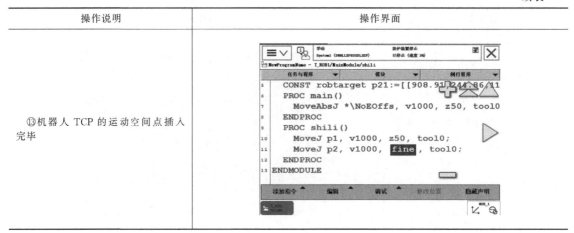

插入 MoveJ 指令的程序如下：

"……

```
MoveJ p1,v1000,z50,tool0;          P1 点
MoveJ p2,v1000,z50,tool0;          P2 点
……"
```

4.6.2　直线运动指令 MoveL

直线由起点和终点确定，因此在机器人的运动路径为直线时使用直线运动指令 MoveL，只需示教确定运动路径的起点和终点。运动指令 MoveL 是线性运动，表示机器人的 TCP 从起点到终点之间的路径始终保持为直线（如图 4-27 所示），一般如焊接、涂胶等应用对路径要求高的场合使用此指令。

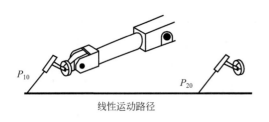

图 4-27　MoveL 直线运动

MoveL 直线运动指令的编辑如图 4-28 所示。

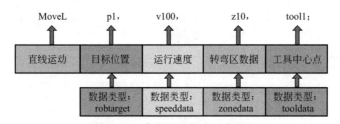

图 4-28　直线运动指令示意图

在图 4-28 中，MoveL 表示直线运动指令；p1 表示一个空间点，即直线运动的目标位置；v100 表示机器人运行速度为 100mm/s；z10 表示转弯半径为 10mm；tool1 表示选定的工具坐标系。

转弯半径：图 4-29 所示为 zone 取不同数值时 TCP 运行的轨迹。zone 指机器人 TCP 不达到目标点，而是在距离目标点一定距离（通过编程确定，如 z10）处圆滑绕过目标点，即圆滑过渡，如图 4-29 中的 P_1 点。fine 指机器人 TCP 达到目标点（见图 4-29 中的 P_2 点），在目标

点速度降为零。机器人动作有停顿，焊接编程结束时，必须用 fine 参数。

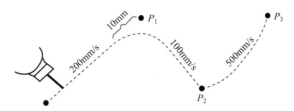

图 4-29　不同转弯半径时 TCP 轨迹示意图

　　工具坐标：根据机器人使用工具的不同选择合适的工具坐标系。机器人示教时，要首先确定好工具坐标系。

　　在程序编辑中插入运动指令 MoveL 的操作如表 4-28 所示。

表 4-28　插入 MoveL 指令的操作步骤　▶视频演示 4-14

操作说明	操作界面
①在 ABB 主菜单中单击"手动操纵"确认关键参数(坐标系、工具坐标、工件坐标等)设置是否正确,确认无误后关闭页面	
②在 ABB 主菜单中单击"程序编辑器"	
③单击"例行程序"	

续表

操作说明	操作界面
④单击"文件"—"新建例行程序…"	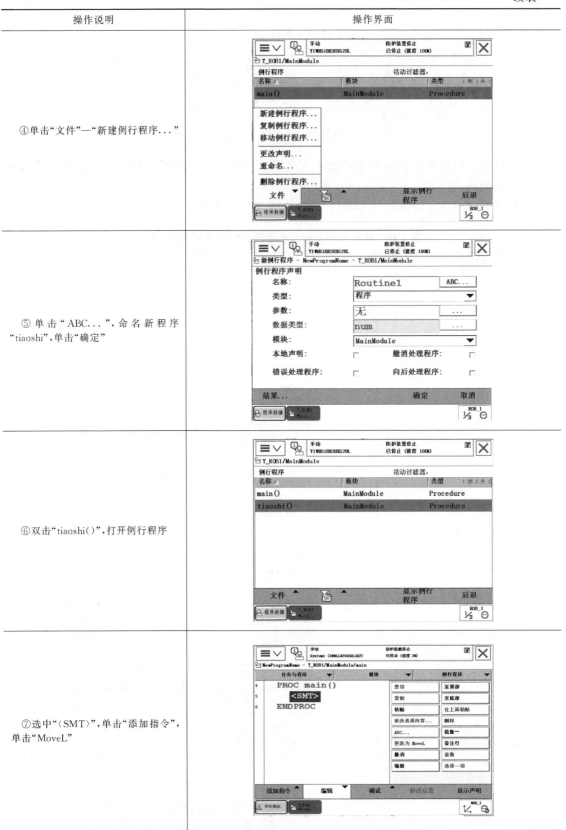
⑤单击"ABC…",命名新程序"tiaoshi",单击"确定"	
⑥双击"tiaoshi()",打开例行程序	
⑦选中"〈SMT〉",单击"添加指令",单击"MoveL"	

续表

操作说明	操作界面
⑧选择"＊",然后选择"编辑",单击"ABC…"	
⑨在输入面板中输入"p1",单击"确定"	
⑩添加指令完成。同理可继续添加指令点 P_2	
⑪在这里需要说明的是,当一个段路径编辑完毕,最后一个空间点的转弯半径必须选择 fine。具体操作为:在最后一个空间点语句中双击"z50"	

续表

操作说明	操作界面
⑫选择数据中的"fine",单击"确定"	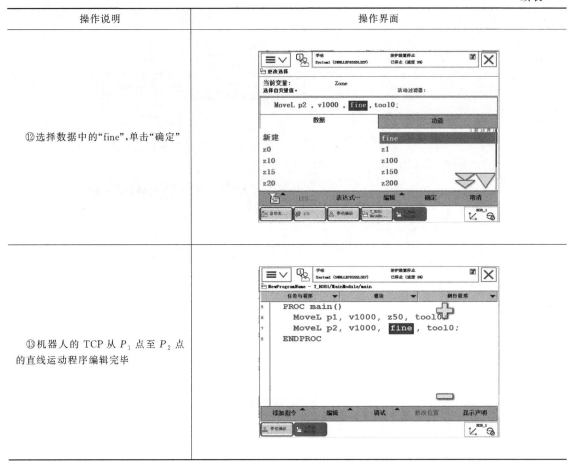
⑬机器人的 TCP 从 P_1 点至 P_2 点的直线运动程序编辑完毕	

插入 MoveL 指令的程序如下:

```
"……
MoveL p1,v1000,z50,tool0;                    P1 点
MoveL p2,v1000,z50,tool0;                    P2 点
……"
```

在上述的运动指令中,对于 P_1、P_2 和 P_3 位置点的确定需要操作人员手动将机器人的 TCP 运动到这些位置点上,精确度受人为操作影响而得不到保障。在示教器编程中,可以采用 offs 函数进行精确确定运动路径的准确数值。例如,要使机器人沿长 100mm、宽 50mm 的长方形路径运动,机器人的运动路径如图 4-30 所示,机器人从起始点 P_1,经过 P_2、P_3、P_4 点,回到起始点 P_1。

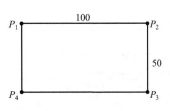

图 4-30 运动路径

为了精确确定 P_1、P_2、P_3、P_4 点,可以采用 offs 函数,通过确定参变量的方法进行点的精确定位。offs($p1$,x,y,z)代表一个离 P_1 点 X 轴偏差量为 x、Y 轴偏差量为 y、Z 轴偏差量为 z 的点。

选中目标点然后双击,出现图 4-31 所示 offs 函数选择界面,单击"功能",选择"offs"函数,单击"确定"进入编辑界面,如图 4-32 所示,然后选择基准点(P_1)并输入目标点的相对偏移值。

图 4-31　offs 函数选择界面

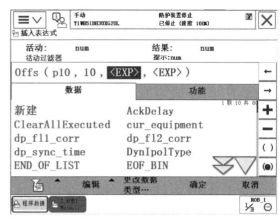

图 4-32　offs 函数编辑界面

如 P_3 点程序语句如图 4-33 所示。

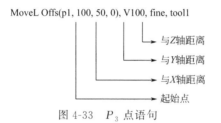

MoveL Offs(p1, 100, 50, 0), V100, fine, tool1
- 与Z轴距离
- 与Y轴距离
- 与X轴距离
- 起始点

图 4-33　P_3 点语句

机器人长方形路径的程序如下：

```
"……
MoveL Offsp1,V100,fine,tool1                         P₁ 点
MoveL Offs(p1,100,0,0),V100,fine,tool1              P₂ 点
MoveL Offs(p1,100,50,0),V100,fine,tool1             P₃ 点
MoveL Offs(p1,0,50,0),V100,fine,tool1               P₄ 点
MoveL Offsp1,V100,fine,tool1                         P₁ 点
……"
```

4.6.3　圆周运动指令 MoveC

圆弧路径需要在机器人可到达的空间范围内定义三个位置点，第一个点为圆弧的起点，第二个点为圆弧中间点，第三个点是圆弧的终点，图 4-34 为圆弧路径示意图。

圆弧运动的起点为 P_{10}，也就是机器人的原始位置，使用 MoveC 指令会自动显示需要确定的另外两点，即中点和终点，程序语句如下：MoveC 圆弧运动指令的编辑如图 4-35 所示。

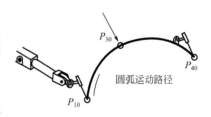

图 4-34　圆弧路径示意图

在图 4-35 中，MoveC 表示圆弧运动指令；p30 表示中间空间点；p40 表示目标空间点；v100 表示机器人运行速度为 100mm/s；z10 表示转弯半径为 10mm；tool1 表示选定的工具坐标系。

在程序编辑中插入运动指令 MoveC 的操作如表 4-29 所示。

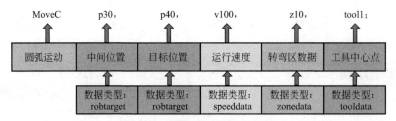

图 4-35 圆弧运动指令示意图

表 4-29 插入 MoveC 指令的操作步骤 ▶视频演示 4-15

操作说明	操作界面
①在 ABB 主菜单中选择"手动操纵"确认关键参数（坐标系、工具坐标、工件坐标等）设置是否正确，确认无误后关闭页面	
②在 ABB 主菜单中单击"程序编辑器"	
③单击"例行程序"	

续表

操作说明	操作界面
④单击"文件"—"新建例行程序..."	
⑤单击"ABC...",命名新程序"tiaoshi",单击"确定"	
⑥双击"tiaoshi()",打开例行程序	
⑦选中"〈SMT〉",单击"添加指令",选择"MoveJ"	

操作说明	操作界面
⑧选择"＊",然后单击"编辑",单击"ABC..."	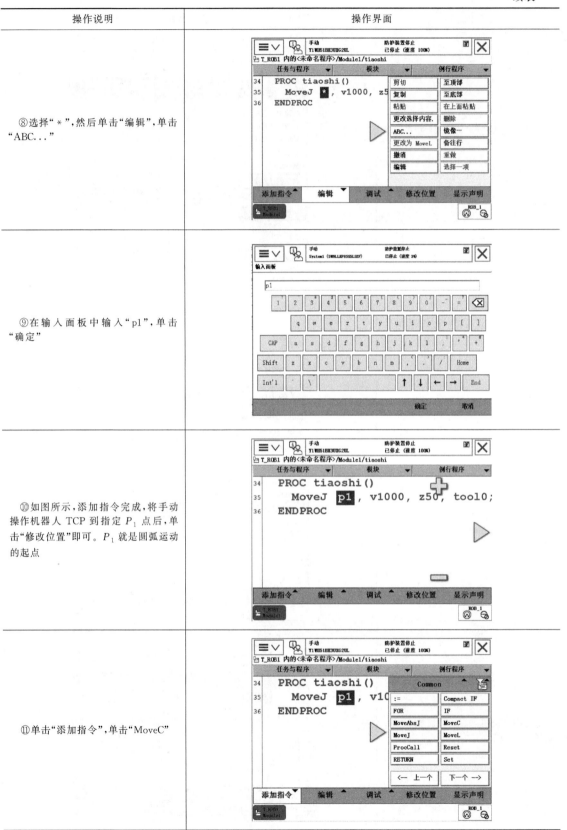
⑨在输入面板中输入"p1",单击"确定"	
⑩如图所示,添加指令完成,将手动操作机器人 TCP 到指定 P_1 点后,单击"修改位置"即可。P_1 就是圆弧运动的起点	
⑪单击"添加指令",单击"MoveC"	

续表

操作说明	操作界面
⑫在弹出的对话框中单击"下方"后,插入 MoveC 指令	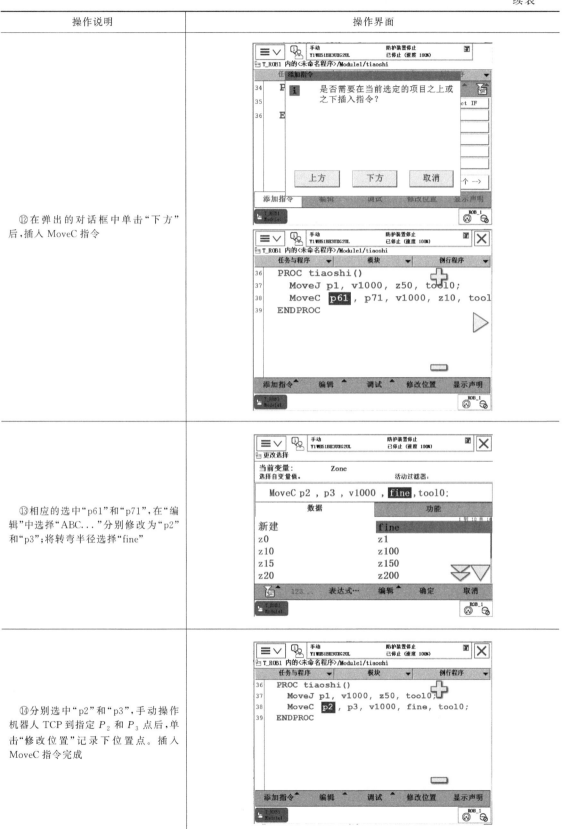
⑬相应的选中"p61"和"p71",在"编辑"中选择"ABC..."分别修改为"p2"和"p3";将转弯半径选择"fine"	
⑭分别选中"p2"和"p3",手动操作机器人 TCP 到指定 P_2 和 P_3 点后,单击"修改位置"记录下位置点。插入 MoveC 指令完成	

插入 MoveC 指令的程序如下：

```
"……
MoveJ p1,v1000,z50,tool0;                              P₁ 点
MoveC p2,p3,v1000,fine,tool0;                          P₂ 和 P₃ 点
……"
```

与直线运动指令 MoveL 一样，也可以使用 offs 函数精确定义运动路径。例如如图 4-36 所示的一个整圆路径，要求 TCP 沿圆心为 P 点、半径为 80mm 的圆运动一周。

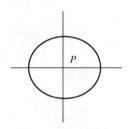

图 4-36　整圆路径

其示教程序如下：

```
"……
MoveJ  p,v500,z1,tool1;
MoveJ  offs(p,80,0,0),v500,z1,tool1;
MoveC  offs(p,40,40,0),offs(p,0,80,0),v500,z1,tool1;
MoveC  offs(p,40,-40,0),offs(p,0,-80,0),v500,z1,tool1;
MoveC  offs(p,-40,-40,0),offs(p,0,-80,0),v500,z1,tool1;
MoveC  offs(p,-40,40,0),offs(p,0,80,0),v500,z1,tool1;
MoveJ  p,v500,z1,tool1"
```

第5章

ABB 弧焊机器人现场编程

5.1 ABB 弧焊机器人工作站

5.1.1 ABB 弧焊机器人工作站

ABB 弧焊机器人工作站是一个以 ABB 工业机器人、弧焊系统为中心，选配外部轴及附属设备等综合性高、集成度高、多设备协同运动的焊接工作单元。

5.1.2 ABB 弧焊机器人工作站的组成

本节以具有代表性的旋转-倾斜变位机＋弧焊机器人工作站（如图 5-1 所示）为例来介绍相关知识。本工作站主要有机器人、弧焊设备、变位机、送气系统等部分组成。

（1）机器人本体

本工作站配置的机器人是 ABB 公司生产的 IRB 1410 型工业机器人。在机器人第六轴上安装焊枪，并且定义焊枪导电嘴为机器人移动的 TCP（tool center position，工具中心点），TCP 可到达机器人工作半径内的任何位置。机器人有三种运动方式，各轴单独运动、TCP 直线运动、机器人姿态运动（TCP 位置不变，机器人各轴围绕 TCP 转动）。IRB 1410 型机器人手腕荷重 5kg，上臂提供 18kg 附加荷重，重复定位精度 0.05mm，作业半径 1440mm。其主要特点有：坚固且耐用，

图 5-1 旋转-倾斜变位机＋弧焊机器人工作站

噪声水平低、例行维护间隔时间长、使用寿命长；稳定可靠，卓越的控制水平和循径精度（＋0.05mm）确保了出色的工作质量；工作范围大、到达距离长（最长 1.44m）；较短的工作周期，本体坚固，配备快速精确的 IRC5 控制器，可有效缩短工作周期，提高生产率；集成在机器人手臂上的送丝机构，配合 IRC5 使用的弧焊功能以及单点编程示教器，适合弧焊的应用。IRB 1410 型工业机器人的技术参数请参照第 3 章中表 3-2 所示，工作范围和有效载荷参照图 3-1、图 3-2。

图 5-2 TDN3500 数字气保焊机

（2）控制器

采用 IRC5 控制器。

（3）焊接设备

本系统采用北京时代公司生产的 TDN3500 数字气保焊机（图 5-2）。该设备具备气保焊、手工焊功能；内部储存一元化焊接参数数据库，焊接规范设置更简单快捷；使用带编码器的送丝电动机通过机械方式安置在机器人本体上，可实现稳定和高精度的送丝控制；丰富的功能扩展接口，方便实现与各种自动焊设备的联动；具备故障智能检测功能。TDN3500 主要性能参数见表 5-1。

表 5-1 TDN3500 主要性能参数

指标	参数
输入电压/V	380V±15％,50/60Hz,三相交流
额定输入电流/A	23.5
额定输入功率/kW	14
空载电压/V	76±5％
空载电流/A	0.7～0.9
空载损耗/W	300
电压调节范围/V	10～40
电流输出范围/A	30～350
负载持续率(40℃)	60％(350A/31.5V)

（4）变位机

本系统采用北京时代公司生产的 TIME PH200 双轴 H 型变位机（图 5-3）。TIME PH200 是双轴 H 型变位机，最大负载为 200kg；主要由底座、翻转台、旋转台三部分组成；选用高精度 RV 减速器，电动机为交流电伺服电动机；该变位机有两个轴，相当于机器人的两个外部轴。主要性能参数见表 5-2。

图 5-3 TIME PH200 双轴 H 型变位机

表 5-2 TIME PH200 主要性能参数

指标	参数
自由度	2
载荷	200kg
重复定位精度	±0.1mm
回转最大速度	115°/s
倾斜最大速度	115°/s
回转角度	±350°
倾斜角度	±120°
回转允许力矩	200N·m
倾斜允许力矩	600N·m
安装方式	落地式
质量	约 250kg

5.2　电弧焊焊接工艺基础

5.2.1　电弧焊及分类

(1) 电弧焊

电弧焊是指以电弧作为热源，利用空气放电的物理现象，将电能转换为焊接所需的热能和机械能，从而达到连接金属的目的。目前已有 20 余种焊接方法应用于工业生产中，其中电弧焊是目前应用最广泛、最重要的熔焊方法，占焊接生产总量的 60% 以上。电弧焊真正用于工业生产是在 1892 年发现金属极电弧后，特别是在 1930 年出现了药皮焊条后才逐渐开始的。在 20 世纪 40 年代出现了埋弧自动焊；50 年代初期，CO_2 气体保护焊得到了推广和应用。

(2) 电弧焊分类

电弧焊方法通常采用下述方式分类（电弧焊的分类如图 5-4 所示）。

① 按采用的电极形式分类，可分为熔化极电弧焊和非熔化极电弧焊。

② 按保护方式分类，可分为渣保护、气保护、渣气联合保护电弧焊和氢原子焊。埋弧自动焊属于渣保护电弧焊。气体保护焊又分为惰性气体保护焊、CO_2 气体保护焊以及混合气体保护焊。手工电弧焊属于渣气联合保护电弧焊。氢原子焊是以氢气作保护气体，在具有一定夹角的两根钨极末端之间引燃电弧的焊接方法，目前在生产中已很少采用。

③ 按操作方式分类，可分为手工电弧焊、半自动电弧焊和自动电弧焊。手工电弧焊一般是指手工焊条电弧焊，另外还有手工钨极氩弧焊；半自动电

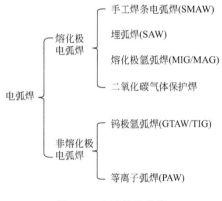

图 5-4　电弧焊的分类

弧焊主要用于熔化极电弧焊；自动电弧焊可用于熔化极和非熔化极，在焊接过程中焊枪或工件的移动以及焊丝的送进完全是自动进行的。手工焊条电弧焊也可进行自动焊（如焊条重力焊等）。

5.2.2　电弧焊工艺

焊接工艺是根据产品的生产性质、图样和技术要求，结合现有条件，运用现代焊接技术知识和先进生产经验，确定出的产品加工方法和程序，是焊接过程中的一整套技术规定。焊接工艺包括焊前准备、焊接材料、焊接设备、焊接方法、焊接顺序、焊接操作的最佳选择以及焊后处理等。制订焊接工艺是焊接生产的关键环节，其合理与否直接影响产品制造质量、劳动生产率和制造成本，而且是管理生产、设计焊接工装和焊接车间的主要依据。

(1) 焊接接头的种类及接头形式

焊接中，由于焊件的厚度、结构及使用条件的不同，其接头形式及坡口形式也不同。焊接常用的接头类型主要有：对接接头、T 形接头、角接接头及搭接接头等。常见的焊接接头类型示意图如图 5-5 所示。

(2) 焊缝坡口的基本形式与尺寸

① 坡口形式　根据坡口的形状，坡口分成 I 形（不开坡口）、V 形、Y 形、双 Y 形、U 形、双 U 形、单边 V 形、双单边 Y 形、J 形等各种形式。

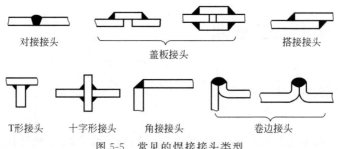

图 5-5 常见的焊接接头类型

V 形和 Y 形坡口的加工和施焊方便（不必翻转焊件），但焊后容易产生角变形。双 Y 形坡口是在 V 形坡口的基础上发展的。当焊件厚度增大时，采用双 Y 形坡口代替 V 形坡口，在同样厚度下，可减少约 1/2 焊缝金属量，并且可对称施焊，焊后的残余变形较小。缺点是焊接过程中要翻转焊件，在筒形焊件的内部施焊，使劳动条件变差。U 形坡口的填充金属量在焊件厚度相同的条件下比 V 形坡口小得多，但这种坡口的加工较复杂。

② 坡口的几何尺寸　电弧焊常用坡口形式及尺寸示意图如图 5-6 所示。

a. 坡口面：待焊件上的坡口表面叫坡口面。

b. 坡口面角度和坡口角度：待加工坡口的端面与坡口面之间的夹角叫坡口面角度，两坡口面之间的夹角叫坡口角度。

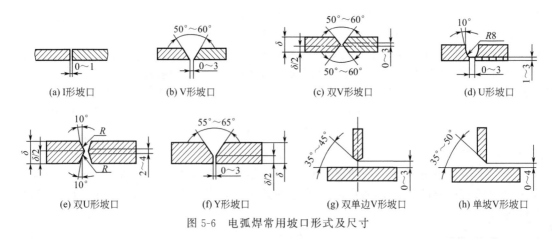

图 5-6 电弧焊常用坡口形式及尺寸

c. 根部间隙：焊前在接头根部之间预留的空隙叫根部间隙，其作用在于打底焊时能保证根部焊透。根部间隙又叫装配间隙。

d. 钝边：焊件开坡口时，沿焊件接头坡口根部的端面直边部分叫钝边，钝边的作用是防止根部烧穿。

e. 根部半径：在 J 形、U 形坡口底部的圆角半径叫根部半径，它的作用是增大坡口根部的空间，以便焊透根部。

(3) 焊接位置种类

根据 T/CWAN 0007—2018《焊接术语 焊接材料》的规定，焊接位置，即熔焊时焊件接缝所处的空间位置，可用焊缝倾角和焊缝转角来表示，如图 5-7 所示。焊接位置有平焊、立焊、横焊和仰焊等，如图 5-8 所示。

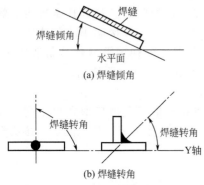

图 5-7　焊缝倾角和焊缝转角

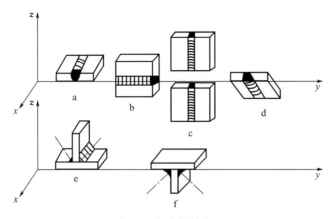

图 5-8　各种焊接位置
a—平焊；b—横焊；c—立焊；d—仰焊；e—平角焊；f—仰角焊

（4）焊缝形式及形状尺寸

① 焊缝形式　根据 T/CWAN 0007—2018《焊接术语 焊接材料》的规定，焊缝按结合形式分为对接焊缝、角焊缝、塞焊缝、槽焊缝和端接焊缝五种：

a. 对接焊缝：在焊件的坡口面间或一零件的坡口面与另一零件表面间焊接的焊缝。

b. 角焊缝：沿两直交或近直交零件的交线所焊接的焊缝。

c. 端接焊缝：构成端接接头所形成的焊缝。

d. 塞焊缝：两零件相叠，其中一块开圆孔，在圆孔中焊接两板所形成的焊缝；只在孔内焊角焊缝的不能称为塞焊缝。

e. 槽焊缝：两板相叠，其中一块开长孔，在长孔中焊接两板的焊缝；只焊角焊缝者不称槽焊。

另外按施焊时焊缝在空间中所处位置分为平焊缝、立焊缝、横焊缝及仰焊缝四种形式；按焊缝断续情况分为连续焊缝和断续焊缝两种形式。

② 焊缝的形状尺寸　焊缝的形状用一系列几何尺寸来表示，不同形式的焊缝，其形状参数也不一样。常用的焊缝尺寸包括焊缝宽度、余高、熔深、焊缝厚度、焊脚、焊缝成形系数、融合比等。

5.2.3　焊接工艺参数及其影响

焊接时，为保证焊接质量而选定的各项参数（例如焊接电流、电弧电压、焊接速度、线能量等）的总称叫焊接工艺参数。

（1）焊接电流

焊接电流是影响焊接质量的主要工艺参数之一，焊接电流的选择直接影响着焊接质量和劳动生产率。焊接电流越大，熔深越大，焊材熔化越快，焊接效率也越高，但是焊接电流太大时，飞溅和烟雾大，而且容易产生咬边、焊瘤、烧穿等缺陷，增大焊件变形，还会使接头热影响区晶粒粗大，焊接接头的韧性降低；焊接电流太小，则引弧困难，电弧不稳定，易产生未焊透、未熔合、气孔和夹渣等缺陷，且生产率低。

（2）焊接电压

电弧电压的大小影响焊接过程的稳定性、焊丝金属熔滴过渡形式、焊缝金属的氧化和飞溅等。电弧电压增加，熔宽明显增加，熔深略有减少，但增加焊缝金属的氧化和飞溅、降低焊缝的力学性能。电压和电流必须适当配合，才能获得良好的工艺性能。

（3）焊接速度

焊接速度是指焊接过程中焊材沿焊接方向移动的速度，即单位时间内完成的焊缝长度。焊接速度过快会造成焊缝变窄，严重凸凹不平，容易产生咬边及焊缝波形变尖；焊接速度过慢会使焊缝变宽，余高增加，功效降低。焊接速度还直接决定着热输入量的大小，一般根据钢材的淬硬倾向来选择。

（4）焊缝层数

厚板的焊接，一般需要开坡口并采用多层焊或多层多道焊。多层焊和多层多道焊接头的显微组织较细，热影响区较窄。前一条焊道对后一条焊道起预热作用，而后一条焊道对前一条焊道起热处理作用。因此，接头的延性和韧性都比较好。特别是对于易淬火钢，后焊道对前焊道的回火作用，可改善接头组织和性能。对于低合金高强钢等钢种，焊缝层数对接头性能有明显影响。焊缝层数少，每层焊缝厚度太大时，由于晶粒粗化，将导致焊接接头的延性和韧性下降。

（5）热输入

熔焊时，由焊接能源输入给单位长度焊缝上的热量称为热输入。热输入对低碳钢焊接接头性能的影响不大，因此，对于低碳钢一般不规定热输入。对于低合金钢和不锈钢等钢种，热输入太大时，接头性能可能降低；热输入太小时，有的钢种焊接时可能产生裂纹。焊接电流和热输入规定之后，焊条电弧焊的电弧电压和焊接速度就间接地大致确定了。一般要通过试验来确定既可不产生焊接裂纹、又能保证接头性能合格的热输入范围。允许的热输入范围越大，越便于焊接操作。

（6）预热温度

预热是焊接开始前对被焊工件的全部或局部进行适当加热的工艺措施。预热可以减小接头焊后冷却速度，避免产生淬硬组织，减小焊接应力及变形，它是防止产生裂纹的有效措施。对于刚性不大的低碳钢和强度级别较低的低合金高强钢的一般结构，一般不需预热。但对刚性大或焊接性差的容易产生裂纹的结构，焊前需要预热。

预热温度应根据母材的化学成分，焊件的性能、厚度，焊接接头的拘束程度和施焊环境温度，以及有关产品的技术标准等条件综合考虑，重要的结构要经过裂纹试验确定不产生裂纹的最低预热温度。预热温度选得越高，防止裂纹产生的效果越好；但超过必需的预热温度，会使熔合区附近的金属晶粒粗化，降低焊接接头质量，劳动条件也将会更加恶化。整体预热通常用各类加热炉加热；局部预热一般采用气体火焰加热或红外线加热。预热温度常用表面温度计测量。

（7）后热与焊后热处理

焊后立即对焊件的全部（或局部）进行加热或保温，使其缓冷的工艺措施称为后热。后热的目的是避免形成硬脆组织，以及使扩散氢逸出焊缝表面，从而防止产生裂纹。焊后为改善焊接接头的显微组织和性能或消除焊接残余应力而进行的热处理称为焊后热处理。焊后热处理的主要作用是消除焊件的焊接残余应力，降低焊接区的硬度，促使扩散氢逸出，稳定组织及改善力学性能、高温性能等。因此，选择热处理温度时要根据钢材的性能、显微组织、接头的工作温度、结构形式、热处理目的来综合考虑，并通过显微金相和硬度试验来确定。

（8）其他工艺参数及因素对焊缝形状的影响

电弧焊除了上述三个主要的工艺参数外，其他一些工艺参数及因素对焊缝成形也具有一定的影响。

① 电极直径和焊丝外伸长 当其他条件不变时，减小电极（焊丝）直径不仅使电弧截面减小，而且还减小了电弧的摆动范围，所以焊缝厚度和焊缝宽度都将减小。

焊丝外伸长是指从焊丝与导电嘴的接触点到焊丝末端的长度，即焊丝上通电部分的长度。

当电流在焊丝的外伸长上通过时，将产生电阻热。因此，当焊丝外伸长增加时，电阻热也将增加，焊丝熔化加快，因此余高增加。焊丝直径愈小或材料电阻率愈大时，这种影响愈明显。

② 电极（焊丝）倾角　焊接时，电极（焊丝）相对于焊接方向可以倾斜一个角度。当电极（焊丝）的倾角顺着焊接方向时叫后倾；逆着焊接方向时叫前倾。电极（焊丝）前倾时，电弧力对熔池液体金属后排作用减弱，熔池底部液体金属增厚了，阻碍了电弧对熔池底部母材的加热，故焊缝厚度减小。同时，电弧对熔池前部未熔化母材预热作用加强，因此焊缝宽度增加，余高减小，前倾角度愈小，这一影响愈明显。电极（焊丝）后倾时，情况与上述相反。

③ 坡口形状　当其他条件不变，增加坡口深度和宽度时，焊缝厚度略有增加，焊缝宽度略有增加，而余高显著减小。

④ 保护气体成分　保护焊时，保护气体的成分以及与此密切相关的熔滴过渡形式对焊缝形状有明显影响。

⑤ 母材的化学成分　在其他工艺因素不变的情况下，母材的成分对焊缝形状及焊接质量也会产生较大的影响。一般在编制焊接工艺前，首先要对母材的成分进行分析，然后相应地选择合理的焊接方法及工艺参数。

5.3　ABB 焊接机器人运动指令

弧焊指令的基本功能与普通"Move"指令一样，可实现运动及定位，主要包括：ArcL，ArcC，sm（seam），wd（weld），Wv（weave）。任何焊接程序都必须以 ArcLStart 或者 ArcCStart 开始，通常我们运用 ArcLStart 作为起始语句；任何焊接过程都必须以 ArcLEnd 或者 ArcCEnd 结束；焊接中间点用 ArcL 或者 ArcC 语句。焊接过程中不同语句可以使用不同的焊接参数（seam data，weld data 和 wave data）。

5.3.1　直线焊接指令 ArcL（linear welding）

直线弧焊指令，类似于 MoveL，包含如下 3 个选项：

① ArcLStart：表示开始焊接，用于直线焊缝的焊接开始，工具中心点 TCP 线性移动到指定目标位置，整个过程通过参数进行监控和控制。ArcLStart 语句具体内容如图 5-9 所示。▶视频演示 5-1

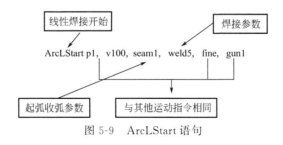

图 5-9　ArcLStart 语句

② ArcLEnd：表示焊接结束，用于直线焊缝的焊接结束，工具中心点 TCP 线性移动到指定目标位置，整个过程通过参数进行监控和控制。ArcLEnd 语句具体内容如图 5-10 所示。▶视频演示 5-2

③ ArcL：表示焊接中间点。ArcL 语句具体内容如图 5-11 所示。▶视频演示 5-3

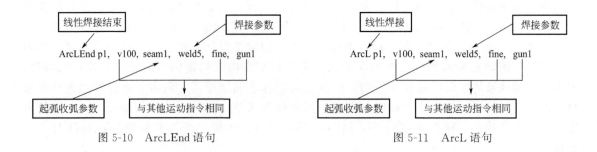

图 5-10 ArcLEnd 语句   图 5-11 ArcL 语句

5.3.2 圆弧焊接指令 ArcC（circular welding）

圆弧弧焊指令，类似于 MoveC，包括 3 个选项：

① ArcCStart：表示开始焊接，用于圆弧焊缝的焊接开始，工具中心点 TCP 线性移动到指定目标位置，整个过程通过参数进行监控和控制。ArcCStart 语句具体内容如图 5-12 所示。 ▶ 视频演示 5-4

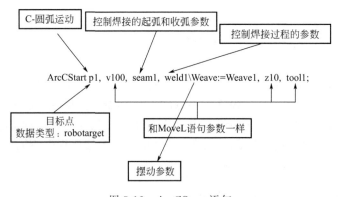

图 5-12 ArcCStart 语句

② ArcC：ArcC 用于圆弧弧焊焊缝的焊接，工具中心点 TCP 圆弧运动到指定目标位置，焊接过程通过参数控制。ArcC 语句具体内容如图 5-13 所示。 ▶ 视频演示 5-5

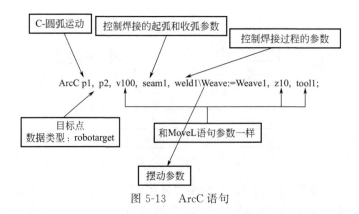

图 5-13 ArcC 语句

③ ArcCEnd：用于圆弧焊缝的焊接结束，工具中心点 TCP 圆弧运动到指定目标位置，整个焊接过程通过参数监控和控制。ArcCEnd 语句具体内容如图 5-14 所示。 ▶ 视频演示 5-6

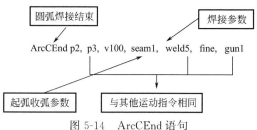

图 5-14　ArcCEnd 语句

5.4　焊接程序数据的设定

焊接编程中主要包括三个重要的程序数据：seamdata、welddata 和 weavedata。这三个焊接程序数据是提前设置并存储在程序数据里的，在编辑焊接指令时可以直接调用。同时，在编辑调用时我们也可以对这些数据进行修改。

5.4.1　seamdata 的设定

弧焊参数的一种，定义起弧和收弧时的焊接参数，其参数说明见表 5-3。

表 5-3　弧焊参数 seamdata

序号	参数	说明
1	purge_time	保护气管路的预充气时间,以秒为单位,这个时间不会影响焊接的时间
2	preflow_time	保护气的预吹气时间,以秒为单位
3	bback_time	收弧时焊丝的回烧量,以秒为单位
4	postflow_time	尾送气时间,收弧时为防止焊缝氧化保护气体的吹气时间,以秒为单位

在示教器中设置 seamdata 的操作步骤如表 5-4 所示。

表 5-4　参数 seamdata 的设置 ▶视频演示 5-7

操作说明	操作界面
①在 ABB 主菜单中单击"程序数据"	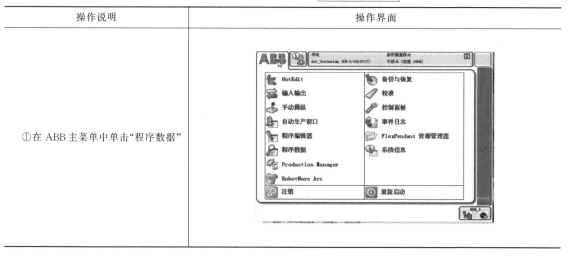

续表

操作说明	操作界面
②单击"视图",单击"全部数据类型"	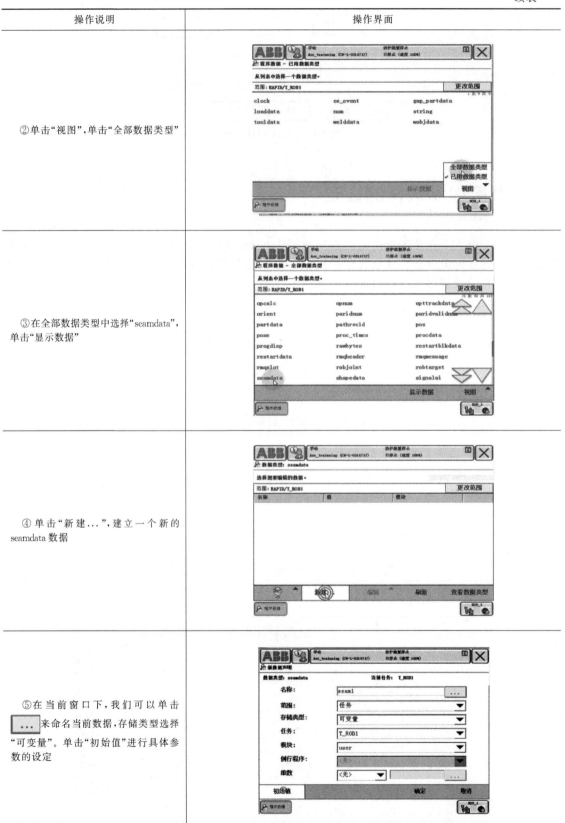
③在全部数据类型中选择"seamdata",单击"显示数据"	
④单击"新建…",建立一个新的 seamdata 数据	
⑤在当前窗口下,我们可以单击 来命名当前数据,存储类型选择"可变量"。单击"初始值"进行具体参数的设定	

续表

操作说明	操作界面
⑥在当前窗口下,我们可以单击任一参数的"值"(如"pruge_time"后面的数值"0"),在弹出的编辑器中可以进行参数的设定。参数设定完毕后,单击"确定"	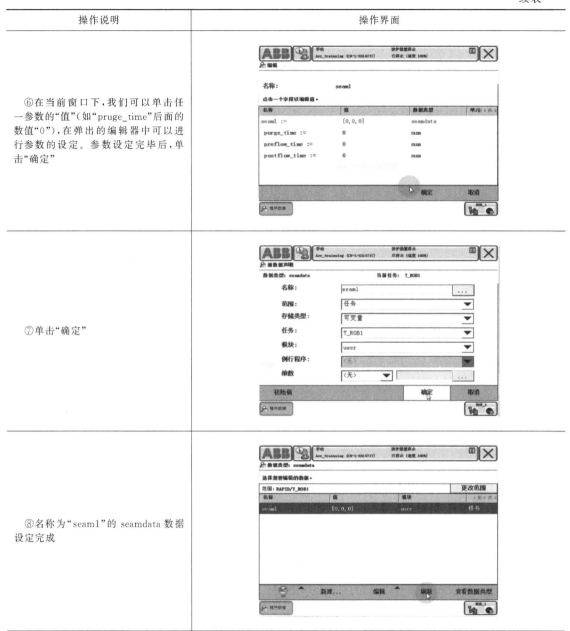
⑦单击"确定"	
⑧名称为"seam1"的 seamdata 数据设定完成	

5.4.2　welddata 的设定

弧焊参数的一种,定义焊接加工中的焊接参数,主要参数说明见表 5-5。

表 5-5　弧焊参数 welddata

序号	弧焊指令	指令定义的参数
1	weld_speed	焊缝的焊接速度,单位是 mm/s
2	weld_voltage	定义焊缝的焊接电压,单位是 V
3	weld_wirefeed	焊接时送丝系统的送丝速度,单位是 m/min

在示教器中设置 welddata 的操作步骤如表 5-6 所示。

表 5-6　参数 welddata 的设置　▶视频演示 5-8

操作说明	操作界面
①在 ABB 主菜单中选择"程序数据"	
②单击"视图"，单击"全部数据类型"	
③ 在 全 部 数 据 类 型 中 选 择 "welddata"，单击"显示数据"	
④单击"新建..."，建立一个新的 welddata 数据	

续表

操作说明	操作界面
⑤在当前窗口下,我们可以单击"……"来命名当前数据,存储类型选择"可变量"。单击"初始值"进行具体参数的设定	
⑥在当前窗口下,我们可以单击任一参数的"值"(如"voltage"后面的数值"0"),在弹出的编辑器中可以进行参数的设定。参数设定完毕后,单击"确定"	
⑦单击"确定"	
⑧名称为"weld2"的 welddata 数据设定完成	

5.4.3 weavedata 的设定

弧焊参数的一种，定义焊接过程中焊枪摆动的参数，其参数说明见表 5-7。

表 5-7 弧焊参数 weavedata

序号	弧焊指令	指令定义的参数	
1	weave_shape 焊枪摆动类型	0	无摆动
		1	平面锯齿形摆动
		2	空间 V 形摆动
		3	空间三角形摆动
2	weave_type 机器人摆动方式	0	机器人六个轴均参与摆动
		1	仅 5 轴和 6 轴参与摆动
		2	1~3 轴参与摆动
		3	4~6 轴参与摆动
3	weave_length	摆动一个周期的长度	
4	weave_width	摆动一个周期的宽度	
5	weave_height	空间摆动一个周期的高度，只有在三角形摆动和 V 形摆动时此参数才有效	

在示教器中设置 weavedata 的操作步骤如表 5-8 所示。

表 5-8 参数 weavedata 的设置 ▶视频演示 5-9

操作说明	操作界面
①在 ABB 主菜单中选择"程序数据"	
②单击"视图"，单击"全部数据类型"	

续表

操作说明	操作界面
③在全部数据类型中选择"weavedata"，单击"显示数据"	
④单击"新建..."，建立一个新的 weavedata 数据	
⑤在当前窗口下，我们可以单击"⋯"来命名当前数据，存储类型选择"可变量"。单击"初始值"进行具体参数的设定	
⑥在当前窗口下，我们可以单击任一参数的"值"（如"weave_shape"后面的数值"0"），在弹出的编辑器中可以进行参数的设定。参数设定完毕后，单击"确定"	

续表

操作说明	操作界面
⑦单击"确定"	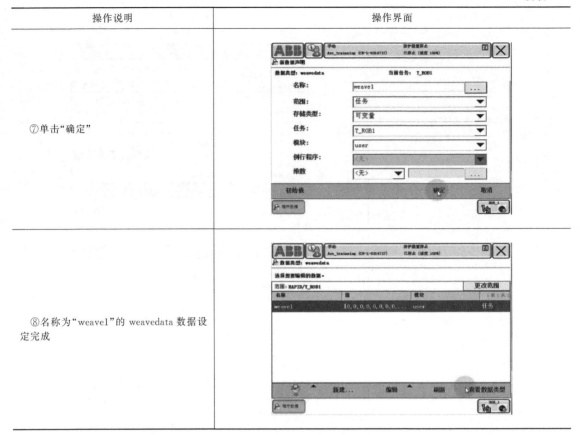
⑧名称为"weave1"的 weavedata 数据设定完成	

5.5　ABB 弧焊机器人轨迹示教操作

5.5.1　直线焊缝轨迹示教

弧焊机器人的加工焊缝为直线焊缝时，示教点的编辑操作主要包括 MoveJ、ArcLStart、ArcL、ArcLEnd（各指令的含义请参考 4.6.1 节和 5.3.1 节）。下面以图 5-15 所示焊缝为例来介绍上述指令的编辑过程。

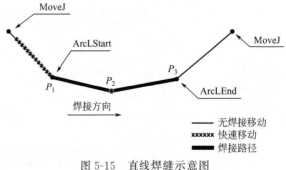

图 5-15　直线焊缝示意图

在图 5-15 中，MoveJ 是指机器人行走的空间点，在此处并无焊接操作。P_1 至 P_3 为两段焊缝，P_2 为中间拐点，整个焊缝包含两条直线焊缝。具体程序编辑过程如表 5-9 所示。

表 5-9　直线焊缝示教编程操作　▶视频演示 5-10

操作说明	操作界面
①在 ABB 主菜单中单击"手动操作"，查看坐标系、工具坐标、工件坐标等是否设置正确，确认无误后关闭界面	
②在 ABB 主菜单中单击"程序编辑器"	
③单击"例行程序"	
④单击"文件"，单击"新建例行程序..."	

操作说明	操作界面
⑤单击"ABC..."，命名例行程序	
⑥在键盘中输入例行程序名称"zhixianhanjie"，单击"确定"	
⑦双击新建程序"zhixianhanjie()"，进入程序编辑界面	
⑧选中"〈SMT〉"，单击"添加指令"	

续表

操作说明	操作界面
⑨在"Common"列表下单击"Move J"	
⑩选中指令中的"＊"，手动操纵机器人 TCP 运动到图 5-15 中的第一个空间点	
⑪单击"修改"，空间点插入成功	
⑫在视图右侧添加指令下拉菜单中单击"Arc"	

续表

操作说明	操作界面
⑬单击"ArcLStart",插入直线弧焊指令	
⑭单击"＊",单击"新建"	
⑮修改名称为"p1",单击"确定"	
⑯单击"v1000",在下面数据中修改为"v10",单击"确定"	

续表

操作说明	操作界面
⑰单击第一个"〈EXP〉"，在"数据"中选择程序数据"seam1"	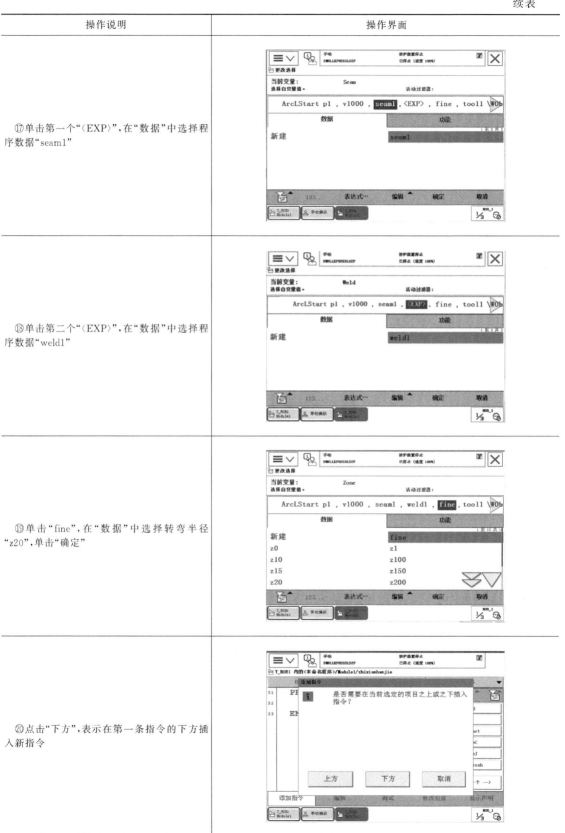
⑱单击第二个"〈EXP〉"，在"数据"中选择程序数据"weld1"	
⑲单击"fine"，在"数据"中选择转弯半径"z20"，单击"确定"	
⑳点击"下方"，表示在第一条指令的下方插入新指令	

续表

操作说明	操作界面
㉑选中指令中的"＊",手动操纵机器人TCP运动至P_1点,同时手动单轴操作机器人调整焊枪姿态,焊枪与焊缝横向垂直,与焊缝方向成75°~80°角	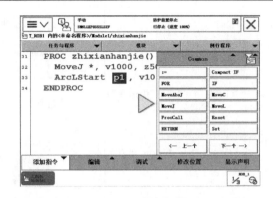
㉒然后单击"修改位置",记录该空间点	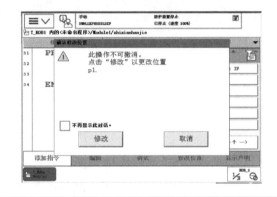
㉓单击"ArcL",选中指令中的"＊",手动操纵机器人TCP运动至P_2点,然后单击"修改位置",记录该空间点	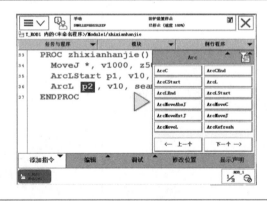
㉔同理插入运动指令"ArcLEnd"。这里需要说明的是,当一个运动轨迹完成时,最后一个指令的转弯半径要选择"fine"	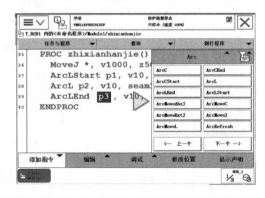

续表

操作说明	操作界面
㉕在"Common"列表下单击"MoveJ",插入一个空间点。选中指令中的"＊",手动操纵机器人 TCP 移动至图 5-15 中最后一个空间点,然后单击"修改位置",记录该空间点	![操作界面截图显示程序编辑窗口 PROC zhixianhanjie()]
㉖程序编辑完成	![操作界面截图显示完成的程序]

直线焊缝的示教程序如下:

```
PROC zhixianhanjie()
MoveJ * ,v1000,z50,tool1\wobj:=wobj1;
ArcLStartvp1,v10,seam1;weld1,z20,tool1\wobj:=wobj1;
ArcLp2,v10,seam1;weld1,z20,tool1\wobj:=wobj1;
ArcLEndp3,v10,seam1;weld1,fine,tool1\wobj:=wobj1;
MoveJ * ,v1000,z50,tool1\wobj:=wobj1;
ENDPROC
```

程序编辑完成后首先空载运行 ▶视频演示 5-11 ,检查程序编辑及各点示教的准确性。检查无误后运行程序 ▶视频演示 5-12 。

5.5.2　圆弧焊缝轨迹示教

当弧焊机器人的加工焊缝为圆弧焊缝时,示教点的编辑操作主要包括 MoveJ、ArcCStart、ArcC、ArcCEnd。下面以图 5-16 所示焊缝为例来介绍上述指令的编辑过程。

在图中,MoveL 是指机器人行走的空间路径,在此处并无焊接操作。整个

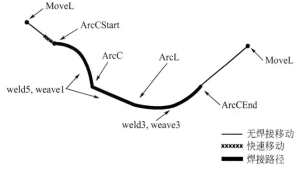

图 5-16　圆弧焊缝示意图

焊缝包含两条圆弧焊缝和一条直线焊缝。具体示教编程操作如表 5-10 所示。

表 5-10　圆弧焊缝编程示教 ▶ 视频演示 5-13

操作说明	操作界面
①在 ABB 主菜单中选择"手动操作",查看坐标系、工具坐标、工件坐标等是否设置正确,确认无误后关闭界面	
②在 ABB 主菜单中点击"程序编辑器"	
③单击"例行程序"	
④单击"文件",单击"新建例行程序..."	

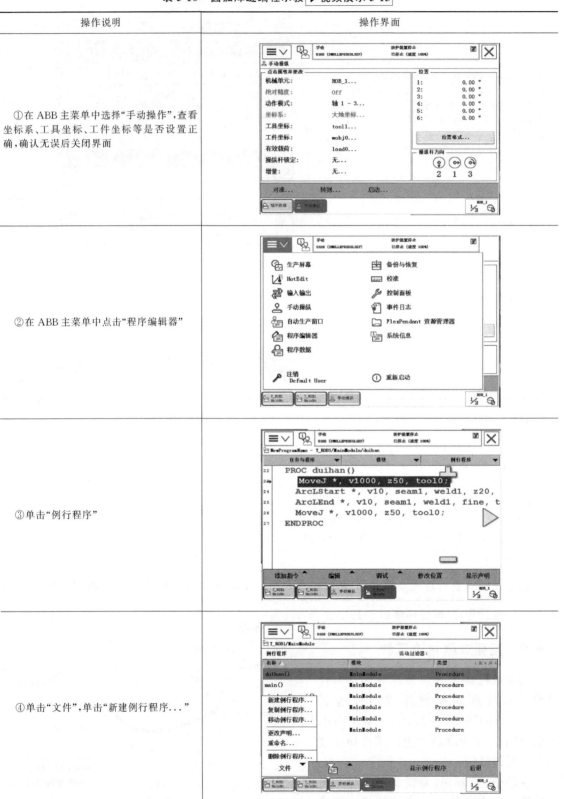

续表

操作说明	操作界面
⑤单击"ABC...",命名例行程序	
⑥在键盘中输入例行程序名字"yuanhu",单击"确定"	
⑦单击"确定"	
⑧双击新建程序"yuanhu( )",进入程序编辑界面	

操作说明	操作界面
⑨在程序编辑器中单击"添加指令",单击"MoveJ",添加空间点指令	
⑩选中"＊",手动操纵机器人 TCP 运动至接近第一个空间点,单击"修改位置",记录该空间点	
⑪单击"MoveL"	
⑫选中"＊",手动操纵机器人 TCP 运动至接近第二个空间点,单击"修改位置"	

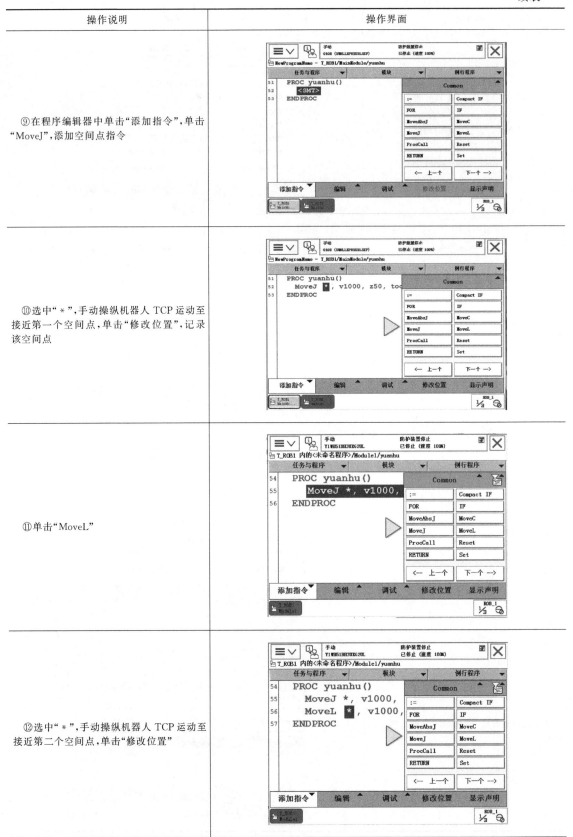

续表

操作说明	操作界面
⑬单击"修改",空间点插入成功	
⑭单击"Common",在下拉菜单中单击"Arc"	
⑮单击"ArcCStart"	
⑯单击第一个〈EXP〉,在数据下拉菜单中选择"seam1";单击第二个〈EXP〉,在数据下拉菜单中选择"weld5";单击"fine",在数据下拉菜单中选择"z10",参数设置完成后,单击"确定"	

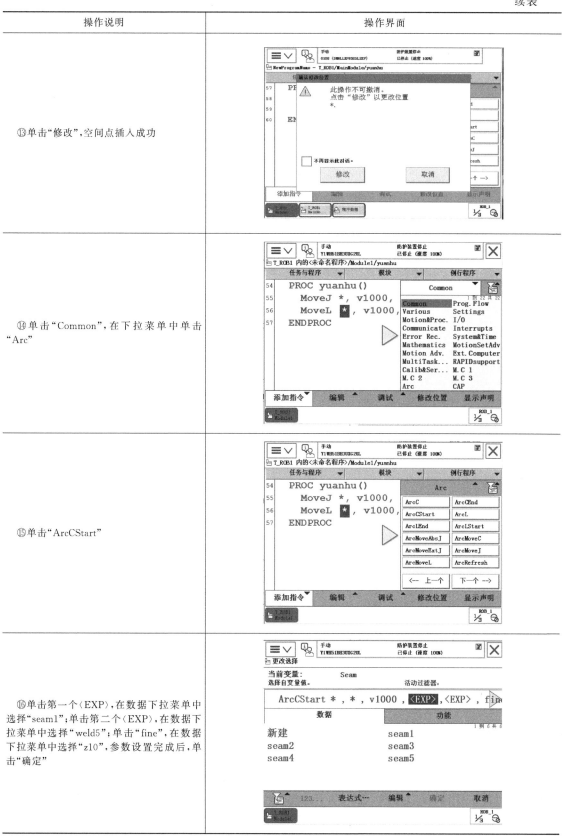

续表

操作说明	操作界面
⑰选中整行"ArcCStart"指令,然后单击该指令	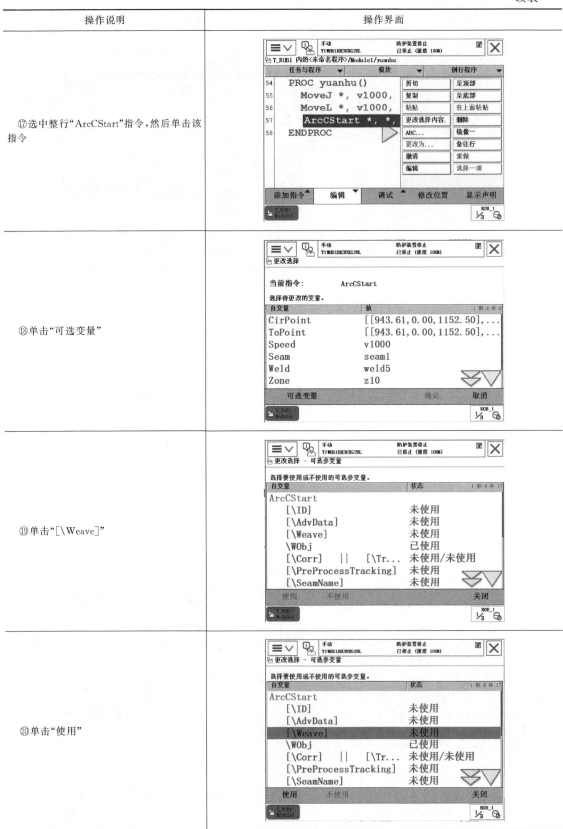
⑱单击"可选变量"	
⑲单击"[\Weave]"	
⑳单击"使用"	

续表

操作说明	操作界面
㉑单击"关闭"	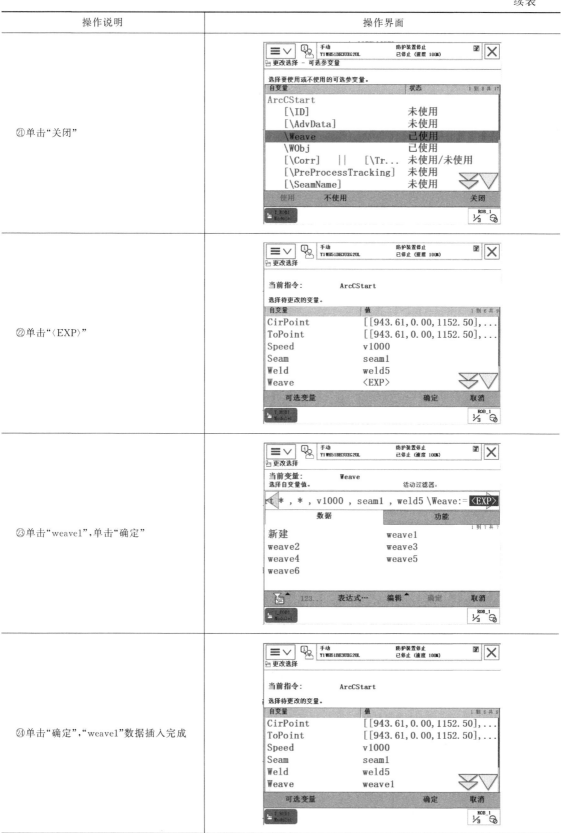
㉒单击"〈EXP〉"	
㉓单击"weave1",单击"确定"	
㉔单击"确定","weave1"数据插入完成	

续表

操作说明	操作界面
㉕分别选中指令中的"＊"，手动操纵机器人 TCP 运动至第一段圆弧的中间点和终点，然后单击"修改位置"	
㉖单击"ArcL"，插入焊接直线指令，选中指令中的"＊"，手动操纵机器人 TCP 运动至焊接直线路径的终点，然后单击"修改位置"，记录该空间点	
㉗单击"ArcCEnd"，插入焊接圆弧完成指令	
㉘双击"ArcCEnd"指令，进入参数编辑界面。在"数据"中分别修改参数为"weld3""weave3""fine"，单击"确定"	

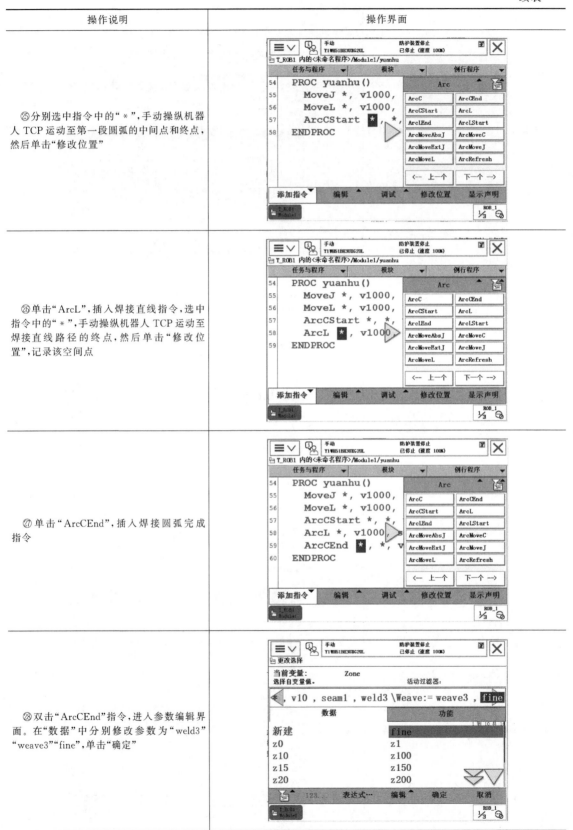

续表

操作说明	操作界面
㉙分别选中指令中的"＊",手动操纵机器人 TCP 运动至第二段圆弧的中间点和终点,然后单击"修改位置"	
㉚单击"Move L",插入直线运动指令,选中指令中的"＊",手动操纵机器人 TCP 运动至直线路径的终点,然后单击"修改位置"	
㉛程序编辑完成	

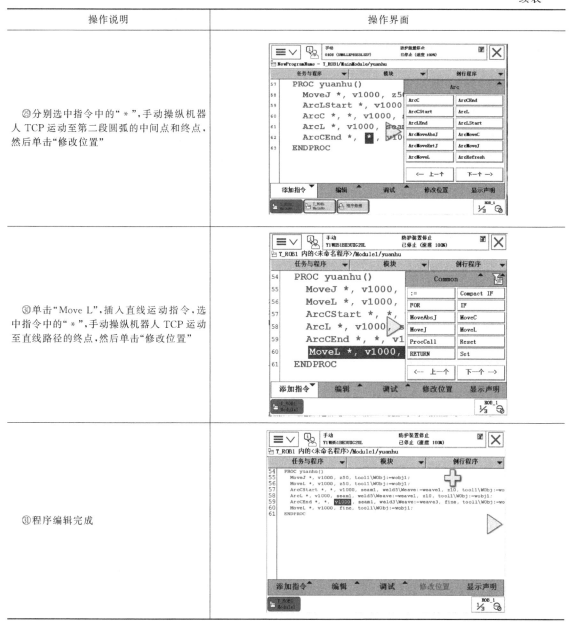

圆弧焊缝的示教程序如下:

```
PROC yuanhu()
MoveJ * ,v1000,z50,tool1\Wobj:=wobj1;
ArcL* ,v1000,z50,tool1\Wobj:=wobj1;
ArcCStart* ,* ,v1000,seam1,weld5\Weave=weave5,z10,tool1\Wobj:=wobj1;
ArcL* ,v1000,seam1,weld5\Weave=weave5,z10,tool1\Wobj:=wobj1;
ArcCEnd* ,* ,v1000,seam1,weld3\Weave=weave3,fine,tool1\Wobj:=wobj1;
MoveJ * ,v1000,fine,tool1\Wobj:=wobj1;
ENDPROC
```

程序编辑完成后首先空载运行 ▶视频演示 5-14,检查程序编辑及各点示教的准确性。检查无误后运行程序。

5.6 平板对焊示教编程

5.6.1 布置任务

使用机器人焊接专用指令，设置合适的焊接参数，实现平板堆焊焊接过程。任务要求用二氧化碳气体保护焊在 Q235 低碳钢热轧钢板（C 级）表面平敷堆焊不同宽度的焊缝。

5.6.2 工艺分析

(1) 母材及焊接性分析

① 焊接材料分析　Q235 是一种普通碳素结构钢，其屈服强度约为 235MPa，随着材质厚度的增加屈服值减小。由于 Q235 钢含碳量适中，因此其综合性能较好，强度、塑性和焊接等性能有较好的配合，用途最为广泛，大量应用于建筑及工程结构，以及一些对性能要求不太高的机械零件。焊接工件材质为 Q235 低碳钢，工件尺寸为 300mm×400mm×10mm，化学成分如表 5-11 所示。

表 5-11　Q235 热轧钢化学成分

牌号	等级	化学成分(质量分数)/%				
		C	Mn	Si	S	P
				≤		
Q235	A	0.14～0.22	0.30～0.65	0.300	0.050	0.045
	B	0.12～0.20	0.30～0.70		0.045	
	C	≤0.18	0.35～0.80		0.040	0.040
	D	≤0.17			0.35	0.35

② 焊接性分析　Q235 的碳和其他合金元素含量较低，其塑性、韧性好，一般无淬硬倾向，不易产生焊接裂纹等倾向，焊接性能优良。Q235 焊接时，一般不需要预热和焊后热处理等特殊的工艺措施，也不需选用复杂和特殊的设备。对焊接电源没有特殊要求，一般的交、直流弧焊机都可以焊接。在实际生产中，根据工件的不同加工要求，可选择手工电弧焊、CO_2 气体保护焊、埋弧焊等焊接方法。

(2) 焊接设备

采用旋转-倾斜变位机＋弧焊机器人工作站完成焊接任务，该工作站的组成和设备参考图 5-1。

(3) 焊接工艺设计

二氧化碳气体保护焊工艺一般包括短路过渡和细滴过渡两种。短路过渡工艺采用细焊丝、小电流和低电压。焊接时，熔滴细小而过渡频率高，飞溅小，焊缝成形美观。短路过渡工艺主要用于焊接薄板及全位置焊接。

细滴过渡工艺采用较粗的焊丝，焊接电流较大，电弧电压也较高。焊接时，电弧是连续的，焊丝熔化后以细滴形式进行过渡，电弧穿透力强，母材熔深大。细滴过渡工艺适于中厚板焊件的焊接。CO_2 焊的焊接参数包括焊丝直径、焊接电流、电弧电压、焊接速度、保护气流量及焊丝伸出长度等。如果采用细滴过渡工艺进行焊接，电弧电压必须选取在 34～45V 的范围内，焊接电流则根据焊丝直径来选择，对于不同直径的焊丝，实现细滴过渡的焊接电流下限是不同的（如表 5-12 所示）。

表 5-12　细滴过渡的电流下限及电压范围

焊丝直径/mm	电流下限/A	电弧电压/V
1.2	300	
1.6	400	34～45
2.0	500	
4.0	750	

本例中，工件材质为低碳钢，焊接性良好，板厚 10mm，采用细滴过渡工艺的二氧化碳焊接，具体工艺参数如表 5-13 所示。

表 5-13　平板堆焊焊接参数

焊丝直径/mm	电流下限/A	电弧电压/V	焊接速度/(m/h)	保护气流量/(L/min)
1.2	300	34～45	40～60	25～50

5.6.3　示教编程

（1）工件安装和定位
将工件安放在变位机上，卡紧固定。

（2）示教编程操作步骤
示教编程的操作步骤如表 5-14 所示。

表 5-14　平板堆焊示教编程

操作说明	操作界面
①在 ABB 主菜单中单击"手动操作"，查看坐标系、工具坐标、工件坐标等设置是否正确，确认无误后关闭界面	
②在 ABB 主菜单中单击"程序编辑器"	

续表

操作说明	操作界面
③单击"例行程序"	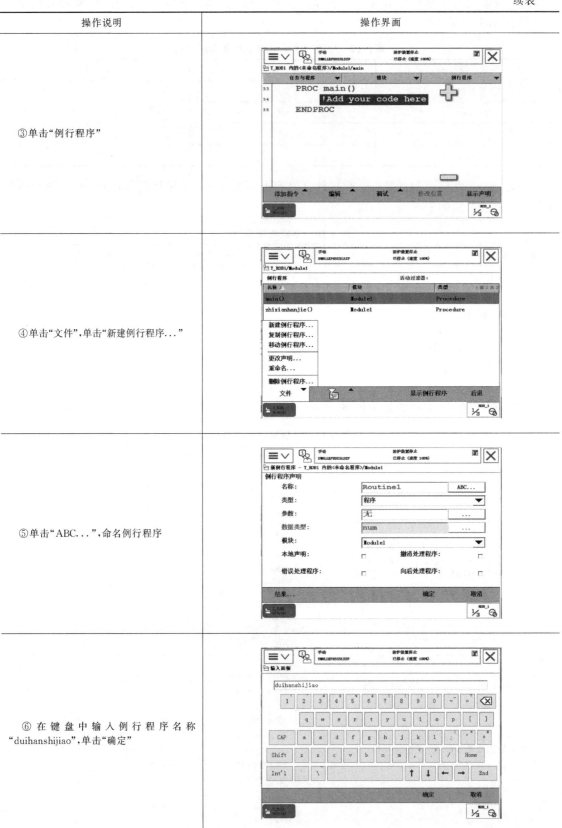
④单击"文件",单击"新建例行程序..."	
⑤单击"ABC...",命名例行程序	
⑥ 在键盘中输入例行程序名称"duihanshijiao",单击"确定"	

续表

操作说明	操作界面
⑦双击新建程序"duihanshijiao()",进入程序编辑界面	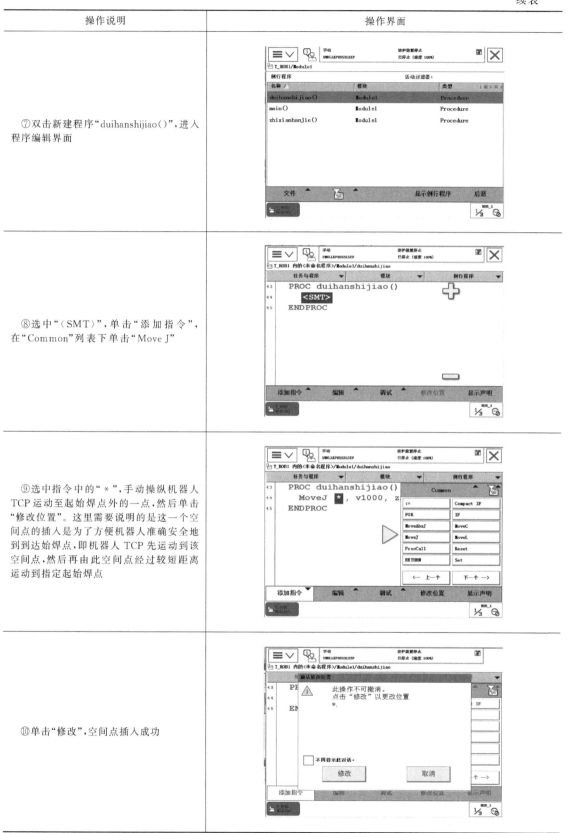
⑧选中"〈SMT〉",单击"添加指令",在"Common"列表下单击"Move J"	
⑨选中指令中的"＊",手动操纵机器人TCP运动至起始焊点外的一点,然后单击"修改位置"。这里需要说明的是这一个空间点的插入是为了方便机器人准确安全地到到达始焊点,即机器人 TCP 先运动到该空间点,然后再由此空间点经过较短距离运动到指定起始焊点	
⑩单击"修改",空间点插入成功	

续表

操作说明	操作界面
⑪单击"Common",在下拉菜单中单击"Arc"	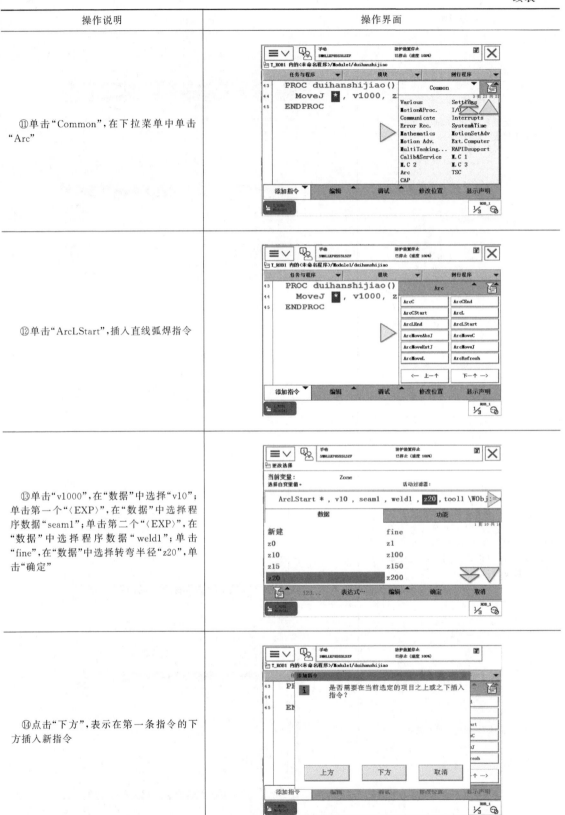
⑫单击"ArcLStart",插入直线弧焊指令	
⑬单击"v1000",在"数据"中选择"v10";单击第一个"⟨EXP⟩",在"数据"中选择程序数据"seam1";单击第二个"⟨EXP⟩",在"数据"中选择程序数据"weld1";单击"fine",在"数据"中选择转弯半径"z20",单击"确定"	
⑭点击"下方",表示在第一条指令的下方插入新指令	

操作说明	操作界面
⑮选中指令中的"＊",手动操纵机器人TCP 运动至起焊点,同时手动单轴操作机器人调整焊枪姿态,焊枪与焊缝横向垂直,与焊缝方向成 $75°\sim80°$ 角,然后单击"修改位置",记录该空间点	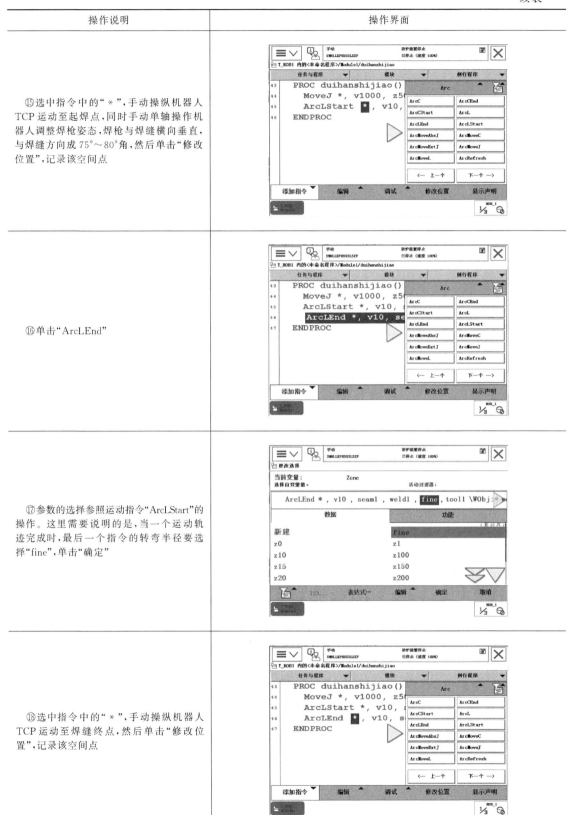
⑯单击"ArcLEnd"	
⑰参数的选择参照运动指令"ArcLStart"的操作。这里需要说明的是,当一个运动轨迹完成时,最后一个指令的转弯半径要选择"fine",单击"确定"	
⑱选中指令中的"＊",手动操纵机器人TCP 运动至焊缝终点,然后单击"修改位置",记录该空间点	

续表

操作说明	操作界面
⑲在"Common"列表下单击"MoveJ",插入一个空间点	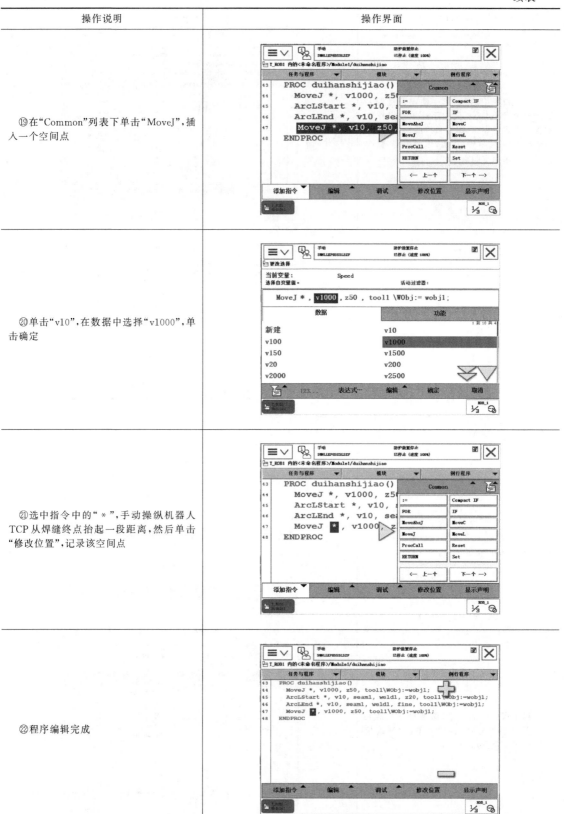
⑳单击"v10",在数据中选择"v1000",单击确定	
㉑选中指令中的"﹡",手动操纵机器人TCP从焊缝终点抬起一段距离,然后单击"修改位置",记录该空间点	
㉒程序编辑完成	

平板堆焊的示教程序如下：

```
PROC duihanshijiao()
MoveJ * ,v1000,z50,tool1\wobj:=wobj1;
ArcLStart* ,v10,seam1;weld1,z20,tool1\wobj:=wobj1;
ArcLEnd* ,v10,seam1;weld1,fine,tool1\wobj:=wobj1;
MoveJ * ,v1000,z50,tool1\wobj:=wobj1;
ENDPROC
```

5.6.4　运行程序

编辑程序完成后，必须先空载运行所编程序，查看机器人运行路径是否正确，再进行焊接。在空载运行或调试焊接程序时，需要使用禁止焊接功能；或者禁止其他功能，如禁止焊枪摆动等。空载运行程序的具体操作如表 5-15 所示。

表 5-15　空载运行程序

操作说明	操作界面
①在 ABB 主菜单中单击"生产屏幕"	
②单击"Arc"图标	
③单击"锁定"	

续表

操作说明	操作界面
④单击第一个、第二个及第三个图标，分别显示"焊接锁定""摆动锁定""跟踪锁定"，然后单击"确定"	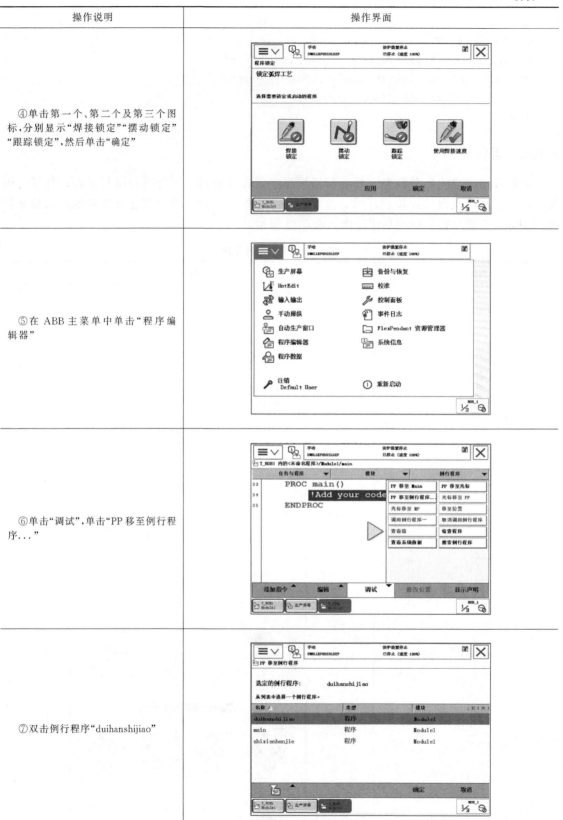
⑤在 ABB 主菜单中单击"程序编辑器"	
⑥单击"调试"，单击"PP 移至例行程序…"	
⑦双击例行程序"duihanshijiao"	

续表

操作说明	操作界面
⑧此时看到光标指向第一行指令	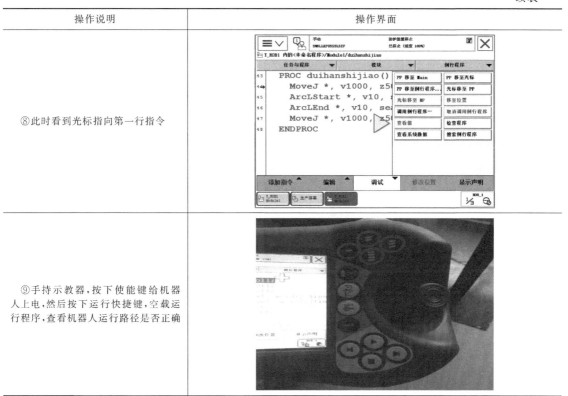
⑨手持示教器，按下使能键给机器人上电，然后按下运行快捷键，空载运行程序，查看机器人运行路径是否正确	

编辑程序经空载运行验证无误后，运行程序进行焊接。具体操作步骤如表 5-16 所示。

表 5-16　运行程序

操作说明	操作界面
①在 ABB 主菜单中单击"生产屏幕"	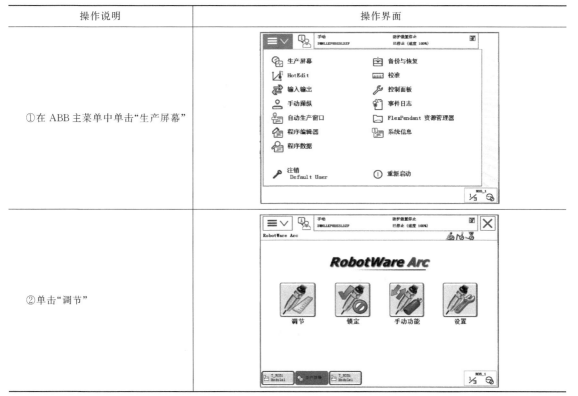
②单击"调节"	

操作说明	操作界面
③设置"weld1"参数。分别选中焊接电压、电流、速度,单击加号或者减号可改变当前数值,分别设置为:焊接电压36V,电流300A,焊接速度15mm/s。单击"确定"	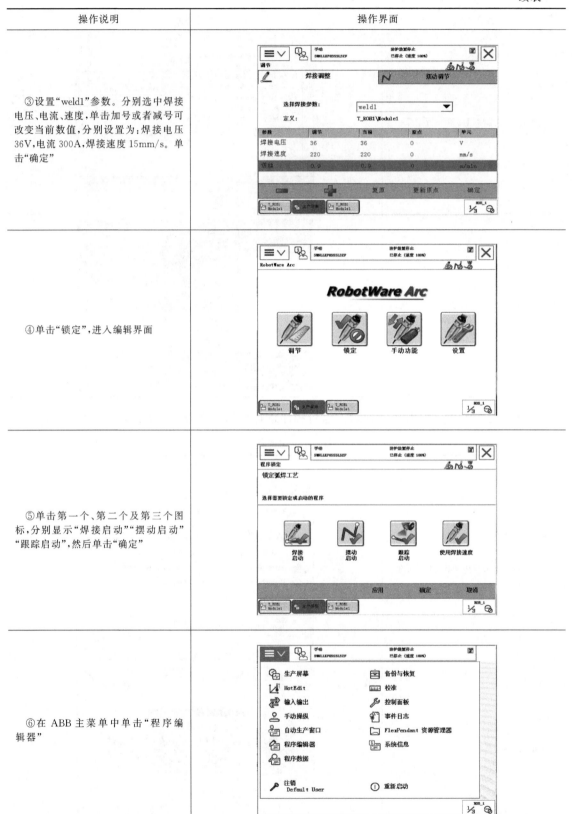
④单击"锁定",进入编辑界面	
⑤单击第一个、第二个及第三个图标,分别显示"焊接启动""摆动启动""跟踪启动",然后单击"确定"	
⑥在 ABB 主菜单中单击"程序编辑器"	

操作说明	操作界面
⑦单击"调试",单击"PP 移至例行程序..."	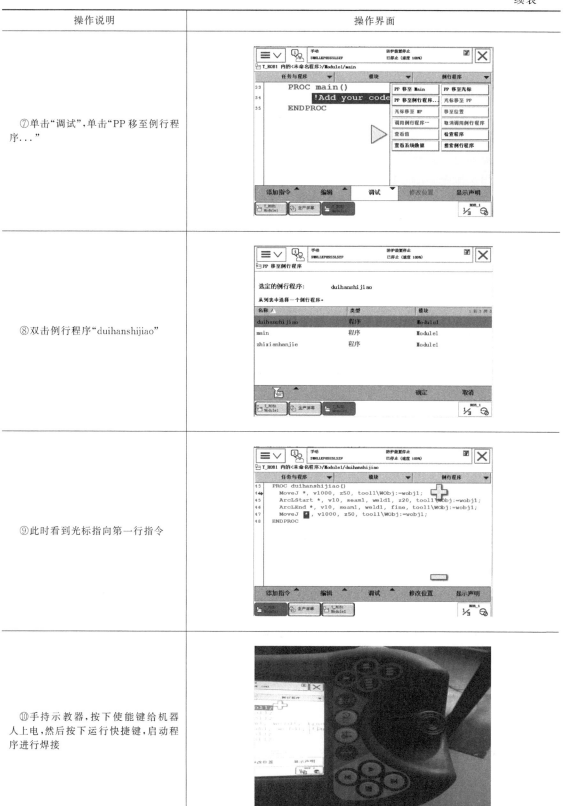
⑧双击例行程序"duihanshijiao"	
⑨此时看到光标指向第一行指令	
⑩手持示教器,按下使能键给机器人上电,然后按下运行快捷键,启动程序进行焊接	

5.7 板-板对接接头焊接示教编程

5.7.1 布置任务

以 Q235 低碳钢 V 形坡口二氧化碳气体保护焊对接平焊为例介绍机器人直线运动轨迹的示教。

(1) 工件施焊工接图

工件施焊工接图如图 5-17 所示。

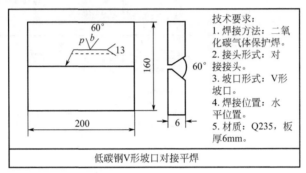

技术要求：
1. 焊接方法：二氧化碳气体保护焊。
2. 接头形式：对接接头。
3. 坡口形式：V形坡口。
4. 焊接位置：水平位置。
5. 材质：Q235，板厚6mm。

低碳钢V形坡口对接平焊

图 5-17　工件施焊工接图

(2) 焊接要求

① 单面焊双面成形。

② 焊缝表面不得有裂纹、夹渣、焊瘤、未熔合等缺陷。

③ 焊缝宽度为 17～20mm。

④ 焊缝表面波纹均匀，与母材圆滑过渡。

5.7.2 工艺分析

(1) 母材及焊接性分析

Q235 钢属于普通低碳钢，影响淬硬倾向的元素含量较少，根据碳当量估算，裂纹倾向不明显，焊接性良好，无须采取特殊工艺措施。Q235 焊接时，一般不需要预热和焊后热处理等特殊的工艺措施，也不需选用复杂和特殊的设备。对焊接电源没有特殊要求，一般的交、直流弧焊机都可以焊接。焊接方法可选用手工电弧焊、CO_2 气体保护焊、埋弧焊等，按照工艺要求采用 CO_2 气体保护焊。试件厚度为 6mm，开坡口，焊接时采用直流反接左焊法，母材间距不宜太大，一般为 2～3mm，定位焊点在 10mm 左右，需做反变形 3°～4°。

(2) 焊材

根据母材型号，按照等强原则选用规格为 ER49-1、直径为 1.0mm 的焊丝，使用前检查焊丝是否损坏，除去污物杂锈保证其表面光滑。

(3) 焊接设备

采用旋转-倾斜变位机＋弧焊机器人工作站完成焊接任务，该工作站的组成和设备见图 5-1。

(4) 焊接参数

焊接层数为两层，包括打底焊和盖面焊，焊接参数如表 5-17 所示。

表 5-17　焊接参数

焊接层次	电流/A	电压/V	焊接速度/(mm/s)	摆动幅度/mm	焊丝直径/mm	CO_2 气流量/(L/min)	根部间隙/mm	焊丝伸出长度/mm
1	170	21	3	2	1.2	15		12
2	230	25	4	3.5	1.2	15	2	12

5.7.3　焊前准备

（1）检查焊机

① 冷却水、保护气、焊丝/导电嘴/送丝轮规格；

② 面板设置（保护气、焊丝、起弧收弧、焊接参数等）；

③ 工件应接地良好。

（2）检查信号

① 手动送丝、手动送气、焊枪开关及电流检测等信号；

② 水压开关、保护气检测等传感信号，调节气体流量；

③ 电流、电压等控制的模拟信号应匹配。

5.7.4　示教编程

（1）定位焊示教编程

① 装配要求　焊接操作中装配与定位焊很重要，为了保证既焊透又不烧穿，必须留有合适的对接间隙和合理的钝边。如图 5-18 所示，选择手工电弧焊进行定位焊，根据试件板厚和焊丝直径大小，确定钝边 $p = 0 \sim 0.5$mm，间隙 $b = 3 \sim 4$mm（始端 3mm、终端 4mm），反变形约 $3° \sim 4°$，错边量≤0.5mm。点固焊时，在试件两端坡口内侧点固，焊点长度为 $10 \sim 15$mm，高度为 $5 \sim 6$mm，以保证固定点强度，抵抗焊接变形时的收缩。点焊前，戴好头盔面罩，左手握焊帽，右手握焊枪，焊枪喷嘴接触试件端部坡口处，按动引弧按钮引燃电弧，待熔池熔化坡口两侧约 1mm 时向前进行施焊，施焊过程中注意观察熔池状态电弧是否击穿熔孔。

② 示教编程　示教编程操作步骤如表 5-18 所示。

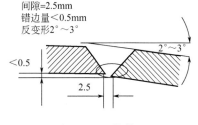

间隙=2.5mm
错边量<0.5mm
反变形2°～3°

图 5-18　工件装配

表 5-18　定位焊编程操作

操作说明	操作界面
①在 ABB 主菜单中单击"手动操作"，查看坐标系、工具坐标、工件坐标等是否设置正确，确认无误后关闭界面	（操作界面截图：手动操纵画面，包含机械单元 ROB_1、绝对精度 Off、动作模式 轴 1-3、坐标系 大地坐标、工具坐标 tool1、工件坐标 wobj0、有效载荷 load0、操纵杆锁定 无、增量 无；位置 1: 0.00°, 2: 0.00°, 3: 0.00°, 4: 0.00°, 5: 0.00°, 6: 0.00°）

续表

操作说明	操作界面
②在 ABB 主菜单中单击"程序编辑器"	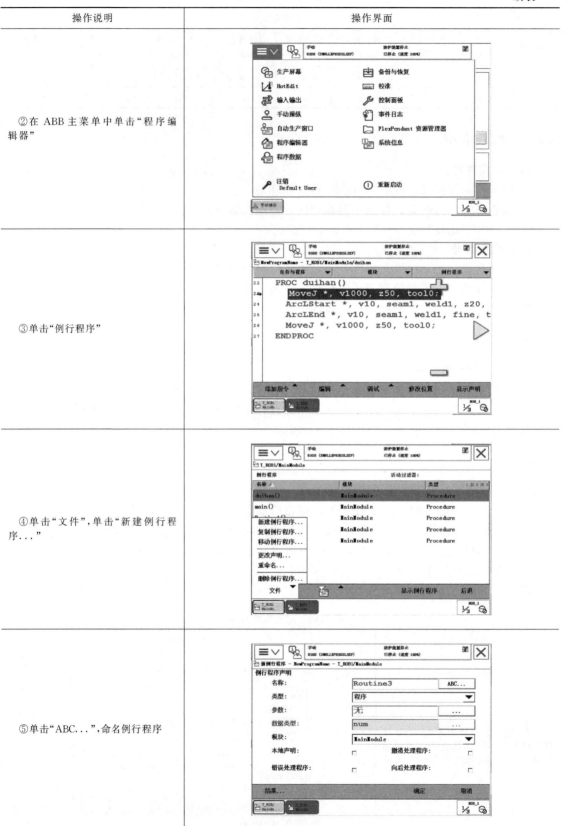
③单击"例行程序"	
④单击"文件",单击"新建例行程序…"	
⑤单击"ABC…",命名例行程序	

续表

操作说明	操作界面
⑥在键盘中输入例行程序名称"pingbandingwei"，单击"确定"	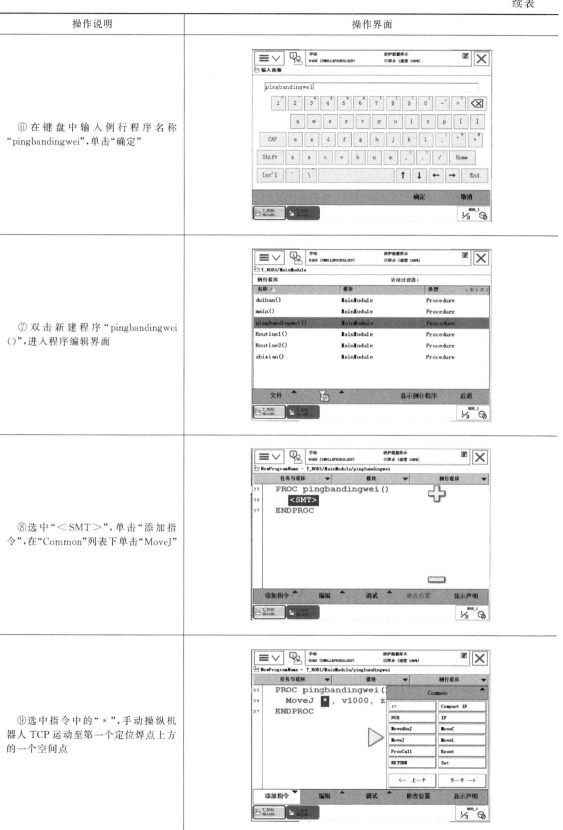
⑦双击新建程序"pingbandingwei()"，进入程序编辑界面	
⑧选中"＜SMT＞"，单击"添加指令"，在"Common"列表下单击"MoveJ"	
⑨选中指令中的"＊"，手动操纵机器人 TCP 运动至第一个定位焊点上方的一个空间点	

续表

操作说明	操作界面
⑩单击"修改",空间点插入成功	
⑪单击"Common",在下拉菜单中单击"Arc"	
⑫单击"ArcLStart",插入直线弧焊指令,选择相应参数后点击确定	
⑬点击"下方",表示在上条指令的下方插入新指令	

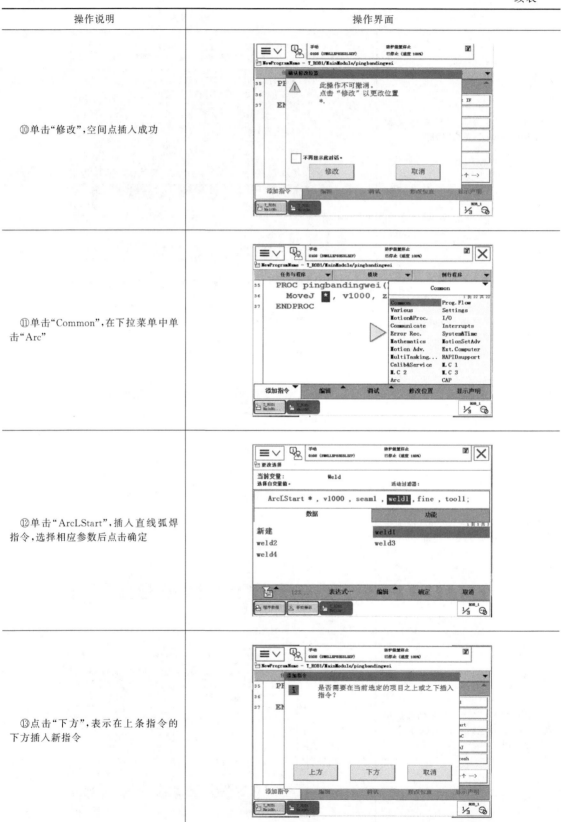

续表

操作说明	操作界面
⑭选中指令中的"＊",手动操纵机器人 TCP 运动至第一个定位焊缝的起焊点,同时手动单轴操作机器人调整焊枪姿态,焊枪与焊缝横向垂直,与焊缝方向成 75°～80°角,然后单击"修改位置",记录该空间点	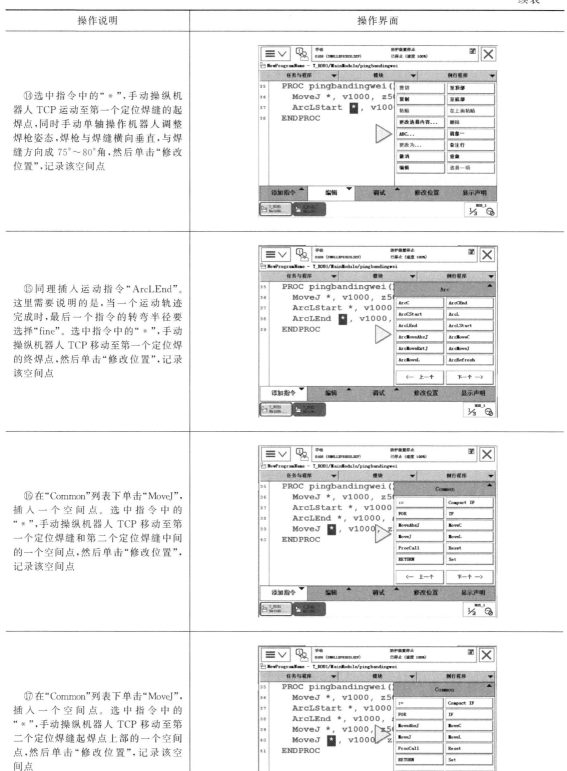
⑮同理插入运动指令"ArcLEnd"。这里需要说明的是,当一个运动轨迹完成时,最后一个指令的转弯半径要选择"fine"。选中指令中的"＊",手动操纵机器人 TCP 移动至第一个定位焊的终焊点,然后单击"修改位置",记录该空间点	
⑯在"Common"列表下单击"MoveJ",插入一个空间点。选中指令中的"＊",手动操纵机器人 TCP 移动至第一个定位焊缝和第二个定位焊缝中间的一个空间点,然后单击"修改位置",记录该空间点	
⑰在"Common"列表下单击"MoveJ",插入一个空间点。选中指令中的"＊",手动操纵机器人 TCP 移动至第二个定位焊缝起焊点上部的一个空间点,然后单击"修改位置",记录该空间点	

操作说明	操作界面
⑱同理插入运动指令"ArcLStart"。选中指令中的"＊"，手动操纵机器人TCP运动至第二个定位焊缝的起焊点，同时手动单轴操作机器人调整焊枪姿态，焊枪与焊缝横向垂直，与焊缝方向成75°～80°角，然后单击"修改位置"，记录该空间点	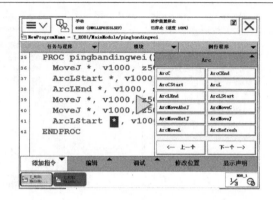
⑲同理插入运动指令"ArcLEnd"。选中指令中的"＊"，手动操纵机器人TCP运动至第二个定位焊缝的终焊点，同时手动单轴操作机器人调整焊枪姿态，焊枪与焊缝横向垂直，与焊缝方向成75°～80°角，然后单击"修改位置"，记录该空间点	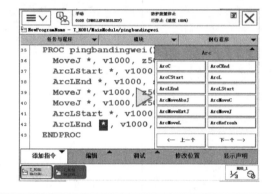
⑳在"Common"列表下单击"MoveJ"，插入一个空间点。选中指令中的"＊"，手动操纵机器人TCP移动至第二个定位焊缝终焊点上部的一个空间点，然后单击"修改位置"，记录该空间点	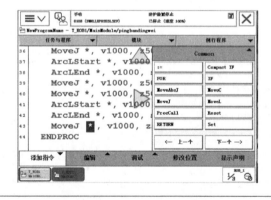
㉑程序编辑完成	

定位焊的示教程序如下：

```
PROC pingbandingwei()
MoveJ * ,v1000,z50,tool1\wobj:=wobj1;
ArcLStart* ,v1000,seam1;weld1,fine,tool1\wobj:=wobj1;
ArcLEnd* ,v1000,seam1;weld1,fine,tool1\wobj:=wobj1;
MoveJ * ,v1000,z50,tool1\wobj:=wobj1;
MoveJ * ,v1000,z50,tool1\wobj:=wobj1;
ArcLStart* ,v1000,seam1;weld1,fine,tool1\wobj:=wobj1;
ArcLEnd* ,v1000,seam1;weld1,fine,tool1\wobj:=wobj1;
MoveJ * ,v1000,z50,tool1\wobj:=wobj1;
ENDPROC
```

其中焊接参数的设置参照表 5-17。

（2）打底焊示教编程

① 工艺要点　将点固好的焊件水平固定在变位机上，采用左向焊法，焊枪在试件右端固定点引弧，焊枪与焊缝横向垂直，与焊缝方向成 75°～80°角。焊接过程中，注意观察并控制熔孔大小保持一致在 0.5～1mm。焊接操作示意图如图 5-19 所示。

② 示教编程　打底焊的示教编程操作如表 5-19 所示。

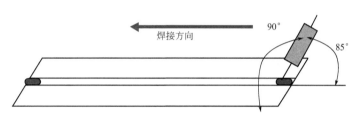

图 5-19　焊接操作示意图

表 5-19　打底焊示教编程

操作说明	操作界面
①在 ABB 主菜单中单击"程序数据"，并按照表 5-4、表 5-6、表 5-8 的操作步骤建立工作所需的程序数据	
②单击"weavedata"	

续表

操作说明	操作界面
③双击"weave1"	
④按照打底焊的参数分别给相应参数赋值	
⑤完成参数设置后,单击"确定"	
⑥同理设置"weave2"数据并保存。"weave2"为盖面焊所要调用的焊接摆动数据	

续表

操作说明	操作界面
⑦回程序数据后,按照相同步骤设置"weld1"和"weld2"数据,其中"weld1"为打底焊焊接数据,"weld2"为盖面焊焊接数据	
⑧在 ABB 主菜单中选择"手动操作",查看坐标系、工具坐标、工件坐标等是否设置正确,确认无误后关闭界面	
⑨在 ABB 主菜单中选择"程序编辑器"	
⑩单击"例行程序"	

操作说明	操作界面
⑪单击"文件",单击"新建例行程序..."	
⑫单击"ABC...",命名例行程序	
⑬在键盘中输入例行程序名字"dadihanshijiao",单击"确定"	
⑭双击新建的"dadihanshijiao()"程序,进入程序编辑界面	

续表

操作说明	操作界面
⑮在程序编辑器中单击"添加指令"，单击"MoveJ"，添加空间点指令	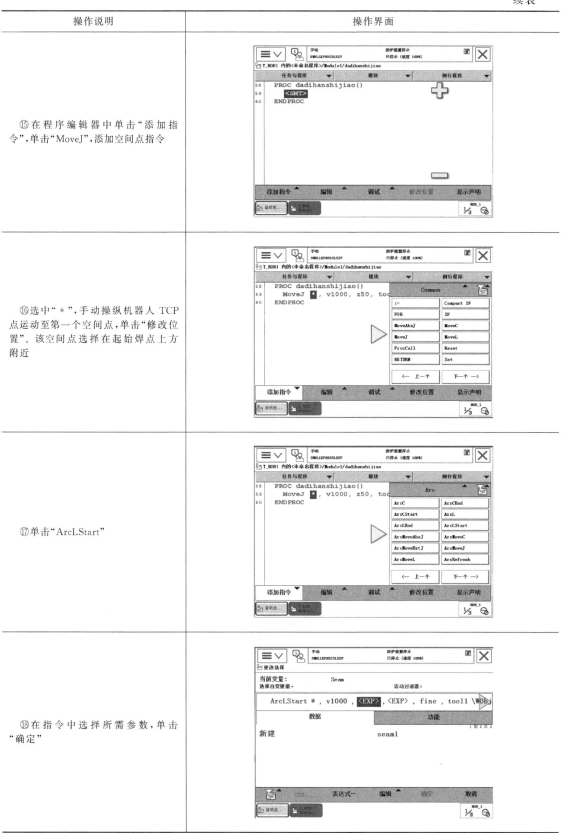
⑯选中" * "，手动操纵机器人 TCP 点运动至第一个空间点，单击"修改位置"。该空间点选择在起始焊点上方附近	
⑰单击"ArcLStart"	
⑱在指令中选择所需参数，单击"确定"	

续表

操作说明	操作界面
⑲单击"下方",插入指令成功	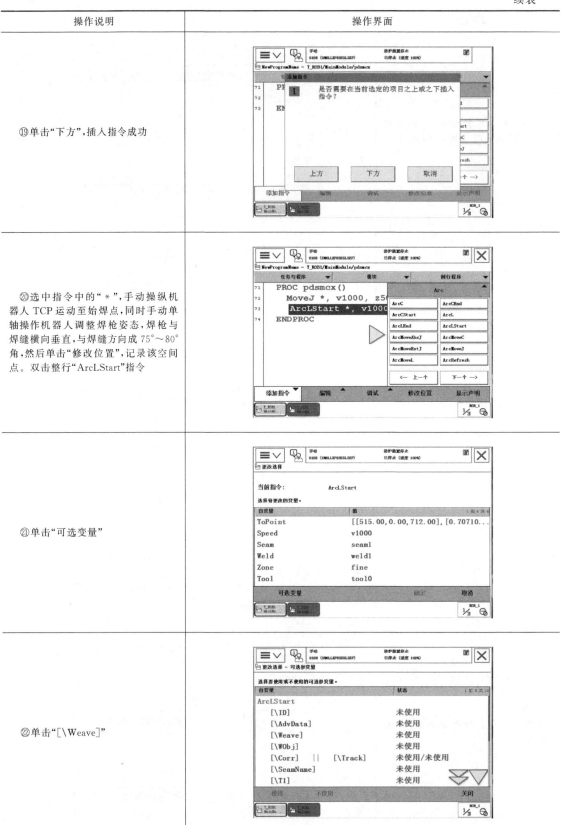
⑳选中指令中的"＊",手动操纵机器人 TCP 运动至始焊点,同时手动单轴操作机器人调整焊枪姿态,焊枪与焊缝横向垂直,与焊缝方向成 $75°\sim80°$ 角,然后单击"修改位置",记录该空间点。双击整行"ArcLStart"指令	
㉑单击"可选变量"	
㉒单击"[\Weave]"	

续表

操作说明	操作界面
㉓单击"使用"	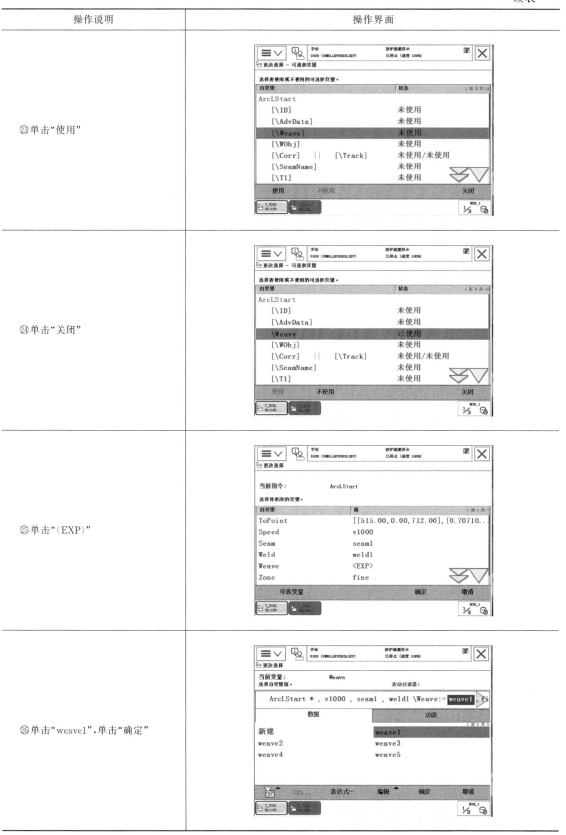
㉔单击"关闭"	
㉕单击"〈EXP〉"	
㉖单击"weave1"，单击"确定"	

续表

操作说明	操作界面
㉗单击"确定","weave1"数据插入完成	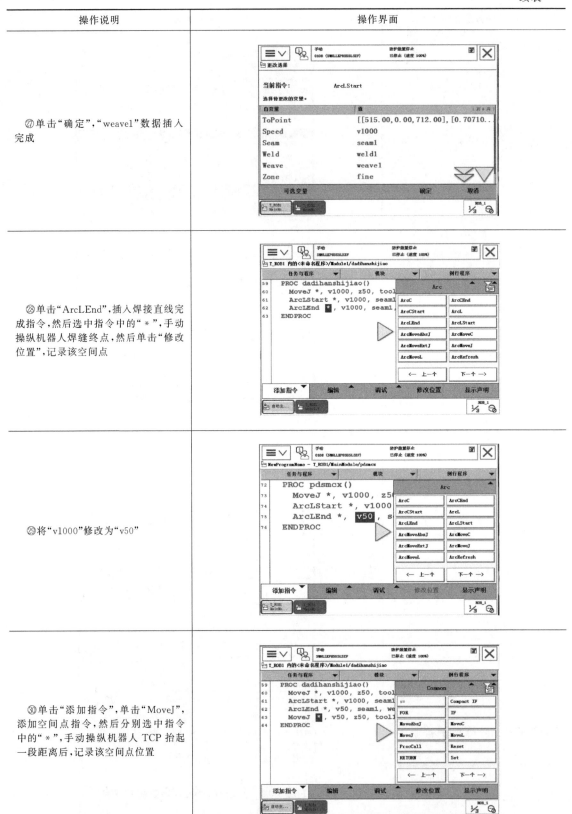
㉘单击"ArcLEnd",插入焊接直线完成指令,然后选中指令中的"﹡",手动操纵机器人焊缝终点,然后单击"修改位置",记录该空间点	
㉙将"v1000"修改为"v50"	
㉚单击"添加指令",单击"MoveJ",添加空间点指令,然后分别选中指令中的"﹡",手动操纵机器人 TCP 抬起一段距离后,记录该空间点位置	

续表

操作说明	操作界面
③将"v50"修改为"v1000"	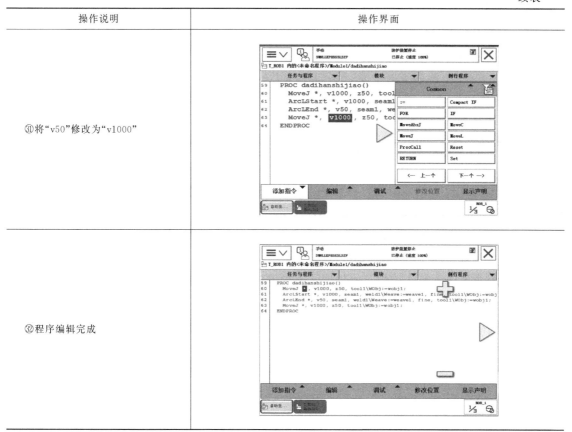
②程序编辑完成	

打底焊的示教程序如下：

```
PROCdadihanshijiao()
MoveJ * ,v1000,z50,tool1\wobj:=wobj1;
ArcLStart* ,v1000,seam1,weld1\weave＝weave1,z20,tool1\wobj:=wobj1;
ArcLEnd* ,v50,seam1,weld1\weave＝weave1,fine,tool1\wobj:=wobj1;
MoveJ * ,v1000,z50,tool1\wobj:=wobj1;
ENDPROC
```

其中焊接参数的设置参照表 5-17 所示第一层的焊接参数。

（3）盖面焊示教编程

① 工艺要点　用钢丝刷清理去除底层焊缝氧化皮，清理喷嘴内污物。在试件右端引燃电弧，观察熔池长大的情况，距棱边高 1～1.5mm 为宜。

② 示教编程　盖面焊的示教编程同表 5-19 所示打底焊的操作步骤，在编程中仅需要改变焊接参数 welddata 和 weavedata 的设置。

盖面焊的示教程序如下：

```
PROCgamianhanshijiao()
MoveJ * ,v1000,z50,tool1\wobj:=wobj1;
ArcLStart* ,v1000,seam1,weld2\weave＝weave2,z20,tool1\wobj:=wobj1;
ArcLEnd* ,v50,seam1,weld2\weave＝weave2,fine,tool1\wobj:=wobj1;
MoveJ * ,v1000,z50,tool1\wobj:=wobj1;
ENDPROC
```

其中焊接参数的设置参照表 5-17 所示第二层的焊接参数。

5.7.5 运行程序

编辑程序完成后，必须先空载运行所编程序，查看机器人运行路径是否正确，再进行焊接。具体操作步骤参照表 5-15。程序验证完成后，运行程序实施焊接，具体操作步骤参照表 5-16。

5.8 管-板角接接头焊接示教编程

5.8.1 布置任务

以低碳钢管板骑坐式垂直俯位二氧化碳气体保护焊为例介绍机器人圆弧轨迹的示教。

(1) 工件施焊工接图

低碳钢管板骑坐式垂直俯位二氧化碳气体保护焊的工件施焊工接图如图 5-20 所示。

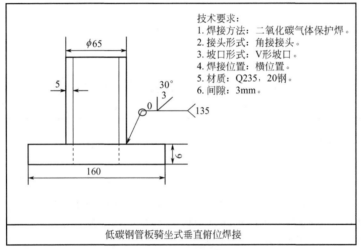

图 5-20　工件施焊工接图

(2) 焊接要求

① 焊缝表面不得有裂纹、夹渣、焊瘤、未熔合等缺陷。
② 焊脚高度为 6mm。
③ 焊缝表面波纹均匀，与母材圆滑过渡。

5.8.2 工艺分析

(1) 母材及焊接性分析

Q235 钢和 20 钢均属于普通低碳钢，影响淬硬倾向的元素含量较少，根据碳当量估算，裂纹倾向不明显，焊接性良好，无须采取特殊工艺措施。焊接方法可选择手工电弧焊、CO_2 气体保护焊、埋弧焊等，按照工艺要求采用 CO_2 气体保护焊。

(2) 焊材

根据母材型号，按照等强度原则选用规格为 ER49-1、直径为 1.2mm 的焊丝，使用前检查焊丝是否损坏，除去污物杂锈保证其表面光滑。

（3）焊接设备

采用旋转-倾斜变位机＋弧焊机器人工作站完成焊接任务，该工作站的组成和设备如图 5-1 所示。

（4）焊接参数

焊接层数为三层，包括打底焊、盖面焊（上、下两道），如图 5-21 所示。

焊接参数如表 5-20 所示。

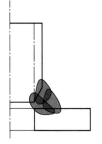

图 5-21　焊道层次

表 5-20　焊接参数

焊接层次	电流/A	电压/V	焊接速度/(mm/s)	摆动幅度/mm	焊丝直径/mm	CO_2 气流量/(L/min)	焊丝伸出长度/mm
1	125	21	3	2.5	1.2	15	12
2	140	23	4	3.5	1.2	15	12
3	150	23	5	3.6	1.2	15	12

5.8.3　焊接准备

（1）检查焊机

① 冷却水、保护气、焊丝/导电嘴/送丝轮规格；

② 面板设置（保护气、焊丝、起弧收弧、焊接参数等）；

③ 工件应接地良好。

（2）检查信号

① 手动送丝、手动送气、焊枪开关及电流检测等信号；

② 水压开关、保护气检测等传感信号，调节气体流量；

③ 电流、电压等控制的模拟信号应匹配。

5.8.4　装配与定位

由于使用机器人点焊定位较为复杂，这里选用焊条电弧焊进行点焊定位，图 5-22 为工件

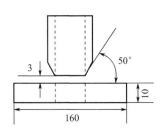

图 5-22　工件装配示意图

装配示意图。为了保证既焊透又不烧穿，必须留有合适的对接间隙和合理的钝边。焊接前先将孔板置于平台上，用两根直径为 3.2mm 的焊条除去药皮，点在孔板上，再将管坡口端向下置于焊条上，使孔里皮和板孔壁对齐；在适当的位置固定焊，固定点一般为三处，焊点长度约为 5mm，厚度为 3mm，以满足强度要求，错开 120°角，再固定焊另一点，两点固定后用角磨机打磨固定点使成斜坡状，以方便接头；抽出焊条，管板间隙为 3.0～3.5mm，钝边为 0.5～1mm，错边量≤0.5mm。

5.8.5　示教编程

（1）打底焊示教编程

①工艺要点　将焊件固定在操作台上，使其处于俯位，清理焊枪喷嘴内污物，调整焊丝伸出长度约为 10～12mm，焊接电流为 110～130A。三个定位点将整个焊缝分成了三个相等的

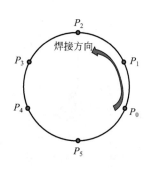

图 5-23 焊道轨迹示意图

圆弧，图 5-23 为焊道轨迹示意图。将试件置于适当高度，第一个固定点 P_0 口处孔板上引燃电弧，电弧指向孔板，喷嘴工作角度为 $60°$，前进角为 $70°\sim80°$，电弧斜锯齿摆动进行焊接。焊接过程密切关注电弧长度及摆动幅度，控制管侧熔孔为 $0.5\sim1\text{mm}$。

② 示教编程 由于本焊接工作站不能实现弧焊机器人与变位机的联动操作，因此设计打底焊共分三段圆弧的焊接，具体焊接操作步骤为：首先运行程序 1 焊接第一段圆弧（P_0-P_1-P_2）；操纵变位机让工件顺时针旋转 $120°$，运行程序 2 焊接第二段圆弧（P_2-P_3-P_4）；操纵变位机让工件顺时针旋转 $120°$，运行程序 3 焊接第三段圆弧（P_4-P_5-P_0）。三个焊接程序的编程程序是相同的，这里仅以程序 1 为例介绍圆弧焊缝的示教编程。程序 1 的示教编程操作如表 5-21 所示。

表 5-21 打底焊的示教编程

操作说明	操作界面
①在 ABB 主菜单中单击"程序数据"，建立工作所需的程序数据	
②单击"weavedata"	
③双击"weave1"	

续表

操作说明	操作界面
④按照打底焊的参数分别给相应参数赋值	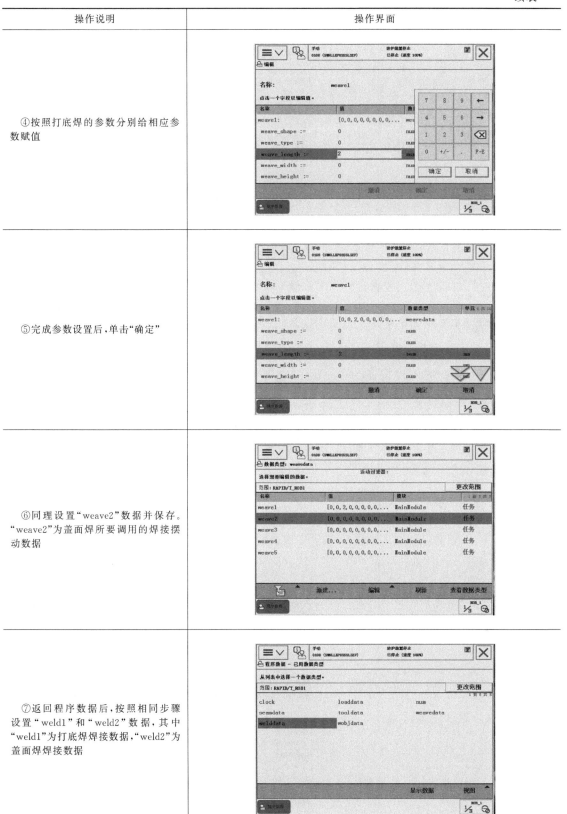
⑤完成参数设置后,单击"确定"	
⑥同理设置"weave2"数据并保存。"weave2"为盖面焊所要调用的焊接摆动数据	
⑦返回程序数据后,按照相同步骤设置"weld1"和"weld2"数据,其中"weld1"为打底焊焊接数据,"weld2"为盖面焊焊接数据	

续表

操作说明	操作界面
⑧在 ABB 主菜单中选择"手动操作",查看坐标系、工具坐标、工件坐标等是否设置正确,确认无误后关闭界面	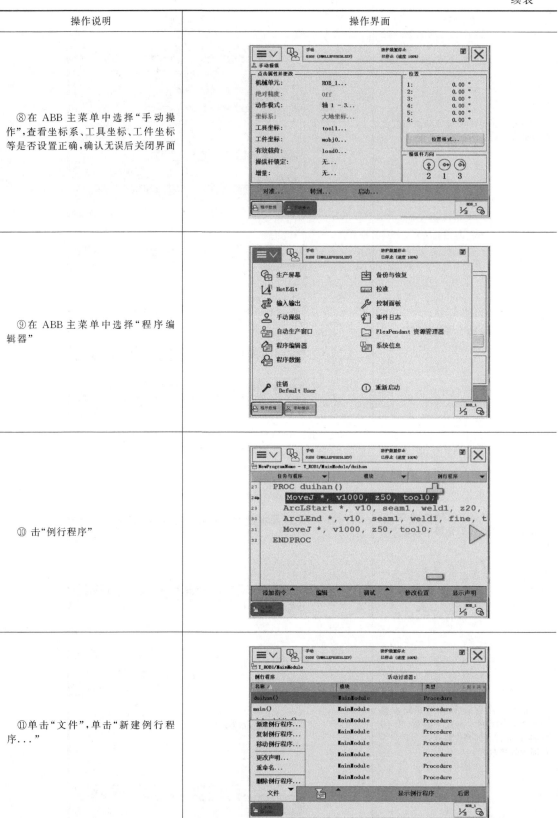
⑨在 ABB 主菜单中选择"程序编辑器"	
⑩击"例行程序"	
⑪单击"文件",单击"新建例行程序..."	

续表

操作说明	操作界面
⑫单击"ABC..."，命名例行程序	
⑬在键盘中输入例行程序名字"guanbandingweihan"，单击"确定"	
⑭双击新建的"guanbandingweihan()"程序，进入程序编辑界面	
⑮在程序编辑器中单击"添加指令"，单击"MoveJ"，添加空间点指令	

操作说明	操作界面
⑯选中"＊",手动操纵机器人 TCP 运动至第一个空间点,单击"修改位置"。该空间点选在 P_0 附近	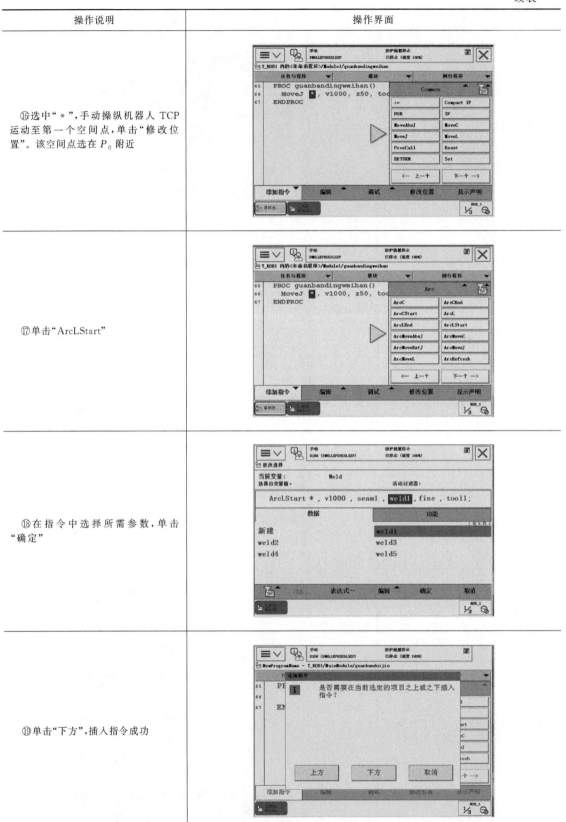
⑰单击"ArcLStart"	
⑱在指令中选择所需参数,单击"确定"	
⑲单击"下方",插入指令成功	

续表

操作说明	操作界面
⑳选中指令中的"＊"，手动操纵机器人 TCP 运动至 P_0 点，同时手动单轴操作机器人调整焊枪姿态，焊枪与焊缝横向垂直，与焊缝方向成 $75°\sim80°$ 角，然后单击"修改位置"，记录该空间点。双击整行"ArcLStart"指令	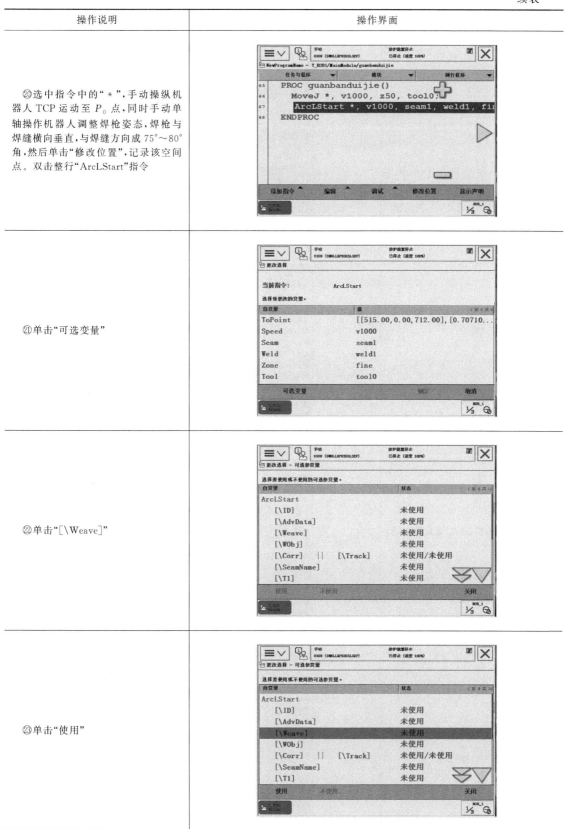
㉑单击"可选变量"	
㉒单击"[\Weave]"	
㉓单击"使用"	

续表

操作说明	操作界面
㉔单击"关闭"	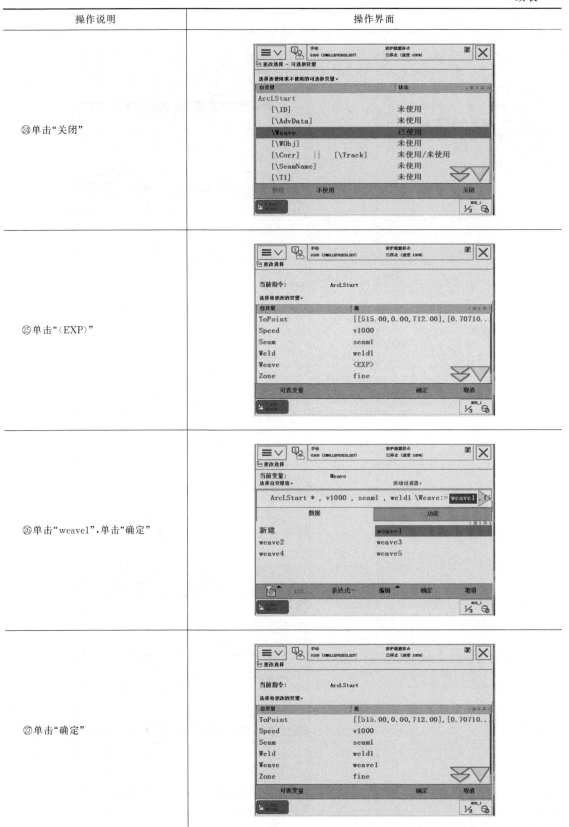
㉕单击"〈EXP〉"	
㉖单击"weave1"，单击"确定"	
㉗单击"确定"	

续表

操作说明	操作界面
㉘"weave1"数据插入完成	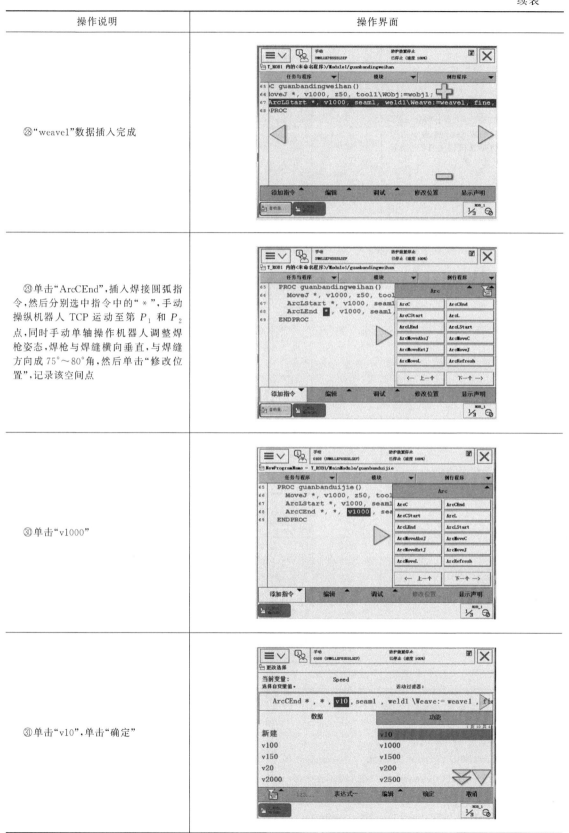
㉙单击"ArcCEnd",插入焊接圆弧指令,然后分别选中指令中的"＊",手动操纵机器人 TCP 运动至第 P_1 和 P_2 点,同时手动单轴操作机器人调整焊枪姿态,焊枪与焊缝横向垂直,与焊缝方向成 $75°\sim80°$ 角,然后单击"修改位置",记录该空间点	
㉚单击"v1000"	
㉛单击"v10",单击"确定"	

操作说明	操作界面
㉜单击"添加指令",单击"MoveJ",添加空间点指令,然后分别选中指令中的"＊",手动操纵机器人 TCP 抬起一段距离,离开 P_2 点	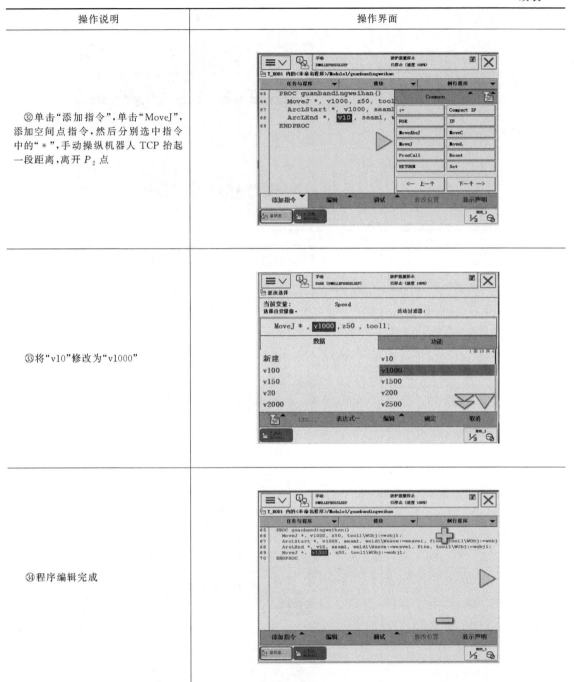
㉝将"v10"修改为"v1000"	
㉞程序编辑完成	

打底焊的示教程序如下:

```
PROC guanbanduijie()
MoveJ * ,v1000,z50,tool1\wobj:＝wobj1;
ArcLStart* ,v1000,seam1,weld1\weave＝weave1,fine,tool1\wobj:＝wobj1;
ArcCEnd* ,* ,v10,seam1,weld1\weave＝weave1,fine,tool1\wobj:＝wobj1;
MoveJ * ,v1000,z50,tool1\wobj:＝wobj1;
ENDPROC
```

其中焊接参数的设置参照表 5-20 所示第一层打底焊的参数。

程序编辑完成后，空载运行程序查看路径是否正确，具体操作步骤参照表 5-15。程序验证完成后，运行程序实施焊接，具体操作步骤参照表 5-16。

（2）盖面焊示教编程

① 工艺要点　盖面焊分上下两道完成，先焊下道，采用斜锯齿摆弧，保持电弧长度，喷嘴工作角为 45°～50°，前进角为 75°～85°。上道焊接，用三角形运弧，喷嘴工作角为 35°～40°，前进角为 75°～85°，运弧幅度以覆盖下道的 1/2～1/3，熔合管坡口棱边以 0.5mm 为宜。上下两道焊缝要熔合良好，光滑均匀，不得有明显的沟槽，避免管侧咬边。

② 示教编程　盖面焊的焊接也是分为三段圆弧的焊接，具体示教编程参考表 5-21。在程序编辑中需要改变焊接参数的设置及空间点的定位。

盖面焊的示教程序如下：

```
PROC guanbanduijie()
MoveJ * ,v1000,z50,tool1\wobj:＝wobj1;
ArcLStart* ,v1000,seam1,weld2\weave＝weave2,fine,tool1\wobj:＝wobj1;
ArcCEnd* ,* ,v10,seam1,weld2\weave＝weave2,fine,tool1\wobj:＝wobj1;
MoveJ * ,v1000,z50,tool1\wobj:＝wobj1;
ENDPROC
```

其中焊接参数的设置参照表 5-20 所示第二层盖面焊的参数。

5.8.6　运行程序

编辑程序完成后，必须先空载运行所编程序，查看机器人运行路径是否正确，再进行焊接。具体操作步骤参照表 5-15。程序验证完成后，运行程序实施焊接，具体操作步骤参照表 5-16。

5.9　T 形接头拐角焊缝的机器人和变位机联动焊接

在机器人焊接复杂焊缝，例如 T 形接头拐角焊缝、螺旋焊缝、曲线焊缝、马鞍形焊缝等时，为了获得良好的焊接效果需要采用机器人和变位机联动焊接的方式。在联动焊接过程中，变位机要作相应运动而非静止，变位机的运动必须能和机器人共同合成焊缝的轨迹，并保持焊接速度和焊枪姿态在要求范围内，其目的就是在焊接过程中通过变位机的变位让焊缝各点的熔池始终都处于水平或小角度下坡状态，焊缝外观平滑美观，焊接质量高。

5.9.1　布置任务

这里仅以机器人和变位机联动焊接一条角焊缝为例，介绍机器人和变位机联动焊接的操作。需要焊接的直线拐角焊缝如图 5-24 中的红线所示，母材为 6mm 的 Q235 钢板，不开坡口。

5.9.2　工艺分析

（1）母材及焊接性分析

Q235 钢属于普通低碳钢，影响淬硬倾向的元素

图 5-24　直线拐角焊缝

含量较少，根据碳当量估算，裂纹倾向不明显，焊接性良好，无须采取特殊工艺措施。

（2）焊材

根据母材型号，按照等强度原则选用规格为 ER49-1、直径为 1.2mm 的焊丝，使用前检查焊丝是否损坏，除去污物杂锈保证其表面光滑。

（3）焊接设备

采用旋转-倾斜变位机＋弧焊机器人联动工作站。

（4）焊接参数

焊接参数如表 5-22 所示。

表 5-22　焊接参数

焊接层次	电流/A	电压/V	焊接速度 /(mm/s)	摆动幅度 /mm	焊丝直径 /mm	CO_2 气流量 /(L/min)	焊丝伸出 长度/mm
1	125	21	3	2.5	1.2	15	12

5.9.3　焊接准备

（1）检查焊机

① 冷却水、保护气、焊丝/导电嘴/送丝轮规格；

② 面板设置（保护气、焊丝、起弧收弧、焊接参数等）；

③ 工件应接地良好。

（2）检查信号

① 手动送丝、手动送气、焊枪开关及电流检测等信号；

② 水压开关、保护气检测等传感信号，调节气体流量；

③ 电流、电压等控制的模拟信号应匹配。

5.9.4　定位焊

选用二保焊进行点焊定位（如图 5-25 所示），为了保证既焊透又不烧穿，必须留有合适的对接间隙和合理的钝边。

图 5-25　定位焊

选用工作夹具将焊件固定在变位机上，如图 5-26 所示。

5.9.5　示教编程

在焊接路径上，我们设置的示教点位置如图 5-27 所示。为了保证焊接路径准确，我们在第一条直焊缝上设置了四个示教点，在第二条直焊缝上设置了三个示教点，其中 P_4 和 P_5 两点是靠近拐角位置的两个点。为了保证拐角位置焊接质量，P_4 和 P_5 两点应靠近拐角位置，并分别设置在拐角两侧。

图 5-26 将焊件固定在变位机上

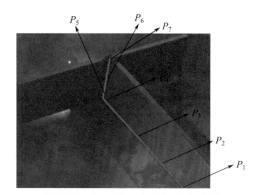

图 5-27 焊缝路径上示教点的分布

焊接程序的示教编程操作如表 5-23 所示。

表 5-23 直线拐角焊缝的示教编程 ▶ 视频演示 5-15

操作说明	操作界面
①在 ABB 主菜单中选择"手动操作"，查看坐标系、工具坐标、工件坐标等是否设置正确，这里工件坐标系要选择联动坐标系"wobj_STN1Move..."，确认无误后关闭界面	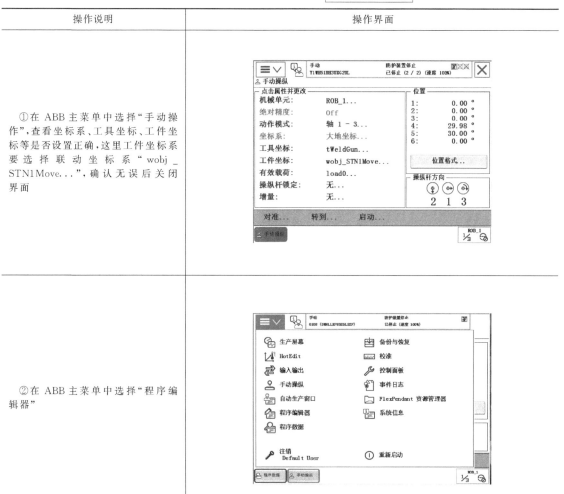
②在 ABB 主菜单中选择"程序编辑器"	

续表

操作说明	操作界面
③双击第一行"T_ROB1"	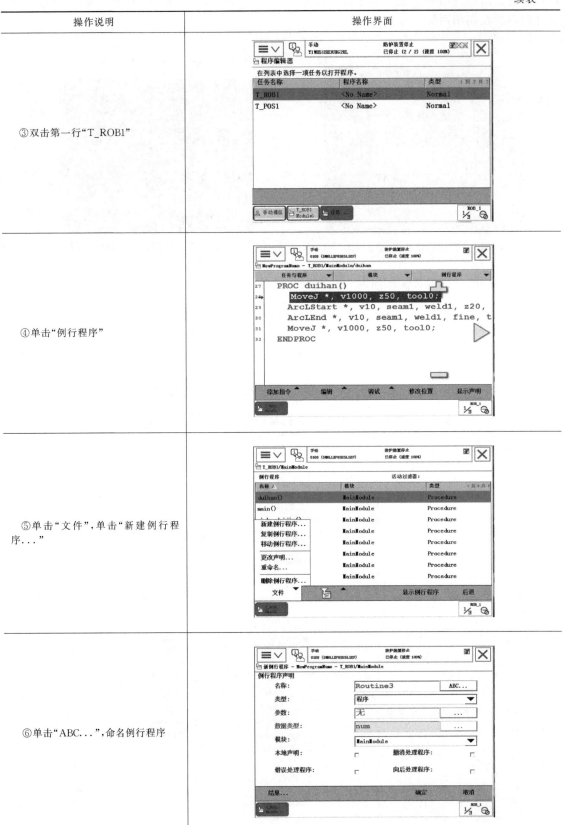
④单击"例行程序"	
⑤单击"文件",单击"新建例行程序..."	
⑥单击"ABC...",命名例行程序	

续表

操作说明	操作界面
⑦在键盘中输入例行程序名字"zhixianguaijiaohan",单击"确定"	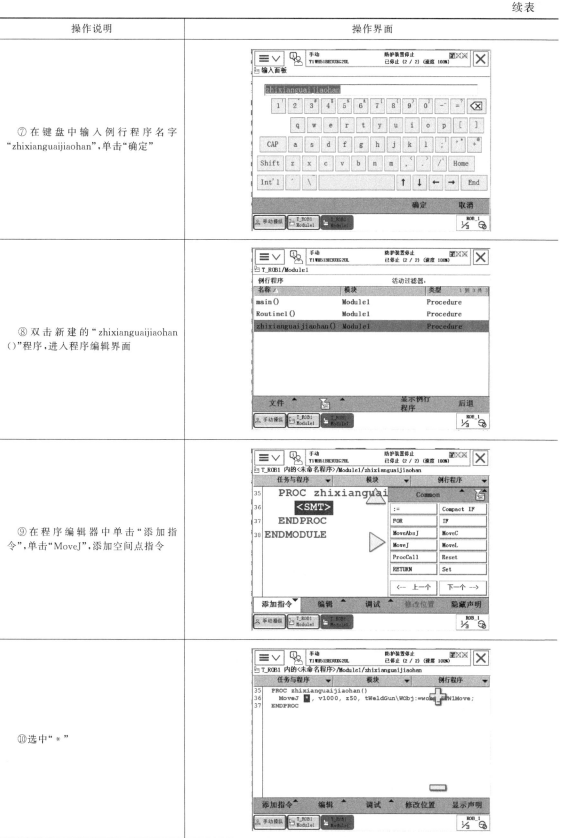
⑧双击新建的"zhixianguaijiaohan()"程序,进入程序编辑界面	
⑨在程序编辑器中单击"添加指令",单击"MoveJ",添加空间点指令	
⑩选中"∗"	

续表

操作说明	操作界面
⑪单击 ABB 主菜单，单击"手动操纵"	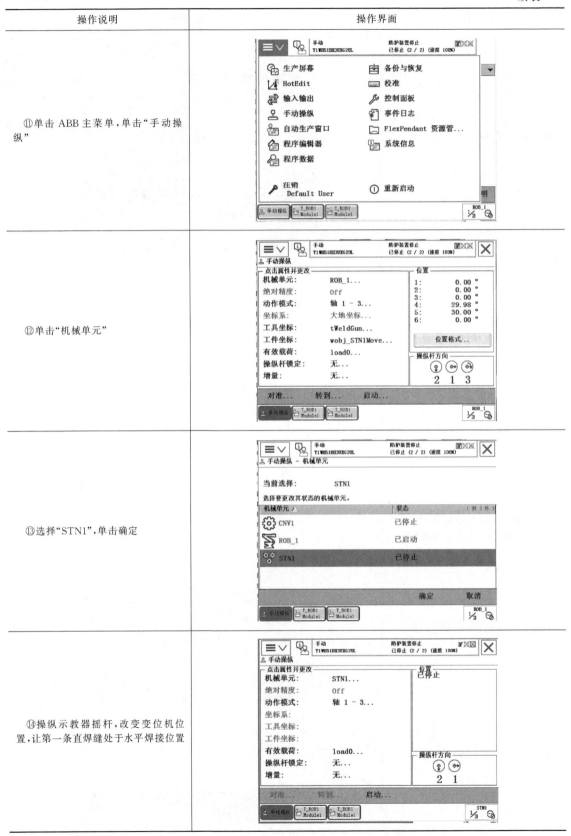
⑫单击"机械单元"	
⑬选择"STN1"，单击确定	
⑭操纵示教器摇杆，改变变位机位置，让第一条直焊缝处于水平焊接位置	

续表

操作说明	操作界面
⑮手动操纵机器人 TCP 运动至 P_1 附近的一个空间点，单击"修改位置"，单击"修改"，记录下该空间点	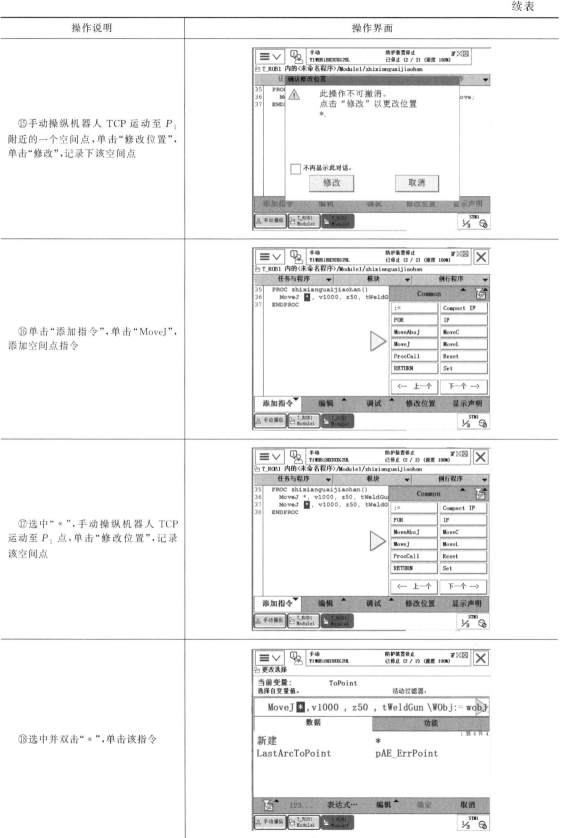
⑯单击"添加指令"，单击"MoveJ"，添加空间点指令	
⑰选中"＊"，手动操纵机器人 TCP 运动至 P_1 点，单击"修改位置"，记录该空间点	
⑱选中并双击"＊"，单击该指令	

操作说明	操作界面
⑲单击"新建",命名该空间点为"p1",单击"确定"	新数据声明 数据类型: robtarget　　　当前任务: T_ROB1 名称: p1 范围: 全局 存储类型: 常量 任务: T_ROB1 模块: Module1 例行程序: 〈无〉 维数: 〈无〉 初始值　　　确定　　取消
⑳单击"Common",在下拉菜单中单击"Arc"	T_ROB1 内的〈未命名程序〉/Module1/zhixianguaijiaohan 任务与程序　　　模块　　　例行程序 36 PROC zhixianguaijiaohan() 37 　MoveJ *, v1000, z50, tWeldGu 38 　MoveJ p1, v1000, z50, tWeld 39 ENDPROC Common Common　　Prog. Flow Various　　Settings Motion&Proc.　I/O Communicate　Interrupts Error Rec.　System&Time Mathematics　MotionSetAdv Motion Adv.　Ext.Computer MultiTask...　RAPIDsupport Calib&Ser...　M.C 1 M.C 2　　M.C 3 Arc　　CAP 添加指令　编辑　调试　修改位置　显示声明
㉑单击"ArcLStart",插入直线弧焊指令	T_ROB1 内的〈未命名程序〉/Module1/zhixianguaijiaohan 任务与程序　　　模块　　　例行程序 36 PROC zhixianguaijiaohan() 37 　MoveJ *, v1000, z50, tWeldGu 38 　MoveJ p1, v1000, z50, tWeld 39 ENDPROC Arc ArcC　　ArcCEnd ArcCStart　ArcL ArcLEnd　ArcLStart ArcMoveAbsJ　ArcMoveC ArcMoveExtJ　ArcMoveJ ArcMoveL　ArcRefresh ←上一个　下一个→ 添加指令　编辑　调试　修改位置　显示声明
㉒单击"*",命名该空间点为"p2"	更改选择 当前变量: ToPoint 选择自变量值:　　　　活动过滤器: ArcLStart p2, v1000, 〈EXP〉, 〈EXP〉, fine 数据　　　　　功能 1 到 6 共 6 新建　　　　　* LastArcToPoint　p1 p2　　　pAE_ErrPoint 123...　表达式...　编辑　确定　取消

操作说明	操作界面
㉓分别单击"〈EXP〉",依次选中相应的程序数据,单击"确定"	
㉔选中"p2",手动操纵机器人 TCP 运动至 P_2 点,单击"修改位置",记录该空间点	
㉕单击"ArcL",插入直线焊接指令,并命名该空间点为"p3",然后手动操纵机器人 TCP 运动至 P_3 点,单击"修改位置",记录该空间点	
㉖参照步骤㉕,同理插入"p4",手动操纵机器人 TCP 运动至 P_4 点,单击"修改位置",记录该空间点	

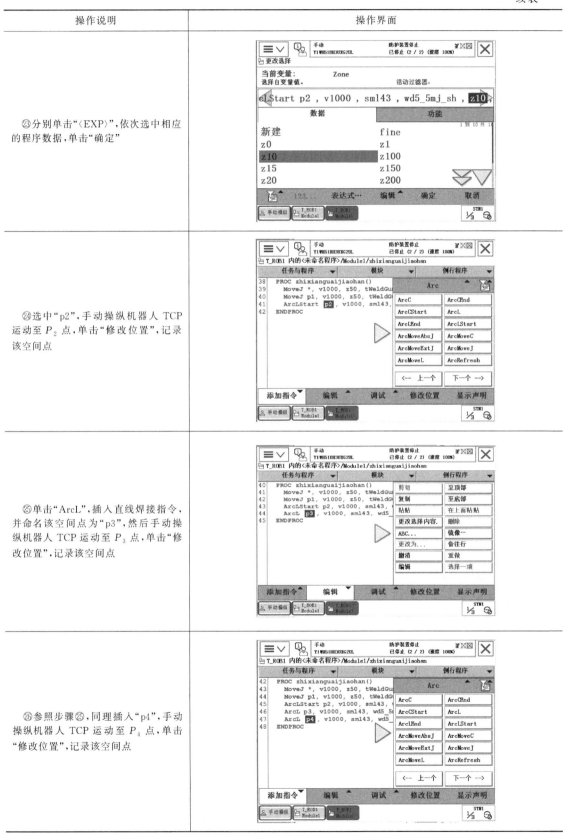

续表

操作说明	操作界面
㉗参照步骤㉕，同理插入"p5"	
㉘参照步骤⑪～⑬，改变变位机位置，使第二条直焊缝处于水平焊接位置，然后选中"p5"，手动操纵机器人TCP运动至 P_5 点，并调整好焊枪姿态，单击"修改位置"，记录该空间点	
㉙参照步骤㉘，同理插入"p6"	
㉚单击"ArcLEnd"，并命名空间点为"p7"，同时选中转弯半径为"fine"，单击"确定"	

续表

操作说明	操作界面
㉛选中"p7"，手动操纵机器人 TCP 运动至 P_7 点，单击"修改位置"，记录该空间点	
㉜在"Common"指令集中，单击"MoveJ"，添加空间点指令。选中"*"，手动操纵机器人抬起焊枪到 P_7 点上部一空间点，单击"修改位置"，记录该空间点	
㉝程序编辑完成	

直线拐角焊缝的示教程序如下：

```
PROCzhixianguaijiaohan()
MoveJ * ,v1000,z50,tWeldGun\wobj:=wobj_STN1Move;
```

```
MoveJp1,v1000,z50,tWeldGun\wobj:=wobj_STN1Move;
ArcLStart p2,v1000,sm143,wd5_5mj_sh,z10,tWeldGun\wobj:=wobj_STN1Move;
ArcL p3,v1000,sm143,wd5_5mj_sh,z10,tWeldGun\wobj:=wobj_STN1Move;
ArcL p4,v1000,sm143,wd5_5mj_sh,z10,tWeldGun\wobj:=wobj_STN1Move;
ArcL p5,v1000,sm143,wd5_5mj_sh,z10,tWeldGun\wobj:=wobj_STN1Move;
ArcL p6,v1000,sm143,wd5_5mj_sh,z10,tWeldGun\wobj:=wobj_STN1Move;
ArcLEnd p7,v1000,sm143,wd5_5mj_sh,z10,tWeldGun\wobj:=wobj_STN1Move;
MoveJ * ,v1000,z50,tWeldGun\wobj:=wobj_STN1Move;
ENDPROC
```

程序编辑完成后首先空载运行 ▶视频演示 5-16，检查程序编辑及各点示教的准确性。检查无误后运行程序 ▶视频演示 5-17。

5.10 机器人焊接故障及缺陷分析

5.10.1 常见故障及处理方法

在机器人焊接过程中，由于设备、工艺、环境等因素的影响，不可避免地会出现各种故障问题。由于焊接机器人软、硬件设备的技术性含量高，遇到较简单的问题时可以通过查阅设备说明书自行解决，如果遇到较困难复杂的问题要联系厂家专业维修人员。下面列举生产中可能出现的问题及解决方法，具体内容见表 5-24。

表 5-24 机器人常见故障及处理方法

故障内容	产生原因	解决办法
寻位失败	寻位点有氧化皮或污染物	清理焊件表面
	编程时寻位点设置不合理	更改寻位点
	工件装配误差大导致寻位焊钉接触不到工件	改手工焊接
	干伸长过长	手动修剪焊丝或重新运行清枪程序
焊偏	零位更改程序未改变	更改起、收弧点
	跟踪参数设置不当	更改参数灵敏度
	焊接位置偏出	更改起、中间、收弧点
	焊接变形大	重新设定焊接程序
	焊枪坐标错误	校正焊枪；更新转数计数器
	焊缝被污染或有较大的焊点	清理焊缝
	编程出错或者偏移参数设置不当	检查程序，更改参数
无法自动运行，但可以手动操纵	系统故障	热启动，然后重新校准各轴
停机故障	①软件原因	如有信息提示，可根据系统自我诊断信息进行处理；如无信息提示，可重新启动系统
	②硬件原因	联系厂家维修人员

续表

故障内容	产生原因	解决办法
送丝不稳定	①送丝压力调节不当	重新调整送丝压力
	②焊丝不良	检查焊丝,焊丝应无交叉、直径均匀、无硬弯,如不符合规定则更换焊丝
	③SUS 与送丝轮不同心	紧固送丝轮,校准 SUS 位置
	④送丝软管阻塞	用压缩空气清理或更换送丝软管
	⑤焊枪电缆弯曲半径不符合要求	焊枪电缆弯曲半径应大于 300mm
	⑥导电嘴规格不当	更换导电嘴
	⑦送丝轮污染造成送丝动力不足	清理或更换送丝轮
	⑧电路故障	检修电路或联系厂家检修
电弧不稳定	①输出电压不稳定	紧固焊机各线路连接点;检查焊机电路
	②焊丝质量问题	检查或更换焊丝
	③送丝不稳定	检查送丝机系统部件及电路
	④其他因素,包括操作不当、工艺参数设置不科学、程序错误等	校准示教点位置是否准确;检查 TCP 位置;检查工艺参数设置的合理性
焊接飞溅大	①焊接参数设置不合理	检查焊接参数设置的合理性,特别是焊接电流与焊接电压的匹配等问题
	②焊丝直径选用不当或焊丝存在质量问题	更换焊丝
	③焊接材料清理不彻底,表面有污染物	及时清除或更换
	④焊接回路接触不良	紧固各电路各连接处;检查电路
	⑤操作不当	调整焊枪角度;调整 TCP 到焊件的距离
	⑥导电嘴磨损	更换导电嘴
出现蛇形焊缝或断续焊缝	①导电嘴松动或磨损严重	紧固或更换导电嘴
	②焊丝干伸长过大	调节 TCP 距离焊件的高度
	③焊丝校直不良	重新调整送丝机
	④送丝管堵塞或阻力过大	用压缩空气清理或更换

5.10.2 焊接缺陷分析及处理方法

机器人焊接过程中出现的焊接缺陷一般有焊偏、咬边、气孔等几种,具体分析如下:

(1) 焊偏

出现焊偏的原因可能为焊接的位置不正确或焊枪寻找时出现问题。出现这种情况时我们要考虑焊枪中心点 TCP 的标定是否准确,如不准确必须重新标定。如果频繁出现这种情况,就要检查机器人各轴的零点位置是否准确,重新校零予以修正。

(2) 咬边

出现咬边缺陷的主要原因是焊接参数选择不当、焊枪角度或焊枪位置不对,这时需要适当调整功率的大小来改变焊接参数,调整焊枪的姿态以及焊枪与工件的相对位置。

(3) 气孔

出现气孔的原因可能为气体保护差、工件底漆太厚或者保护气不够干燥,可以根据具体情况进行相应调整即可解决。

（4）飞溅

飞溅过多的原因可能为焊接参数选择不当、气体组分原因或焊丝外伸长度太长，可适当调整功率大小来改变焊接参数，调节气体配比仪来调整混合气体比例，调整焊枪与工件的相对位置。

（5）弧坑

若焊缝结尾处冷却后形成弧坑，则在编程时在工作步中添加埋弧坑功能，可以将其填满。

5.10.3　焊接机器人示教编程技巧总结

① 选择合理的焊接顺序，以减小焊接变形、焊枪行走路径长度来制订焊接顺序。

② 焊枪空间过渡要求移动轨迹较短、平滑、安全。

③ 优化焊接参数，为了获得最佳的焊接参数，制作工作试件进行焊接试验和工艺评定。

④ 合理设计变位机位置、焊枪姿态、焊枪相对接头的位置。工件在变位机上固定之后，若焊缝不是理想的位置与角度，就要求编程时不断调整变位机，使得焊接的焊缝按照焊接顺序逐次达到水平位置，同时，要不断调整机器人各轴位置，合理地确定焊枪相对接头的位置、角度与焊丝伸出长度。工件的位置确定之后，焊枪相对接头的位置通过编程者的双眼观察，难度较大，这就要求编程者善于总结积累经验。

⑤ 及时插入清枪程序。编写一定长度的焊接程序后，应及时插入清枪程序，可以防止焊接飞溅堵塞焊接喷嘴和导电嘴，保证焊枪的清洁，延长喷嘴的寿命，确保可靠引弧、减少焊接飞溅。

⑥ 编制程序一般不能一步到位，要在机器人焊接过程中不断检验和修改程序，调整焊接参数及焊枪姿态等，才能编制一个合理的程序。

5.11　典型工程实例

近年来，机器人技术发展相对迅速，这种技术将自动化控制、机械、电子等技术进行了有机结合。在焊接机器人领域，也经历了数个发展阶段，第一阶段为展示再现型；第二阶段则是可感知型；第三阶段则是智能型。而焊接这种工艺，已经被誉为"现代工艺的裁缝师"，在很多生产加工环节都会应用到这种工艺。由于在焊接过程中，会产生金属液肆意飞溅、弧光闪耀刺眼、大量烟尘等，因此会让焊接的生产环境变得相对恶劣。然而在科技的作用下，制造业开始朝自动化、智能化方向发展，焊接工艺同样如此。其中焊接机器人就是该工艺自动化发展的重要代表。

5.11.1　弧焊机器人在汽车行业的应用

在汽车生产领域，各类工业机器人开始广泛应用，它们的存在让汽车的生产变得更加快速。当前在汽车生产线上，已经应用了各种类型的自动化焊接机器人，其中就包括了弧焊、点焊等各类焊接机器人。这些焊接机器人经常出现在汽车底盘、座椅以及车身和各类精密零部件的生产加工领域，它们的广泛应用使汽车的生产效率有效提升，汽车加工业也从过去的劳动密集型升级至技术密集型。在汽车生产加工领域，焊接工艺应用较广，而且极为重要。对于汽车工业而言，焊接和涂装、整车装配以及冲压一道，成为该行业的四大关键技术。其中焊接技术涉及材料、计算机和机械加工等诸多科学领域，是一种综合性很强的技术。正是如此，汽车零部件的生产对焊接技术存在着显著的依赖性。车身、变速箱、发动机以及车厢等诸多部件的生产都离不开焊接技术。

汽车座椅骨架（如图 5-28 所示）结构复杂、形式多样，座椅骨架作为汽车座椅总成中的核心零部件之一，座椅骨架总成的制造中焊接技术是尤为重要的关键生产技术。除了对基础组件的人工焊接方法的使用外，更广泛地使用了机器人焊接技术，以减轻劳动者的劳动强度，确保产品的焊接质量。

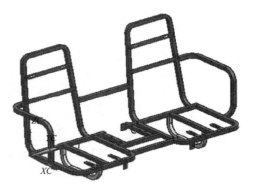

图 5-28　汽车座椅骨架

座椅骨架为汽车座椅的核心部件之一，其基本结构主要为钣金结构或管框结构，钣金结构形式的座椅骨架总成主要由冲压工艺生产然后组装；管框结构形式的座椅骨架总成则多是在弯制、冲压（打扁）、钻孔后经机器人或手工焊接后组装。其生产工艺流程如图 5-29 所示。

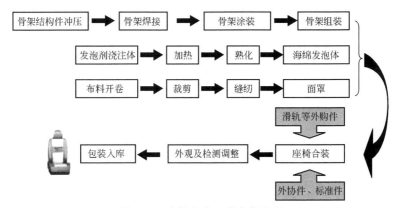

图 5-29　座椅生产工艺总体流程

汽车驾驶、副驾驶座椅总成涉及的焊接工序最多，其次为后座椅及后靠背骨架。正、副驾驶座椅骨架的焊接工艺如图 5-30 所示。

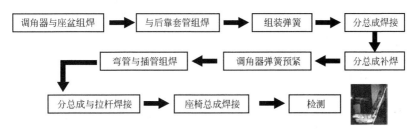

图 5-30　正、副驾驶座椅骨架焊接工艺流程

在座椅骨架生产领域，所涉及的焊接装备较多，其中就有焊接机器人（图 5-31）、钢丝弯曲机等。通过这些先进的装备可以有效地提升产品的生产质量以及生产效率。结合具体的产品型号，前座椅骨架总成线工作主要是以多台弧焊机器人为核心，另外还有相应的二氧化碳半自动焊机；而后靠背以及后座椅总成，除了弧焊之外，还有相应的点焊。涉及的焊接设备除了上面的相关设备之外，还要增加点焊机器人。相关的焊接工位，都需要配置焊接胎夹具，这样可以有效地提升焊接的质量，焊接的精度也会有保障。另外在施工过程中可以使用双工位设计模式，可以更好地适应生产节拍需求。在选择焊接机器人时，也需要采用双工位模式。这些机器人需要具有快换结构，对车间的生产不会产生影响。在点焊环节，还会使用到一些凸焊机等。

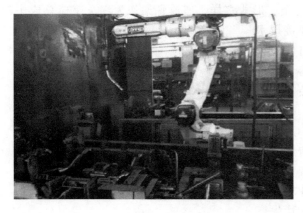

图 5-31   汽车座椅骨架焊接机器人

采用水平位置与全方位焊接相结合！汽车座椅自动焊接作业由机器人自动完成。主要焊接过程如下：

① 座椅靠背的焊接   由人工把三个座椅靠背各零件固定在一个焊接座椅靠背工作台上的相应位置后，由机器人自动进行焊接作业。与此同时，由人工把另外一个座椅靠背各零件固定在另一个焊接座椅靠背工作台上的相应位置，等待机器人焊接。机器人焊接完第一个工作台上的座椅靠背后，再焊接第二个工作台上的座椅靠背，如此循环作业。座椅背焊接工作站示意图如图 5-32 所示。

② 座椅底座的焊接   由人工把一个座椅底座各零件固定在一个焊接座椅底座变位工作台上的相应位置后，由两个机器人自动进行焊接作业。与此同时，人工把另外一个座椅底座各零件固定在另一个焊接座椅底座变位工作台上的相应位置，等待机器人焊接。两个机器人同时焊接完第一个变位工作台上的座椅底座后，再焊接第二个变位工作台上的座椅底座，如此循环作业。图 5-33 为座椅底座焊接示意图。

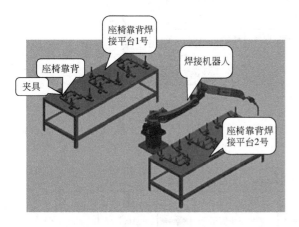

图 5-32   座椅背焊接工作站示意图

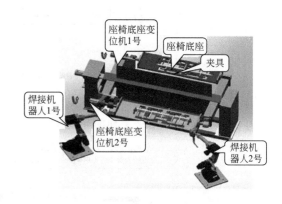

图 5-33   座椅底座焊接示意图

③ 底座与靠背的组焊   由人工把一个座椅底座和靠背各零件固定在一个焊接座椅变位工作台上的相应位置后，由两个机器人自动进行焊接作业。与此同时，人工把另外一个座椅各零件固定在另一个焊接座椅变位工作台上的相应位置，等待机器人焊接。两个机器人同时焊接完第一个变位工作台上的座椅后，再焊接第二个变位工作台上的座椅，如此循环作业。图 5-34 为座椅背与底座组焊示意图。座椅支架焊接作业指导书见图 5-35。

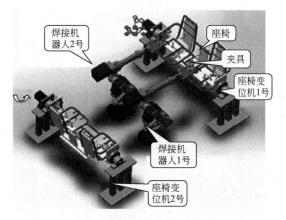

图 5-34   座椅背与底座组焊示意图

座椅支架焊合焊接作业指导书		工序名称：座椅支架焊合		重要度：		工序文件页码		1/3

工步号	作业内容		工时定额 /s	代号	零部件编号及材轴料序号(名称)		消耗定额	二维码
1	取件：靠背固定管、油箱固定管、靠背加强板、靠背固定板、螺栓、放入焊模、定位到位；			1	靠背固定管		2	
	按图示要求进行焊接，如图一；			2	油箱固定管		1	
2	取件：将座椅固定板、手刹座板、手刹座板加强板、放入焊模、定位到位、按照要求进行焊接，如图二			3	靠背加强板		1	
				4	靠背固定板		1	
				5	靠背固定板		2	
				6	螺栓		2	
				7	螺栓		2	
注意事项：1.焊接、打磨作业过程中需佩戴安全帽、手套、护目镜等安全防护用品				8	手刹座板		1	
				9	手刹座板加强板		1	
2.焊接时身体严禁接触到焊接区域				10	座板固定板		1	

	技术要求	设备、工装、工具编号	设备、工装、工具名称	设备、工装、工具型号	技术参数
1	焊接牢固、无需焊、焊穿等缺陷		座椅支架焊模		
2	各零部件的搭接边到位，保护工件尺寸正确、工件无变形、扭曲等现象		CO_2气体保护焊机	NBC-350	规范：$U=20\sim27V$；$I=100\sim200A$
3	CO2保护焊焊接完毕后要去除焊渣、焊瘤		CO_2气体保护焊机	NBC-200	规范：$U=17\sim24V$；$I=100\sim200A$

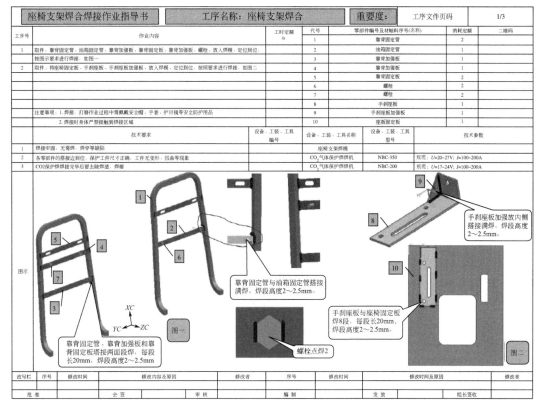

改写栏	序号	修改时间	修改内容及原因	修改者	序号	修改时间	修改时间及原因	修改者

批 准		会 签		审 核		编 制		发 放		组长签收	

事业部编码		车间编码		车间名称			工序编号	
座椅支架焊合焊接作业指导书		工序名称：座椅支架焊合		重要度：		工序文件页码		2/3

工步号	作业内容		工时定额 /s	代号	零部件编号及材轴料序号(名称)		消耗定额	二维码
1	取件：将座椅支撑架、座椅固定架放入焊模，定位到位，按照图示焊接，如图三；			11	座椅支撑架			
	取件：将座椅前梁、座椅支撑纵梁、后围梁Ⅰ、后围梁Ⅱ、左(右)扳手、连接梁、靠背放入焊模，定位			12	座椅固定架			
	到位，按图四焊接，如图四；			13	座椅前围梁			
2	取件：将座椅固定板总成(图二)、合页、加强板、标识牌放入焊模，定位到位，按照要求焊接；			14	靠背支撑纵梁			
3	取件：将座椅固定总成(图二)、手油门固定板放入模具，定位到位，按照要求焊接；			15	后围梁Ⅰ			
				16	后围梁Ⅱ			
				17	左(右)扳手			
				18	连接梁			
				19	座垫固定板			
				20	普通合页			
注意事项：1.焊接、打磨作业过程中需佩戴安全帽、手套、护目镜等安全防护用品				21	手油门固定板			
2.焊接时身体严禁接触到焊接区域				22	标识牌、加强板			

	技术要求	设备、工装、工具编号	设备、工装、工具名称	设备、工装、工具型号	技术参数
1	焊接牢固、无需焊、焊穿等缺陷		座椅支架焊模		
2	各零部件的搭接边到位，保护工件尺寸正确、工件无变形、扭曲等现象		CO_2气体保护焊机	NBC-350	规范：$U=20\sim27V$；$I=100\sim200A$
3	CO2保护焊焊接完毕后要去除焊渣、焊瘤		CO_2气体保护焊机	NBC-200	规范：$U=17\sim24V$；$I=100\sim200A$

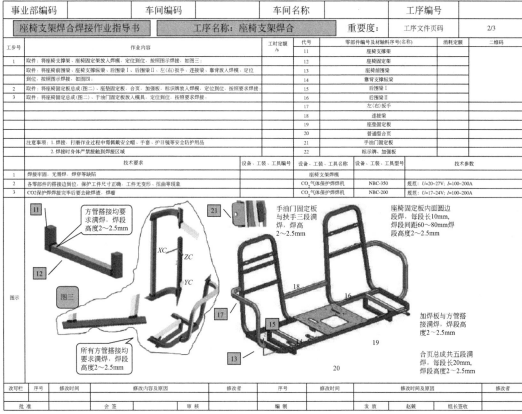

改写栏	序号	修改时间	修改内容及原因	修改者	序号	修改时间	修改时间及原因	修改者

批 准		会 签		审 核		编 制		发 放	赵巍	组长签收	

图 5-35　座椅支架焊接作业指导书

5.11.2　弧焊机器人在造船行业的应用

造船行业是焊接机器人应用的一个重要领域，自动化、智能化的船舶焊接技术，在提高船舶建造效率、提高船舶制造质量和降低制造成本等方面具有重要意义。从 20 世纪 80 年代起，造船行业开始将焊接机器人应用于船舶制造中，韩国、日本、美国以及欧洲先进造船国家，在船用焊接机器人技术研发上取得了显著的突破。

目前，所有发达国家都把智能化技术或机器人技术放在科技发展战略中最优先的地位。国外，尤其是韩国、日本和欧美国家的一些先进造船企业，在船舶制造中发展、研制及应用焊接机器人方面取得了显著的进步。早在 20 世纪 70 年代，日本就提出了"无人化船厂"的概念。20 世纪 80 年代初，世界机器人研制趋向通用化、标准化和系列化，这给焊接机器人用于造船带来很大的发展机遇。随着科学技术飞速发展，全自动无人化造船将在不久的将来成为现实。

(1) 结构零部件的焊接

结构零部件通常有肋板、平台板、舱口围板、吊码等。小型组件可以在单台固定式焊接机器人工作站焊接，尺寸较大的组件可建立机器人焊接生产线，在行走门架上配置一台或两台悬挂式机器人，当机器人运行到工件上方，由检测传感器检出，自动进行寻位并焊接。船体小分段机器人焊接见图 5-36。

(2) 曲面分段焊接

曲面分段在装配胎架上安装好内部组件后由一台横梁搭载的焊接机器人完成各种焊缝的焊接，如图 5-37 所示为船体曲面分段机器人焊接。曲面分段数量较少，相对而言性价比不如底部分段。

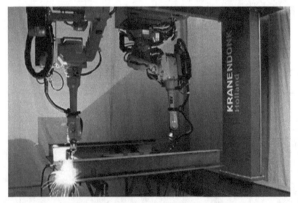

图 5-36　船体小分段机器人焊接

图 5-37　船体曲面分段机器人焊接

(3) 小组立焊接

小组立是船舶制造的一种生产管理模式，是船体分段装配的一个生产阶段，就是将两个或两个以上的零件组成构件的生产过程，如拼装 T 形材、肋板上安装加强材、加强筋开孔等。小组立工件是船舶建造过程中重要的中间产品，通过建立与小组立焊接机器人相匹配的生产流程，充分发挥该生产线生产力，降低维护费用和运行成本，提高设备利用率，均衡生产，从而减少生产线上工作人员数量和降低劳动强度，保证产品质量，有效实现生产线的长期高效运行，使小组立工件生产走向规模化、高效化、批量化的智能制造模式。图 5-38 所示为小组立机器人焊接系统。

图 5-38　小组立机器人焊接系统

（4）船舶舱室焊接

大型船舶中的拼板、分段、合拢都是通过焊接来实现的，其中船舶舱室分段需要进行焊接的工作量最大，主要包括 T 形材纵骨焊接、T 形材对口焊接、水密补板焊接等。图 5-39 所示为龙门架机器人焊接船舶舱室的作业现场。

（5）船坞/船台总段大合拢焊接

船坞、船台大合拢可以有内外板横缝对接和舱部以下外板的对接，横焊缝焊接是重要部分之一，横焊缝距离长、坡口大且具有一定曲率，要求焊接机器人能在现场施工作业，且多为高空作业，所以用于船体现场焊接作业的焊接机器人应具备质量轻、体积小、便于搬运和安装且能适应船体曲面焊缝的特点，而常规的焊接机器人体积重量大，很难在船体表面安装、行走和焊接。例如 MICROBO 便携式焊接机器人（如图 5-40 所示），一人可以管理两台机器人作业，大大提高了工作效率。

图 5-39　船舶舱室龙门架焊接机器人　　　　图 5-40　MICROBO 便携式焊接机器人

5.11.3　弧焊机器人在压力容器行业的应用

压力容器，顾名思义就是能够承载一定压力的一种封闭设备，应用于冶金等行业，装放各种工业气体、液体。压力容器的生产过程复杂，包括有验收、切割原材料，机械加工，组对，焊接，压力测验等。焊接技术是压力容器生产的其中一环，包括对压力容器的壳体、封

图 5-41　小型压力容器罐体的机器人焊接

头等多处进行焊接。焊接在普通的压力容器制作中工作量占 40% 左右，在厚板压力容器中工作量占一半以上，它影响着压力容器的安全性、价格等。所以提升焊接技术，实现焊接技术的数字化发展是目前压力容器制造领域的当务之急。采用焊接机器人是最有效的技术措施之一。将焊接机器人引入到压力容器焊接加工领域，可以显著提高焊接效率，保证焊接质量，保障工作人员的安全、企业的财产安全。

目前焊接机器人在压力容器行业中的应用非常广泛，在一些比较困难的焊接环境下，焊接机器人可以保质保量地完成任务。例如，在长距离输油管道的安装、铺设工程中，管道焊接机器人可以在管道内爬行，到达焊缝位置，实施焊接，并随时通过检测保证焊接质量；在卧式压力容器的制造中，对于需要双面焊接的小直径筒体，采用悬臂自动焊接机器人，可以完成筒体内的焊接，在焊接的过程中，可以控制转胎的转速、焊丝的送丝速度、焊剂的埋设，选择合适的电流和电压，完全自动地完成一道焊缝的焊接。图 5-41 所示为小型压力容器罐体的机器人焊接。大型储罐的制造过程中应用焊接机器人可以大幅度地提高焊接效率和焊接质量。图 5-42 所示为便携式管道焊接机器人，图 5-43 所示为吸附式管道焊接机器人。

图 5-42　便携式管道焊接机器人

图 5-43　吸附式管道焊接机器人

第**6**章

ABB 机器人的维护和故障排除

6.1 ABB 机器人安全生产注意事项

ABB 机器人系统复杂而且危险性大，在日常训练或者工作操作过程中都必须注意安全。无论任何时间进入机器人周围的保护空间都可能导致严重的伤害。只有经过培训认证的人员才可以进入机器人工作区域，不允许非授权人员操作机器人或擅自更改示教器参数的配置。为保障人身财产安全，操纵机器人需严格遵守以下规定：

① 发生火灾时，请确保全体人员安全撤离后再进行灭火；当电气设备（例如机器人或控制器）起火时，要使用二氧化碳灭火器，切勿使用水或泡沫灭火器。

② 在进行机器人的安装、维护和保养时必须要关闭总电源，严禁带电作业。如不慎遭高压电击，可能会导致心跳停止、烧伤或其他严重伤害。

③ 与机器人保持足够的安全距离。在调试与运行机器人时，它可能会执行一些意外的或不规范的运动，并且所有的运动都会产生巨大的惯量，从而严重伤害个人或损坏机器人工作范围内的设备，因此要时刻警惕与机器人保持足够的安全距离。

④ 急停开关（E-Stop）不允许被短接，否则在突发状况时急停开关停止工作会造成严重后果。

⑤ 机器人处于自动模式时，不得允许任何人进入其运动所及的区域。

⑥ 在任何情况下，不要使用原始盘，用复制盘。

⑦ 搬运机器人时，确保设备停止运行，且机器人末端执行不得夹持物体，机器人前不应置物。

⑧ 意外或不正常情况下，均可使用急停键停止机器人运行。在编程、测试及维修时必须将机器人置于手动模式。

⑨ 气路系统中的压力可达 0.6MPa，任何相关检修前必须关闭气源。

⑩ 在不移动机器人及运行程序时，必须及时释放示教器上的使能键，防止误操作造成伤害。

⑪ 调试人员进入机器人工作区时，须随身携带示教器，以防他人无意误操作。

⑫ 在得到停电通知时，要预先关断机器人的主电源及气源。

⑬ 突然停电后，要赶在来电之前预先关闭机器人的主电源开关，并及时取下夹具上的工件。

⑭ 维修人员必须保管好机器人钥匙，严禁非授权人员在手动模式下进入机器人软件系统，随意翻阅或修改程序及参数。

ABB 机器人的详细安全事项在《用户指南》的"安全"一章中有详细说明。

6.2 ABB 机器人本体维护

6.2.1 保养计划

ABB 机器人本体的维护保养内容包括：本体清洁；检查动力电缆与通信电缆；检查各轴运动状况；检查各轴密封；检查机器人零位；检查机器人标定数据；检查机器人电池；检查机器人各轴马达与刹车；检查机器人各轴电缆；检查机器人各轴加润滑油等内容。具体维护保养计划参考表 6-1。

表 6-1　ABB 机器人本体保养计划

维护类型	设备	周期	注意
检查	轴 1 的齿轮,油位	12 个月	环境温度<50℃
检查	轴 2 的齿轮,油位	12 个月	环境温度<50℃
检查	轴 3 的齿轮,油位	12 个月	环境温度<50℃
检查	轴 4 的齿轮,油位	12 个月	
检查	轴 4 的齿轮,油位	12 个月	
检查	轴 6 的齿轮,油位	12 个月	环境温度<50℃
检查	轴 6 的齿轮,油位	12 个月	环境温度<50℃
检查	平衡设备	12 个月	环境温度<50℃
检查	机械手电缆	12 个月	检查动力电缆
检查	轴 2~5 的节气闸	12 个月	检查轴 2~5 的节气闸
检查	轴 1 的机械制动	12 个月	检查轴 1 的机械制动
更换	轴 1 的齿轮油	48 个月	环境温度<50℃
更换	轴 2 的齿轮油	48 个月	环境温度<50℃
更换	轴 3 的齿轮油	48 个月	环境温度<50℃
更换	轴 4 的齿轮油	48 个月	环境温度<50℃
更换	轴 5 的齿轮油	48 个月	环境温度<50℃
更换	轴 6 的齿轮油	48 个月	环境温度<50℃
更换	轴 1 的齿轮	96 个月	方法在维修手册中有说明
更换	轴 2 的齿轮	96 个月	方法在维修手册中有说明
更换	轴 3 的齿轮	96 个月	方法在维修手册中有说明
更换	轴 4 的齿轮	96 个月	方法在维修手册中有说明
更换	轴 5 的齿轮	96 个月	方法在维修手册中有说明
更换	机械手动力电缆	检测到破损或使用寿命到的时候更换	
更换	SMB 电池	36 个月	
润滑	平衡设备轴承	48 个月	

6.2.2　机器人本体清洁

　　清洁前请确保断掉控制柜的所有供电电源；机器人末端执行器不得夹持物体，处于空机状态。可用压缩空气吹去本体表面灰尘，也可用加清洁剂的 30～40℃ 水擦拭本体。由于机器人工作的环境和时间不一样，清洁的周期也不一样，但必须经常对其进行清洁。在清洁时应特别注意本体上的一些特殊部位，如图 6-1 所示。

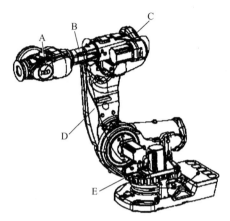

图 6-1　本体清洁时需注意的特殊点

A—电动机 6 的电缆；B—上臂管的里面；C—上臂管的后面；

D—下臂里面；E—基座/轴 1 里面

　　清洁时需要的设备及要求如表 6-2 所示。

表 6-2　清洁设备的要求

设备	说明
水汽清洁器	喷嘴处水压：最大 2500kPa(25bar)
	喷嘴规格：扇形喷嘴，最小喷出角度为 45°
	流量：最大 100L/min
	水温：最大 80℃
高压水龙头	最大水压：50kPa(0.5bar)
	喷嘴规格：扇形喷嘴，最小喷出角度为 45°
	流量：最大 100L/min

　　本体清洁时的注意事项如下：

　　① 尽量使用表 6-2 中指定的清洁设备，如果用其他的清洁工具，可能会损坏外壳上的油漆、标签及一些警告标识。

　　② 清洗前应严格检查机器人的各保护盖或保护层是否完好。

　　③ 禁止将水龙头指向轴承密封、接触器或其他密封。

　　④ 喷射的距离要超过 0.4m。

　　⑤ 在清洗前，禁止移开任何盖子或保护装置。

　　⑥ 禁止将高压水龙头指向电动机 6 的电缆（图 6-1 中的 A）末端的密封处。

　　⑦ 尽管机器人是防水的，但也要尽量避免将高压水喷射到插头或接口处。

　　⑧ 在一些特殊工作环境下，如铸造厂等的特殊飞溅液体会留下坚硬的污渍，所以要清洁电缆的保护壳，避免电缆损坏。

⑨ 用水或手帕清洁电动机 6 的电缆（图 6-1 的 A）。

⑩ 清洁电缆外壳的残留物。

6.2.3 检查动力电缆与通信电缆

机械手电缆寿命约为 2000000 个循环，这里 1 个循环表示每个轴从标准位置到最小角度再到最大角度然后回到标准位置。如果超过这个循环，则寿命会不一样。检查电缆有无磨损，如果有则进行包扎或者更换；机器人运行时电缆有无跟机器人本体干涉，如果有则需要进行调整。ABB 机器人电缆布置如图 6-2 所示。

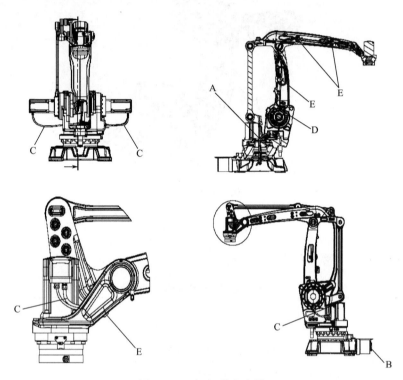

图 6-2　ABB 机器人电缆

A—机器人电缆线束，轴 1~6；B—底座上的连接器；C—电动机电缆；
D—轴 2 电缆导向装置；E—金属夹具

检查电缆步骤如下：

① 检查前确保关闭连接到机器人的所有电源、液压源和气压源，确保机器人停止工作后再进入机器人工作区域。

② 对电缆线束进行全面检查，以检测磨损和损坏情况。

③ 检查底座上的连接器。

④ 检查电动机电缆。

⑤ 检查轴 2 电缆导向装置，如有损坏，将其更换。

⑥ 检查下臂上的金属夹具。

⑦ 检查轴 6 上固定电动机电缆的金属夹具。

6.2.4 检查及更换各轴变速箱齿轮油

变速箱寿命约为 40000h，正常条件下点焊，机器人定义年限为 8 年（350000 个循环/年）。

鉴于实际工作环境的不同，也许每个变速箱的寿命会和标准定义的不一样。SIS 系统（service information system）会保存各个变速箱的运行轨迹，需要维护的时候会发出通知指令。

（1）检查及更换轴 1 变速箱的油位

① 检查油位　轴 1 的变速箱位于骨架和基座之间，如图 6-3 所示（以安装于天花板上的工业机器人为例）。

在开始检修机械手之前需特别注意以下内容：

a. 在机器人运行后，电动机和齿轮温度都很高，注意烫伤。

b. 关掉所有的电源、液压源及气压源。

c. 当移动一个部位时，采取措施确保机械手不会倒下来，如：当拆除轴 2 的电动机时，要固定低处的手臂。

d. 当加油的时候，请不要混合任何其他的油，除非特别说明。

e. 当给变速箱加油时，不得过量加油，因为这样会导致压力过高，可能会损坏密封圈或者垫圈，影响机器人的自由移动。

f. 因为变速箱的油温非常高（约 90℃），所以在更换或者排放齿轮油的时候必须戴上防护眼镜和手套。

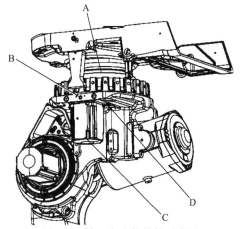

图 6-3　轴 1 变速箱结构示意图

A—轴 1 的变速箱；B—检测孔处油盖；
C—轴 1 的电动机；D—加油孔处油盖

g. 变速箱由于温度过高导致里面油的压力增加，在打开油塞的时候，要防止里面的油喷射出来伤人。

检查油位时，首先打开油塞，检查最低油位，要求油位与油塞孔的距离不得超过 10mm，如果油位低，需要加润滑油。检查完毕后上紧油塞，上紧油塞扭矩为 24N·m。

② 更换变速箱油　更换轴 1 变速箱油的具体操作步骤如下：

a. 松开螺栓，移开基座上的后盖；

b. 将基座后的排油管拉出来，将油罐放到排油罐末端，打开进油孔处油塞（加快出油速度），打开油管末端，将油排出，排油结束后关上油管，将其放回原处。

c. 盖上后盖，并拧紧螺栓。

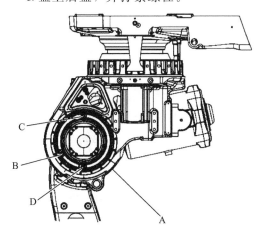

图 6-4　轴 2 变速箱结构示意图

A—轴 2 的变速箱（在电机附加装置和盖子后面）；
B—加油孔；C—排油孔；D—轴 2 变速箱的通风孔

d. 打开进油孔，向里面加油，根据前面定义的正确油位和排出的油来确定加油量。

e. 加油结束后盖上进油孔的油塞，扭矩为 24N·m。

（2）检查及更换轴 2 变速箱的油位

① 检查油位　在轴 2 的电动机和变速箱之间有一个电动机附加装置。早期的电动机附加装置直接安装在变速箱上，后期的设计中，这个电动机附加装置被安装到框架上，另外还设计有一个盖子与电机附加装置配合使用。

轴 2 的变速箱位于低手臂的旋转中心，在电动机附加装置的下面。图 6-4 为后期设计的轴 2 变速箱结构示意图。

轴 2 变速箱油位检查步骤主要有：首先打开

加油孔的油塞，从加油孔处测量油位，根据电动机附加装置来判断，早期设计的必要油位大约为65mm±5mm；后期设计的油位离加油孔最大不超过10mm。如果油位低，需要加润滑油。检查完毕后上紧油塞，拧紧油塞力矩为24N·m。

② 更换变速箱油　更换轴2变速箱油的具体操作步骤如下：

a. 如果有通风孔盖子，需将盖子卸下。

b. 打开进油孔处油塞，打开油管末端，用带头的软管排油进油桶，排油结束后拧紧油塞，拧紧力矩为24N·m。

c. 打开进油孔油塞，向里面倒入新的润滑油，根据前面定义的正确油位和排出的油量来确定加油量。

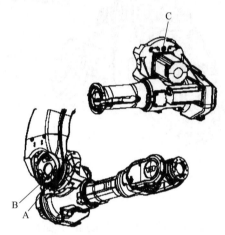

图6-5　轴3变速箱结构示意图
A—轴3的变速箱；B—加油孔；C—排油孔

d. 加油结束后盖上进油孔的油塞及通风孔盖子，拧紧力矩为24N·m。

（3）检查及更换轴3变速箱的油位

① 检查油位　轴3变速箱的位置位于上臂的旋转中心，如图6-5所示。

具体检查步骤为：首先将机械手运行到标准位置，打开加油孔的油塞，从加油孔处测量油位，根据电动机附加装置来判断，早期设计的必要油位大约为65mm±5mm；后期设计的与加油孔距离最大不超过10mm。如果油位低，需要加润滑油。检查完毕后上紧油塞，上紧油塞扭矩为24N·m。

② 更换变速箱油　更换轴3变速箱油的具体操作步骤如下：

a. 打开进油孔处油塞，打开油管末端，用带头的软管排油进油桶，排油结束后拧紧油塞，拧紧力矩为24N·m。

b. 打开进油孔油塞，向里面倒入新的润滑油，根据前面定义的正确油位和排出的油量来确定加油量。

c. 加油结束后盖上进油孔的油塞及通风孔盖子，拧紧力矩为24N·m。

（4）检查及更换轴4变速箱的油位

① 检查油位　轴4变速箱的位置位于上臂的最后方，如图6-6所示。

检查步骤为：首先将机械手运行到标准位置，打开加油孔的油塞，从加油孔处测量油位，最低油位与加油孔距离最大不超过10mm。如果油位低，需要加润滑油。检查完毕后上紧油塞，上紧油塞扭矩为24N·m。

② 更换变速箱油　更换轴4变速箱油的具体操作步骤如下：

a. 将上臂从标准位置运行到−45°。

b. 打开进油孔处油塞，打开油管末端，用带头的软管排油进油桶，排油结束后拧紧油塞，拧紧力矩为24N·m。

c. 将上臂运行回原位置。

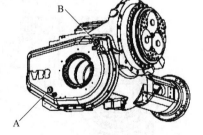

图6-6　轴4变速箱结构示意图
A—加油孔；B—排油孔

d. 打开进油孔油塞，向里面倒入新的润滑油，根据前面定义的正确油位和排出的油量来确定加油量。

e.加油结束后盖上进油孔的油塞及通风孔盖子，拧紧力矩为 24N·m。

（5）检查及更换轴 5 变速箱的油位

① 检查油位 轴 5 变速箱位于腕节单元，如图 6-7 所示。

检查步骤为：首先转动腕节单元，使所有的油塞向上，打开加油孔的油塞，从加油孔处测量油位，最低油位与加油孔最大距离不超过 30mm。如果油位低，需要加润滑油。检查完毕后上紧油塞，上紧油塞扭矩为 24N·m。

② 更换变速箱油 更换轴 5 变速箱油的具体操作步骤如下：

a.运行轴 5 到一个合适的位置，使排油孔向下。

b.打开进油孔处油塞，打开油管末端，用带头的软管排油进油桶，排油结束后拧紧油塞，拧紧力矩为 24N·m。

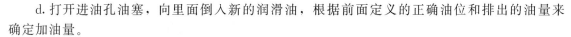

图 6-7 轴 5 变速箱结构示意图
A—加油孔；B—排油孔

c.运行轴 5 到标准位置。

d.打开进油孔油塞，向里面倒入新的润滑油，根据前面定义的正确油位和排出的油量来确定加油量。

e.加油结束后盖上进油孔的油塞及通风孔盖子，拧紧力矩为 24N·m。

（6）检查及更换轴 6 变速箱的油位

① 检查油位 轴 6 变速箱位于腕节单元的中心，如图 6-8 所示。

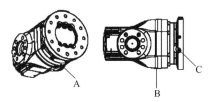

图 6-8 轴 6 变速箱结构示意图
A—轴 6 变速箱；B—加油孔；C—排油孔

检查步骤为：首先转动腕节单元，使所有的油塞向上，打开加油孔的油塞，从加油孔处测量油位范围为 55mm±5mm。如果油位低，需要加润滑油。检查完毕后上紧油塞，上紧油塞扭矩为 24N·m。

② 更换变速箱油 更换轴 6 变速箱油的具体操作步骤如下：

a.运行机器人至合适位置，使轴 6 排油孔向下。

b.打开进油孔处油塞，打开油管末端，用带头的软管排油进油桶，排油结束后拧紧油塞，拧紧力矩为 24N·m。

c.打开进油孔油塞，向里面倒入新的润滑油，根据前面定义的正确油位和排出的油量来确定加油量。

d.加油结束后盖上进油孔的油塞及通风孔盖子，拧紧力矩为 24N·m。

6.2.5 检查平衡装置

平衡装置在机械手的上后方，如图 6-9 所示。如果发现损坏，则应根据平衡装置的型号采取不同的措施：3HAC 14678-1 和 3HAC 16189-1 需要维修，而 3HAC 12604-1 则需要升级。

在开始维修机械手之前需注意以下几点：

① 在机器人运行后，电动机和齿轮温度都很高，注意避免烫伤。

② 关掉所有的电源、液压源及气压源。

③ 当移动一个部位时，采取必要措施确保机械手不会倒下来，如：当拆除轴 2 的电动机时，固定低处的手臂，要在指定的环境下处理平衡装置。

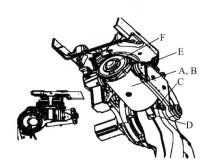

图 6-9 平衡装置示意图
A—平衡装置；B—活塞杆；C—轴，包括安全螺栓；D—球形轴承；E—轴承装置；F—后盖

检查平衡装置的步骤如下：

① 检查轴承、齿轮和轴是否协调，确定安全螺栓在正确位置并没有损坏。

② 检查气缸是否协调，如果里面的弹簧发出异响，则需更换平衡装置，注意是维修还是升级。

③ 检查活塞杆，如果听见啸叫声，则表明轴承有问题，或者里面进了杂质或者轴承润滑不够，注意是维修还是升级。

④ 检查活塞杆是否有刮擦声，是否用旧或者表面不平。

⑤ 如发现以上问题，请按照维修或者升级包上的说明书来进行维修或者升级。

6.2.6 运动轴 1~3 的限位开关

图 6-10 标出了轴 1 的限位开关。

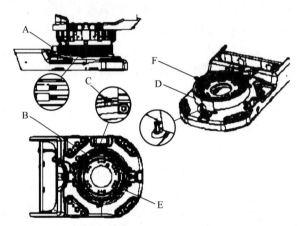

图 6-10 轴 1 限位开关位置示意图
A—轴 1 限位开关；B—凸轮；C—轮的螺栓；D—保护片；E—外圈；F—外圈锁

图 6-11 标出了轴 2 的限位开关。

图 6-12 标出了轴 3 的限位开关。

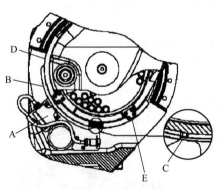

图 6-11 轴 2 限位开关位置示意图
A—轴 2 限位开关；B—凸轮；C—凸轮的螺栓；
D—外圈；E—外圈锁

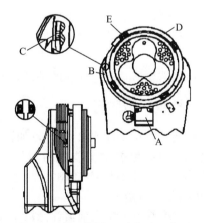

图 6-12 轴 3 限位开关位置示意图
A—轴 3 限位开关；B—凸轮；C—凸轮的螺栓；
D—外圈；E—外圈锁

检查轴 1~3 的限位开关的步骤如下：

① 检查限位开关：检查滚筒是否可以轻松转动，转动是否自如。

② 检查外圈是否牢固地被螺栓锁紧。

③ 检查凸轮：a.检查滚筒是否在凸轮上留下压痕；b.检查凸轮是否清洁，如果有杂质需清除；c.检查凸轮的定位螺栓是否松动或移位。

④ 检查轴 1 的保护片：a.检查是否三片都没有松动，并且没有损坏、变形；b.检查保护片里面的区域内是否够清洁，以免影响限位开关的功能。

⑤ 如果发现任何损坏，请立即更换限位开关。

6.2.7　检查 UL 信号灯

UL 灯的位置如图 6-13 所示，由于轴 4～6 的安装不一样，UL 灯会有几种不同的位置。

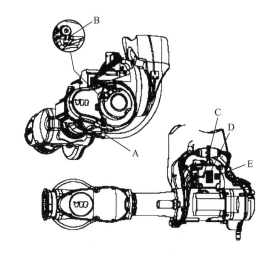

具体位置请参照安装图。由于电动机的盖子有两种（平的和拱形的），所以 UL 灯也有两种类型。

检查 UL 信号灯的步骤如下：首先检查当前电动机运行时灯是否亮着，如果灯没亮，则可能是出现了以下情况：

① 检查灯是否损坏，如果是，则更换。

② 检查电缆和灯的插头。

③ 测量轴 3 的电动机控制电压是否有 24V。

④ 检查电缆，如果有损坏，则更换。

6.2.8　更换 SMB 电池

串行测量板电路简称 SMB 板。校准数据通常存储在 SMB 板上，如果更换该电池，会丢掉机器人的零点校准。所以要更换

图 6-13　UL 信号灯位置示意图
A—UL 信号灯；B—夹子；C—电缆套管的位置；
D—电动机盖子上的警告牌；E—电动机盖子上的警告标记

前最好先把机器人移动到零点位置，然后调用关闭电池的例行服务程序-Bat shutdown，然后更换 SMB 电池。

SMB 板电池组位置如图 6-14 所示。

（1）拆卸 SMB 电池

操作步骤如下：

① 将机器人调至其校准姿态。

② 关闭连接到机器人的所有电源、液压源和气压源，然后再进入机器人工作区域。

③ 通过拧松连接螺钉，卸下 SMB 盖。

④ 如果需要更多空间，请小心地将制动闸释放板上的连接器 X8、X9 和 X10 拔下。

⑤ 从用于固定板的导销上卸下螺母和垫圈，以及连接器 R1.SMB1-3、R1.SMB4-6 和 R2.SMB。

⑥ 在抽出板的同时，小心地拔下 SMB 装置上的连接器。

⑦ 将电池电缆从 SMB 单元处断开。

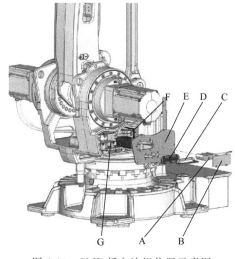

图 6-14　SMB 板电池组位置示意图
A—电池组（2 电极电池触点）；B—盖子；
C—BU 按钮保护装置；D—按钮保护装置；
E—SMB 盖；F—SMB 单元；G—制动闸释放装置

（2）重新安装 SMB 装置

操作步骤如下：

① 关闭连接到机器人的所有电源、液压源和气压源，然后再进入机器人工作区域。

② 将电池电缆连接到 SMB 单元。

③ 将所有连接器连接到 SMB 装置。

④ 将 SMB 装置安装到导销上。

⑤ 用螺母和垫圈将 SMB 装置固定在插脚上。

⑥ 如果制动闸释放板的连接器 X8、X9 和 X10 被拔下，请将它们重新接上。

⑦ 用其连接螺钉固定 SMB 盖。如果第 7 轴（选件）连接了线路，则将第 7 轴的连接器装回 SMB 盖，并按 6N·m 拧紧。

更换后，查看 ABB 菜单—校准—选择一个机械单元—SMB 内存—显示状态，这时 SMB 状态应该显示无效，则需要更新。

如果是新的未使用的 SMB 板，则存储于控制器内存中的数据将自动复制到 SMB 内存中。

如果 SMB 由先前用于其他系统中使用的 SMB 备件替换，则控制器内存和 SMB 内存中的数据存在差异。必须首先清除新 SMB 内存中的数据。更新 SMB 内存：点击 SMB 内存—高级—清除 SMB 内存，再点击 SMB 内存—更新—选择"串行测量板已经更换，用机柜的数据更新 SMB"，更新完后则完成 SMB 的更新，然后重新启动机器人。

最后一步则是完成对转数计数器的更新，因为关闭电池之前已经将机器人移动到零点，所以直接更新即可。

6.2.9　检查机器人零位

机器人零位每年检查一次。查看机器人零位偏移（如图 6-15 所示），如跟机器人本体上的标牌偏移值是否一致，若两个偏移值之间小数点前三位相同即为正常。

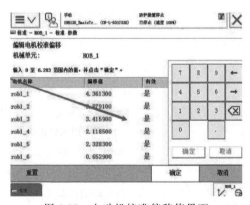

图 6-15　电动机校准偏移值界面

6.3　控制柜的维护

6.3.1　保养计划

机器人的控制柜必须有计划地进行保养，以便其正常工作。表 6-3 是控制柜的保养计划表。

表 6-3　控制柜保养计划

保养内容	设备	周期
检查	控制柜	6 个月
清洁	控制柜	
清洁	空气过滤器	
更换	空气过滤器	4000h/24 个月
更换	电池	12000h/36 个月
更换	风扇	60 个月

6.3.2　检查控制柜

在检查维修控制柜或连接到控制柜上的其他单元之前，需要注意以下几点：

① 断掉控制柜的所有供电电源。

② 控制柜或连接到控制柜的其他单元内部很多元件都对静电敏感，如果受静电影响，有可能损坏。因此在操作时，必须要带上一个接地的静电防护装置，如特殊的静电手套等。

检查控制柜的具体内容包括：

① 检查控制柜内部有无杂质。如果发现杂质，请清除并检查柜子的衬垫和密封是否完好。

② 检查柜子的密封结合处及电缆密封管的密封性，确保灰尘和杂质不会从这些地方吸入到柜子里面。

③ 检测控制柜温度是否过热。

④ 检查主机板、存储板、计算板、I/O 板及熔丝、驱动板、变压器等部件是否有损坏。

⑤ 检测软盘读取口是否正常工作。

⑥ 检查插头及电缆连接的地方是否松动，检查电缆是否有破损。

⑦ 检查空气过滤器是否干净；

⑧ 检查风扇是否正常工作。

⑨ 检查程序存储电池，保证电池大于 3.6V。

6.3.3　清洁控制柜

在清洁控制柜前需要注意以下几点：

① 尽量使用专业清洁工具清洗，否则容易造成一些额外的问题，清洁前检查保护盖或者其他保护层是否完好。

② 在清洗前，禁止移开任何盖子或保护装置。

③ 禁止使用压缩空气及溶剂等清洁用品，禁止使用高压的清洁器喷射控制柜。

具体清洁内容包括：

① 用沾有酒精的手帕来清洁控制柜柜体。

② 用真空吸尘器清洁柜子内部，清洁时注意不要触碰到控制内的电子器件。

③ 如果柜子里面装有热交换装置，需要保持它们的清洁。

6.3.4　清洁空气过滤器

空气过滤器的位置如图 6-16 所示。

清洁时，首先用压缩空气吹去表面灰尘，然后用加清洁剂的 30～40℃ 水清洗 3～4 次，清洗干净后可以将过滤网平放在一个平面上晾干，或者用干净压缩空气吹干。

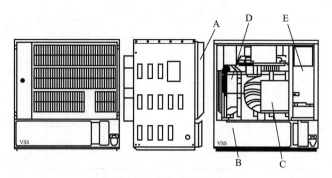

图 6-16 控制柜布局示意图

A—空气过滤器；B—I/O 及通信单元；C—供电单元（主电源）；D—驱动系统；E—计算机系统

6.4 常见故障排除

6.4.1 机器人微动

(1) 故障描述

系统可以启动，但 Flependant 上的控制杆无法工作。可能出现的故障是：

① 控制杆故障；

② 控制杆可能发生偏转。

(2) 解决办法

① 确保控制器处于手动状态；

② 确保 Flependant 与 Control Module 正确连接；

③ 重置 Flependant。按下 Flependant 背面的重置按钮（重置按钮会重置 Flependant，而不会重置控制器上的系统）。

6.4.2 机械噪声

(1) 故障描述

在操作期间，马达、变速器、轴承、发出机械噪声。可能出现的故障是：

① 轴承磨损；

② 污染物进入到轴承；

③ 轴承没有润滑；

④ 变速机过热。

(2) 解决办法

① 检查轴承润滑情况，确保轴承有充分的润滑油；

② 确保轴承正确装配；

③ 如果齿轮机过热，请检查油面高度和类型。

6.4.3 引导应用程序的强制启动

(1) 故障描述

机器人控制始终以下列模式之一运行：

① 正常操作模式；

② 引导应用程序模式。

在较少见的情况下，严重错误（所选系统的软件或配置）可能会导致控制器无法正常启动进入正常操作模式，典型的情况是在网络配置更改后，某台控制器重启，导致该控制器无法得到 Flependant、RobotStudio 或 ftp 的响应，要将这台机器人控制器从此状态下解救出来，即将控制器强制启动进入引导应用程序模式。

（2）解决办法

重复下列操作每行三次：

① 打开主电源开关；

② 等待大约 20s；

③ 关闭主电源。

当前的活动系统会被取消选择，在后续启动中将执行引导应用程序模式的强制启动。这可以用于从无法正常启动的系统中拯救部分数据。

6.5 常见错误代码及其解决方式

常见的错误代码的说明及处理办法见表 6-4。

表 6-4 常见错误代码说明及解决方式

序号	代码	现象	处理方法
1	50026	由于某些原因导致机器人与输送链的相对位置产生偏差，导致机器人的关节角度变化，此类偏差变量相对较大达关节抱死极限，则有可能报极限	①故障所对应的机器人的电柜上打手动 ②在 TPU 上进入编辑程序选择下一个点 ③在电柜上复位开启自动
2	133255	机器人内部通信插子松动或接触不良导致	①检查 Berger-Lahr 驱动单元 ②检查步进电动机 ③检查 Berger-Lahr 驱动接线
3	37083	净化系统存在假信号，机械臂接口电路板报告了净化故障。净化系统检测到传感器的压力不正常。电动机和喷涂设备关闭，主计算机可能会接到断开串行测量单元（SMU）连接的通知。具体取决于信号配时。电动机和喷涂设备关闭，运行链打开并可能断开 SMU 连接	①检查气源 ②检查空气出口是否未被堵塞 ③检查净化传感器和净化传感器的线缆
4	10013	紧急停止状态，紧急停止设备将电动机开启（ON）电路断开，系统处于紧急停止状态。所有程序的运行及机器人的动作被立即中断。同时刹车抱闸将机器人各轴锁住	①检查是哪个紧急停止装置导致了停止，关闭/重置该装置 ②要恢复操作，请按"控制模块"上的电动机开启（ON）按钮，将系统切换回电动机开启状态
5	50174	WObj 未连接，WObj 未连接至传送带 arg。机器人 TCP 无法与工件协动。由于传送带节点出现时间同步故障，目标可能遗失	①检查丢失的 WaitWObj ②在结束协动之前检查是否发生 DropWObj ③检查时间同步故障，观察传送带节点状态
6	10354	由于系统数据丢失，恢复被中止。由于上次关机时未正常保存系统数据，系统正使用系统数据的备份。由于此原因，再次尝试执行目录的上一个恢复指令，但被中止。无法加载 RAPID 程序或模块	通过备份—重新启动或系统重装恢复丢失的系统数据后，请验证备份目录 arg 是否正确，然后再执行恢复

续表

序号	代码	现象	处理方法
7	50296	SMB 内存数据差异,机械单元 arg SMB 内存与机柜内存中的数据不一致	①通过示校器检查状态,检查机柜是否加载正确的配置数据(序列号) ②检查机械臂的序列号是否与控制柜一致,如不是,则更换配置文件或手动将 SMB 内存中的数据传送到更换后的控制柜 ③如果使用的是另一个机械臂(序列号不一致)的串行测量电路板,则首先通过示校器清除 SMB 内存,然后将数据从控制柜传送至 SMB
8	38103	与 SMB 的通信中断。在驱动模块 arg 中的测量链路 arg 上,轴计算机和串行测量电路板之间的通信中断。系统进入"系统故障"状态并丢失校准消息	①重置机器人的转数计数器 ②确保串行测量电路板与轴计算机之间的线路连接正确,且线路符合 ABB 规定的规格 ③确保线路屏蔽正确连接到了两端 ④确保靠近机器人线路的区域没有强电磁干扰 ⑤确保串行测量电路板和轴计算机工作完全正常,更换所有故障部件
9	20252	电动机温度高,操纵器电动机中温度过高。确保重新发出电动机开启命令之前电动机充分散热	①确保重新发出电动机开启命令之前电机充分散热 ②重新发出电动机开启命令之前,等待过热电动机充分散热 ③如果使用了空气过滤器选件,请检查是否被堵塞,是否需要进行更换
10	34316	电流控制器检测到电动机的转矩电流偏差过大。关节连接到驱动模块 arg 中的驱动单元,单元位置为 arg,节点为 arg。系统将转到电动机关闭状态	上述问题为驱动到对应电动机的动力线未正确连接。驱动动力线连接示意图如图 6-17 所示

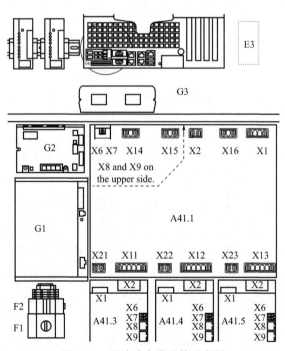

图 6-17 驱动动力线连接示意图

在图 6-17 中,A41 为驱动,X11 为 1 轴输出,X12 为 2 轴输出,X13 为 3 轴输出,X14 为 4 轴输出,X15 为 5 轴输出,X16 为 6 轴输出。

第**7**章

工业机器人离线编程的基础

7.1 工业机器人的离线编程技术

7.1.1 离线编程及其特点

(1) 离线编程的组成

基于 CAD/CAM 的机器人离线编程示教，是利用计算机图形学的成果，建立起机器人及其工作环境的模型，使用某种机器人编程语言，通过对图形的操作和控制，离线计算和规划出机器人的作业轨迹，然后对编程的结果进行三维图形仿真，以检验编程的正确性。最后在确认无误后，生成机器人可执行代码下载到机器人控制器中，用以控制机器人作业。

离线编程系统主要由用户接口、机器人系统的三维几何构型、运动学计算、轨迹规划、三维图形动态仿真、通信接口和误差校正等部分组成。其相互关系如图 7-1 所示。

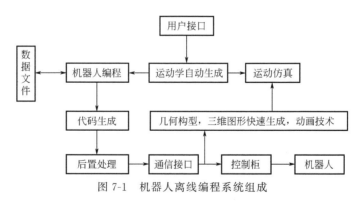

图 7-1　机器人离线编程系统组成

① 用户接口　工业机器人一般提供两个用户接口，一个用于示教编程，另一个用于语言编程。

示教编程可以用示教器直接编制机器人程序。语言编程则是用机器人语言编制程序，使机器人完成给定的任务。

② 机器人系统的三维几何构型　离线编程系统中的一个基本功能是利用图形描述对机器人和工作单元进行仿真，这就要求对工作单元中的机器人所有的卡具、零件和刀具等进行三维实体几何构型。目前，用于机器人系统三维几何构型的主要方法有以下三种：结构的立体几何表示、扫描变换表示和边界表示。

③ 运动学计算 运动学计算就是利用运动学方法在给出机器人运动参数和关节变量的情况下，计算出机器人的末端位姿，或者是在给定末端位姿的情况下，计算出机器人的关节变量值。

④ 轨迹规划 在离线编程系统中，除需要对机器人的静态位置进行运动学计算之外，还需要对机器人的空间运动轨迹进行仿真。

⑤ 三维图形动态仿真 机器人动态仿真是离线编程系统的重要组成部分，它能逼真地模拟机器人的实际工作过程，为编程者提供直观的可视图形，进而可以检验编程的正确性和合理性。

⑥ 通信接口 在离线编程系统中，通信接口起着连接软件系统和机器人控制柜的桥梁作用。

⑦ 误差校正 离线编程系统中的仿真模型和实际的机器人之间存在误差。产生误差的原因主要包括机器人本身结构上的误差、工作空间内难以准确确定物体（机器人、工件等）的相对位置和离线编程系统的数字精度等。

（2）技术介绍

离线编程将工业加工过程所需要的三维信息通过 CAD 模型（图 7-2）、三维测量仪器输入到交互式机器人系统软件。该模块根据输入信息自动产生机器人运动轨迹和程序，并针对不同的加工过程设置相应的加工过程参数，对生产过程进行控制。与常用的手工在线逐点机器人编程法相比较，该模块的使用将大大缩短编程时间。采用离线编程避免了生产过程的中断，提高了设备使用率。

机器人离线编程系统已被证明是一个有力的工具，可以提高安全性，减少机器人不工作时间和降低成本。机器人离线编程系统是机器人编程语言的拓展，通过该系统可以建立机器人和 CAD/CAM 之间的联系。

离线编程克服了示教编程的许多缺点，充分利用了计算机的功能。编程时可以不用机器人，机器人可以进行其他工作；可预先优化操作方案和运行周期时间；可将以前完成的过程或子程序结合到待编程序中去；可利用传感器探测外部信息；控制功能中可以包括现有的 CAD 和 CAM 信息，可以预先运行程序来模拟实际动作，从而不会出现危险，利用图形仿真技术可以在屏幕上模拟机器人运动来辅助编程；对于不同的工作目的，只需要替换部分特定的程序。但是，离线编程也存在一定的缺陷，就是所需的能补偿机器人系统误差的功能、坐标系数据仍难以得到。

（3）系统特点

① 离线编程系统（图 7-3）具有强大的兼容性，可输入多种不同类型的三维信息，包括 CAD 模型、三维扫描仪扫描数据、便携式 CMM 数据以及 CNC 路径等。

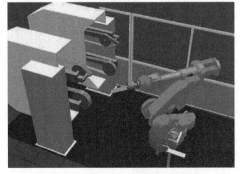

图 7-2 ABB 机器人的 CAD 模型

图 7-3 离线编程系统

② 多种机器人路径生成方式相结合：用鼠标在三维模型上选点；自动在曲面上产生 UV 曲线、边缘曲线、特征曲线等；曲面与曲面的相交线；曲线的分割、整合等；机器人路径的批量产生等。

③ 通过加工过程参数，在机器人加工路径的基础上，可自动生成完整的机器人加工程序。生成的程序可直接应用到实际机器人上，进行生产加工。

④ 基于 ABB 虚拟控制器技术，可以向离线编程系统中导入各种类型的机器人和外部轴设备，这些机器人具备和真实机器人同样的机械结构和控制软件，因此可以在离线编程系统中模拟机器人的各种运动、控制过程，全程对生产过程时间及周期进行准确测算，还可以进行系统的布局设计、碰撞检测等。

（4）系统效益

① 降低新系统应用的风险：在采用新的机器人系统前，可以通过离线编程平台进行新系统的测试，从而避免应用上的风险，同时降低新系统的测试成本。

② 缩短机器人系统编程时间：尤其是对于复杂曲面形状的工件来说，采用离线编程软件可显著缩短产生机器人运动路径的时间。

③ 无须手工编写机器人程序：通过各种控制模型，在离线编程软件中可以自动生成完整的可用于实际机器人上的机器人程序。

④ 缩短新产品投产的时间。

⑤ 通过离线编程，减少了占用实际生产系统的时间，提高了生产效益。

⑥ 虚拟仿真技术（图 7-4）的应用提高了机器人系统的安全性。

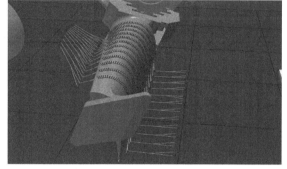

图 7-4　虚拟仿真图

7.1.2　离线编程系统的软件架构

说到离线编程就不得不说说离线编程软件了，像 RobotArt、RobotMaster、RobotWorks、RobotStudio 等，这些都是在离线编程行业中首屈一指的。以 RobotStudio 离线编程软件为例，这款离线编程软件的最大特点是根据虚拟场景中的零件形状，自动生成加工轨迹，并且可以控制大部分主流机器人。软件根据几何数模的拓扑信息生成机器人运动轨迹，之后轨迹仿真、路径优化、后置代码，同时集碰撞检测、场景渲染、动画输出于一体，可快速生成效果逼真的模拟动画，广泛应用于打磨、去毛刺、焊接、激光切割、数控加工等领域。图 7-5 就是这款软件的一个界面，这款软件有如下优点。

① 支持多种格式的三维 CAD 模型，可导入扩展名为 step、igs、stl、x _ t、prt（UG）、prt（ProE）、CATPart、sldpart 等格式的 CAD 模型；

② 支持多种品牌工业机器人离线编程操作，如 ABB、KUKA、Fanuc、Yaskawa、Staubli、KEBA 系列、新时达、广数等；

③ 拥有大量航空航天高端应用经验；

④ 自动识别与搜索 CAD 模型的点、线、面信息生成轨迹；

⑤ 轨迹与 CAD 模型特征关联，模型移动或变形，轨迹自动变化；

⑥ 一键优化轨迹与几何级别的碰撞检测；

⑦ 支持多种工艺包，如切割、焊接、喷涂、去毛刺、数控加工。

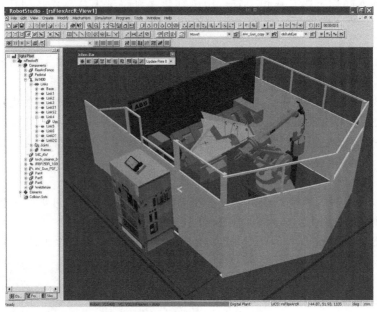

图 7-5　RobotStudio 离线编程软件

7.1.3　离线编程的组成与基本步骤

(1) 机器人离线编程的组成

机器人离线编程系统不仅要在计算机上建立起机器人系统的物理模型，而且要对其进行编程和动画仿真，以及对编程结果后置处理。一般说来，机器人离线编程系统包括以下一些主要模块：传感器、机器人系统 CAD 建模、离线编程、图形仿真、人机界面以及后置处理等。

① CAD 建模　CAD 建模需要完成以下任务：a. 零件建模；b. 设备建模；c. 系统设计和布置；d. 几何模型图形处理。因为利用现有的 CAD 数据及机器人理论结构参数所构建的机器人模型与实际模型之间存在着误差，所以必须对机器人进行标定，对其误差进行测量、分析及不断校正所建模型。随着机器人应用领域的不断扩大，机器人作业环境的不确定性对机器人作业任务有着十分重要的影响，固定不变的环境模型是不够的，极可能导致机器人作业的失败。因此，如何对环境的不确定性进行抽取，并以此动态修改环境模型，是机器人离线编程系统实用化的一个重要问题。

② 图形仿真　离线编程系统的一个重要作用是离线调试程序，而离线调试最直观有效的方法是在不接触实际机器人及其工作环境的情况下，利用图形仿真技术模拟机器人的作业过程，提供一个与机器人进行交互作用的虚拟环境。计算机图形仿真是机器人离线编程系统的重要组成部分，它将机器人仿真的结果以图形的形式显示出来，直观地显示出机器人的运动状况，从而可以得到从数据曲线或数据本身难以分析出来的许多重要信息，离线编程的效果正是通过这个模块来验证的。随着计算机技术的发展，在 PC 的 Windows 平台上可以方便地进行三维图形处理，并以此为基础完成 CAD、机器人任务规划和动态模拟图形仿真。一般情况下，用户在离线编程模块中为作业单元编制任务程序，经编译连接后生成仿真文件。在仿真模块中，系统解释控制执行仿真文件的代码，对任务规划和路径规划的结果进行三维图形动画仿真，模拟整个作业的完成情况。检查发生碰撞的可能性及机器人的运动轨迹是否合理，以及计算机器人的每个工步的操作时间和整个工作过程的循环时间，为离线编程结果的可行

性提供参考。

③ 编程　编程模块一般包括：机器人及设备的作业任务描述（包括路径点的设定）、建立变换方程、求解未知矩阵及编制任务程序等。在进行图形仿真以后，根据动态仿真的结果，对程序做适当的修正，以达到满意效果，最后在线控制机器人运动以完成作业。在机器人技术发展初期，较多采用特定的机器人语言进行编程。一般的机器人语言采用了计算机高级程序语言中的程序控制结构，并根据机器人编程的特点，通过设计专用的机器人控制语句及外部信号交互语句来控制机器人的运动，从而增强了机器人作业描述的灵活性。面向任务的机器人编程是高度智能化的机器人编程技术的理想目标——使用最适于用户的类自然语言形式描述机器人作业，通过机器人装备的智能设施实时获取环境的信息，并进行任务规划和运动规划，最后实现机器人作业的自动控制。面向对象机器人离线编程系统所定义的机器人编程语言把机器人几何特性和运动特性封装在一块，并为之提供了通用的接口。基于这种接口，可方便地与各种对象，包括传感器对象打交道。由于语言能对几何信息直接进行操作且具有空间推理功能，因此它能方便地实现自动规划和编程。此外，还可以进一步实现对象化任务级编程语言，这是机器人离线编程技术的又一大提高。

④ 传感器　近年来，随着机器人技术的发展，传感器在机器人作业中起着越来越重要的作用，对传感器的仿真已成为机器人离线编程系统中必不可少的一部分，并且也是离线编程能够实用化的关键。利用传感器的信息能够减少仿真模型与实际模型之间的误差，增加系统操作和程序的可靠性，提高编程效率。对于有传感器驱动的机器人系统，由于传感器产生的信号会受到多方面因素的干扰（如光线条件、物理反射率、物体几何形状以及运动过程的不平衡性等），使得基于传感器的运动不可预测。传感器技术的应用使机器人系统的智能性大大提高，机器人作业任务已离不开传感器的引导。因此，离线编程系统应能对传感器进行建模，生成传感器的控制策略，对基于传感器的作业任务进行仿真。

⑤ 后置处理　后置处理的主要任务是把离线编程的源程序编译为机器人控制系统能够识别的目标程序。即当作业程序的仿真结果完全达到作业的要求后，将该作业程序转换成目标机器人的控制程序和数据，并通过通信接口下装到目标机器人控制柜，驱动机器人去完成指定的任务。由于机器人控制柜的多样性，要设计通用的通信模块比较困难，因此一般采用后置处理将离线编程的最终结果翻译成目标机器人控制柜可以接受的代码形式，然后实现加工文件的上传及下载。机器人离线编程中，仿真所需数据与机器人控制柜中的数据是有些不同的。所以离线编程系统中生成的数据有两套：一套供仿真用；一套供控制柜使用，这些都是由后置处理进行操作的。

（2）离线编程的操作过程

以 RobotStudio 为例介绍离线编程软件的操作步骤。

第一步：建立作业路径。

RobotStudio 离线编程软件默认编程路径为"C：\Users\Administrator\Documents\RobotStudio\Solutions"，编程时，可根据自己的需要更改路径。此外，新建机器人工作站的名称也可以根据自己的需要进行更改。接着，单击"创建"按钮即可，如图 7-6 所示。

第二步：机器人建模。

单击"ABB 模型库"，选择需要的机器人后，进入图 7-7 所示界面。接着，单击确定，就会出现如图 7-8 所示的画面。

第三步：放置工具、目标元器件和附属部件，如图 7-9～图 7-11 所示。

第四步：创建机器人系统。

整个系统建立后，要通过离线软件建立系统，以便于进行下一步的操作，如图 7-12～图 7-14 所示。

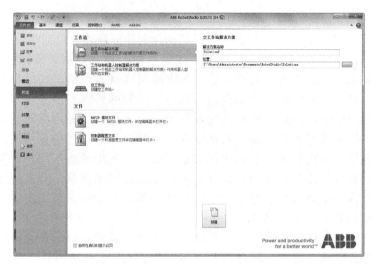

图 7-6　RobotStudio 建立作业路径

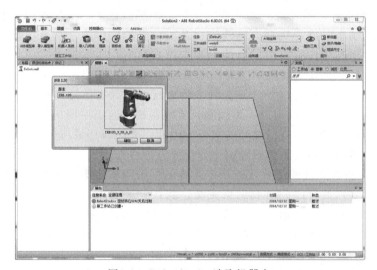

图 7-7　RobotStudio 选取机器人

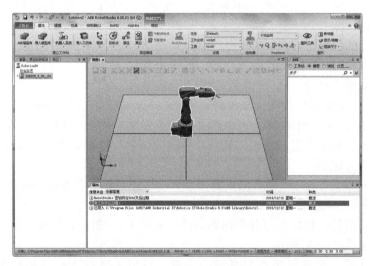

图 7-8　RobotStudio 机器人放置在软件中的效果

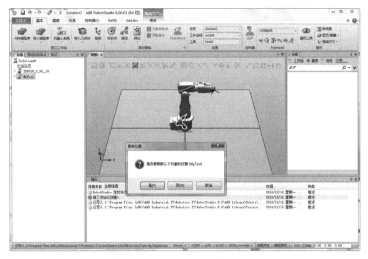

图 7-9　RobotStudio 放置工具

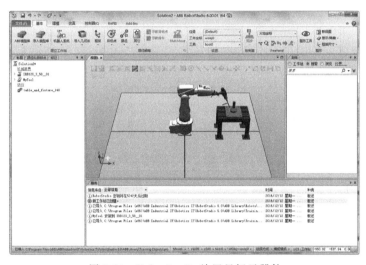

图 7-10　RobotStudio 放置目标元器件

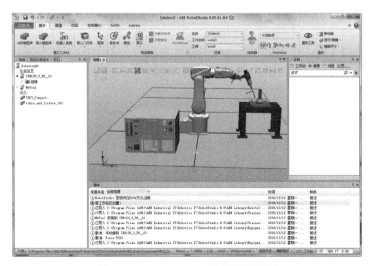

图 7-11　RobotStudio 放置附属部件

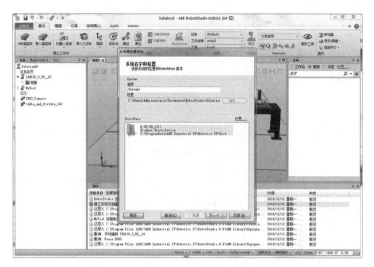

图 7-12　RobotStudio 创建机器人系统

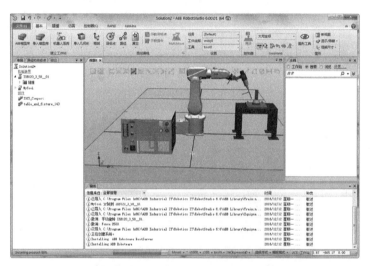

图 7-13　RobotStudio 系统创建过程

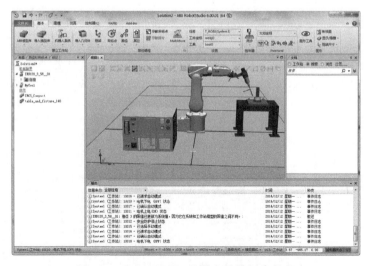

图 7-14　RobotStudio 机器人系统创建完成

第五步：建立工件坐标系。

工件坐标系是编程时使用的坐标系，又称编程坐标系。该坐标系是人为设定的，可以采用三点法确定工件坐标系，如图 7-15 所示。

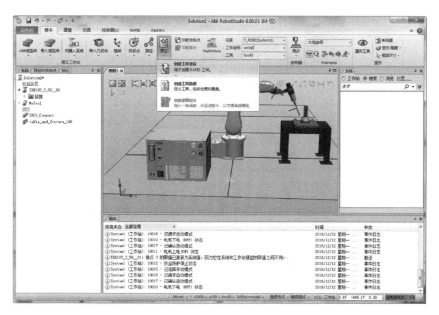

图 7-15　RobotStudio 建立工件坐标系

第六步：调整机器人作业位置，如图 7-16 所示。

图 7-16　RobotStudio 机器人作业位置

第七步：离线编程，创建新的路径，单击示教指令按键，就会在新路径下生成第一条指令，如图 7-17 所示。

第八步：机器人作业仿真，单击仿真、播放，就能实现机器人的仿真，机器人会按照设定的路径运行，如图 7-18 所示。

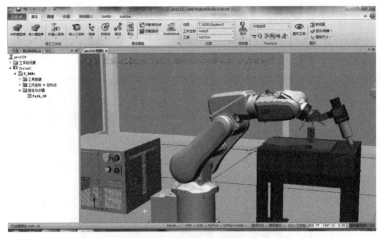

图 7-17　RobotStudio 离线编程

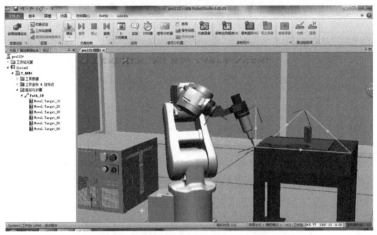

图 7-18　RobotStudio 机器人的仿真运行

7.2　安装工业机器人仿真软件 RobotStudio

　　RobotStudio5.61 是 ABB 公司开发的机器人离线编程软件。该软件是网络版，有一定的使用期限，超过期限后软件将不能运行，用户需要向 ABB 公司申请 License 文件，安装之后才能重新运行。

　　下面来介绍一下 RobotStudio5.61 软件的下载、安装与授权。

7.2.1　下载

　　下载 RobotStudio5.61 软件，下载网址和位置如图 7-19 所示，进入下载页面如图 7-20 所示。　▶视频演示 7-1

7.2.2　安装

　　安装 RobotStudio 的过程如图 7-21～图 7-23 所示。　▶视频演示 7-2

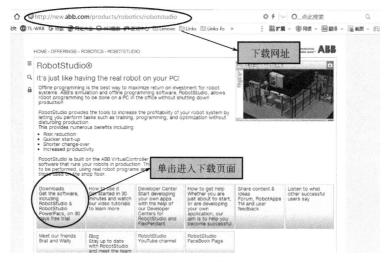

图 7-19　登录下载网址

图 7-20　下载离线编程软件

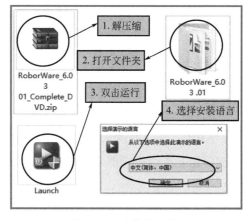

图 7-21　安装第一步

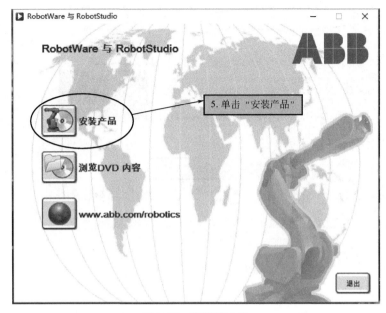

图 7-22 安装第二步

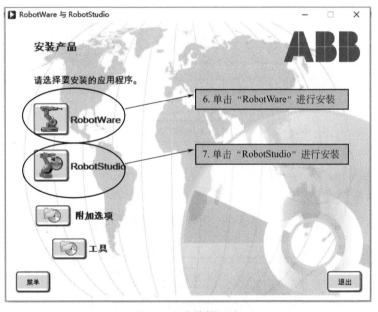

图 7-23 安装第三步

7.2.3 RobotStudio 的授权

在第一次正确安装软件后，ABB 公司会提供 30 天的全功能高级免费试用。30 天后，如果还未进行授权操作的话，则只能使用基本版的功能，如图 7-24 所示。 ▶视频演示 7-3

（1）基本版

基本版提供基本的 RobotStudio 的功能，如配置、编程和运行虚拟控制器，还可以通过以太网对实际控制器进行编程、配置和监控等在线操作。

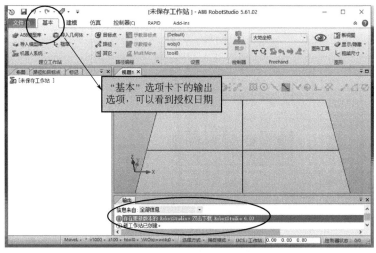

图 7-24　授权日期的查看

（2）高级版

高级版提供 RobotStudio 的所有离线功能和多机器人仿真功能，高级版中包含基本版中的所有功能。要使用高级版需进行激活。

在激活之前，首先要将计算机连接上互联网，因为 RobotStudio 可以通过网络进行激活，激活的步骤如图 7-25～图 7-29 所示。

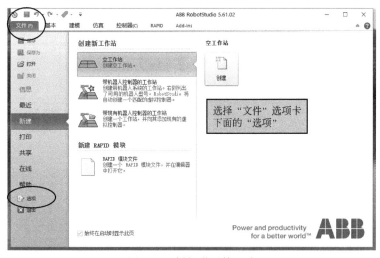

图 7-25　授权激活第一步

7.2.4　仿真软件 RobotStudio5.61 的软件界面介绍

（1）"文件"功能选项卡

"文件"功能选项卡，包含创建新工作站、创建新机器人系统、连接到控制器、将工作站另存为查看器的选项和 RobotStudio 选项，如图 7-30 所示。

（2）"基本"功能选项卡

"基本"功能选项卡，包含搭建工作站、创建系统、编程路径和摆放物体所需的控件，如图 7-31 所示。

图 7-26　授权激活第二步

图 7-27　授权激活第三步

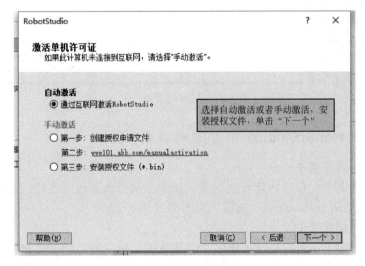

图 7-28　授权激活第四步

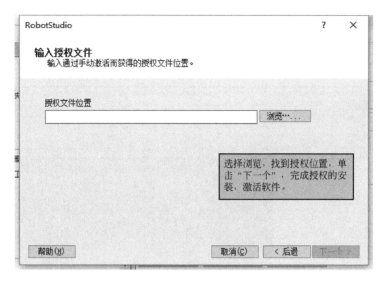

图 7-29　授权激活第五步

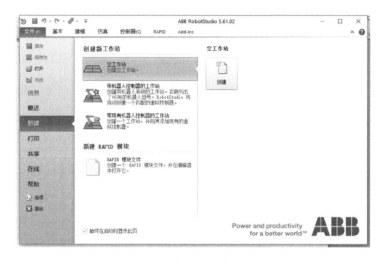

图 7-30　"文件"功能选项卡

图 7-31　"基本"功能选项卡

(3)"建模"功能选项卡

"建模"功能选项卡，包含创建和分组工作站组件、创建实体、测量以及其他 CAD 操作所需的控件，如图 7-32 所示。

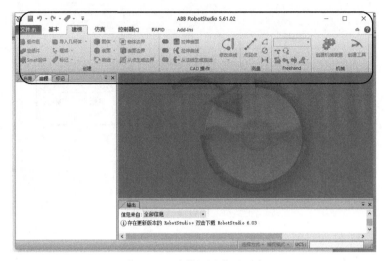

图 7-32　"建模"功能选项卡

(4)"仿真"功能选项卡

"仿真"功能选项卡，包含创建、控制、监控和记录仿真所需的控件，如图 7-33 所示。

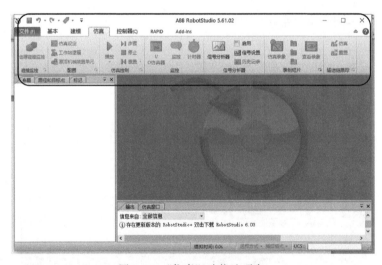

图 7-33　"仿真"功能选项卡

(5)"控制器"功能选项卡

"控制器"功能选项卡，包含用于虚拟控制器的同步、配置和分配给它的任务控制措施。它还包含用于管理真实控制器的控制功能，如图 7-34 所示。

(6)"RAPID"功能选项卡

"RAPID"功能选项卡，包括 RAPID 编辑器的功能、RAPID 文件的管理以及用于 RAPID 编程的其他控件，如图 7-35 所示。

(7)"Add-Ins"功能选项卡

"Add-Ins"功能选项卡，包含 PowerPacs 和 VSTA 的相关控件，如图 7-36 所示。

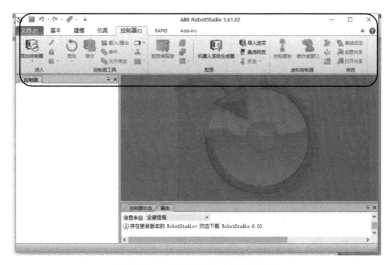

图 7-34　"控制器"功能选项卡

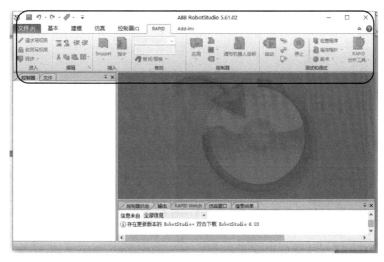

图 7-35　"RAPID"功能选项卡

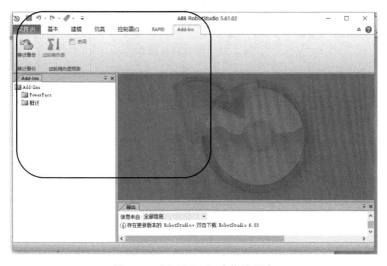

图 7-36　"Add-Ins"功能选项卡

(8) 意外关闭

恢复默认 RobotStudio 时，常常遇到操作窗口被意外关闭，无法找到对应操作的情况，可进行相关操作进行恢复，如图 7-37、图 7-38 所示。

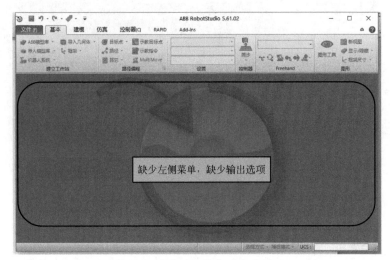

图 7-37　意外关闭操作对象的情况

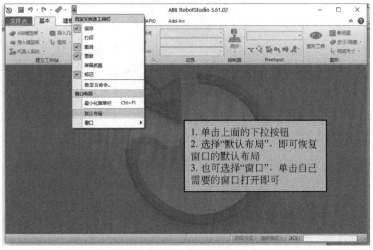

图 7-38　恢复默认操作

第8章

构建基本仿真工业机器人工作站

8.1 布局工业机器人基本工作站

8.1.1 工业机器人工作站的建立

（1）了解工业机器人工作站

工业机器人工作站是指能进行简单作业，且使用一台或两台机器人的生产体系。工业机器人生产线是指进行工序内容多的复杂作业，使用了两台以上机器人的生产体系。

RobotStudio 可以对基本的工作站（图 8-1）或者生产线进行仿真布局（图 8-2）。

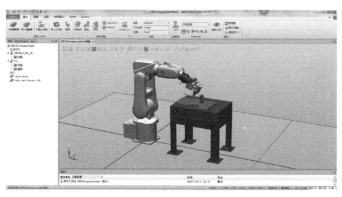

图 8-1　工业机器人基本工作站

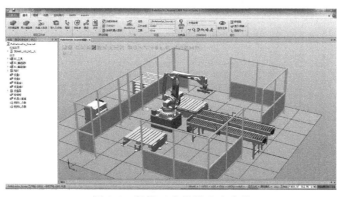

图 8-2　码垛工业机器人生产线

（2）导入机器人

步骤一：新建工作站，方法 1 见图 8-3，方法 2 见图 8-4。 ▶视频演示 8-1

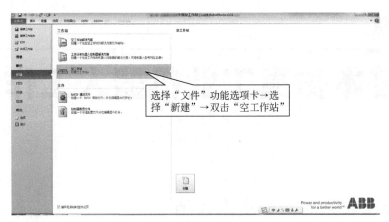

图 8-3　新建工作站方法 1

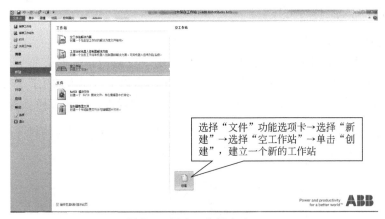

图 8-4　新建工作站方法 2

步骤二：选择机器人模型库。 ▶视频演示 8-2

工业机器人模型库见图 8-5 和图 8-6，选择 IRB 120 型机器人见图 8-7 和图 8-8，可选择不同类型的机器人。

图 8-5　工业机器人模型库（一）

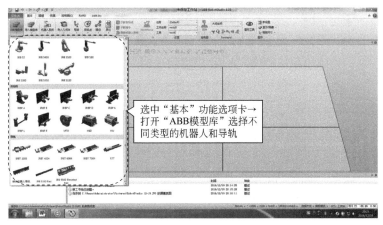

图 8-6　工业机器人模型库（二）

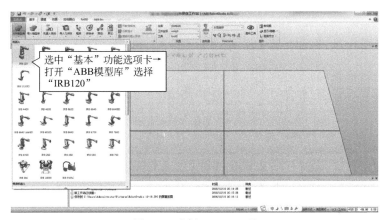

图 8-7　选择 IRB 120 型

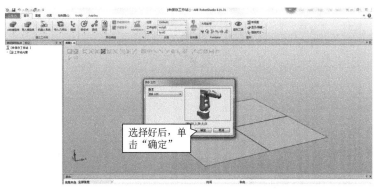

图 8-8　选取机器人 IRB 120

在实际中，要根据需求选择具体的机器人型号、承重能力和达到的距离，例如选择 IRB 2600 和 IRB 1200，如图 8-9 与图 8-10 所示。这里以某机电一体化设备中使用的 IRB 120 机器人为例进行介绍。

（3）机器人视角调整

在工作站建模过程中，对放置的机器人位置和观察视图不合理，需要进行调整，可以通过键盘和鼠标的按键组合，实现工作站视图的调整。平移如图 8-11 所示，360°视角如图 8-12 所示。▶视频演示 8-3

图 8-9　IRB 2600 参数设定

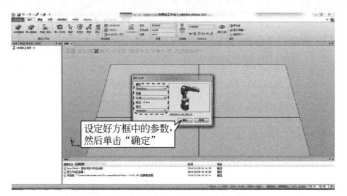

图 8-10　IRB 1200 参数设定

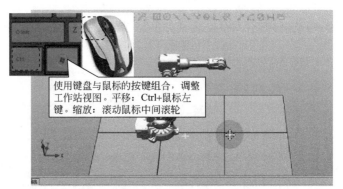

图 8-11　工作站平移视图

图 8-12　工作站 360°视角视图

（4）加载机器人工具

步骤一：选中"基本"功能选项卡→打开"导入模型库"，如图 8-13 所示。　▶视频演示 8-4

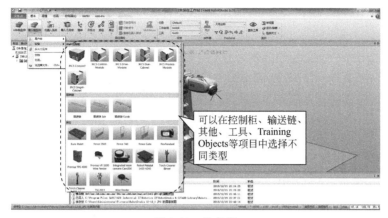

图 8-13　设备库

步骤二：选择"Training Objects"中的"Pen"加载机器人工具的操作如图 8-14 所示。

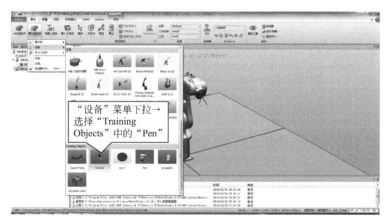

图 8-14　选择工具

步骤三：选择"Pen"机器人工具后，如图 8-15 所示，"Pen"与机器人处于同一个坐标系中。

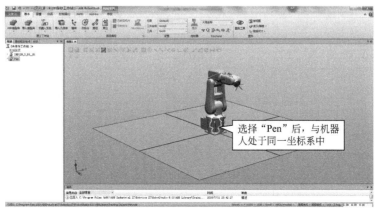

图 8-15　加载 Pen 工具

步骤四：安装工具"Pen"加载到机器人。方法有两种，一种是在"Pen"上按住左键，向上拖到"IRB 120 _ 3 _ 58 _ 01"后松开左键，如图8-16和图8-17所示。　▶视频演示 8-5

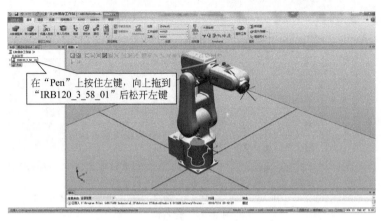

图 8-16　安装 Pen 工具方法 1（一）

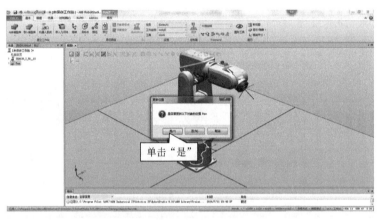

图 8-17　安装 Pen 工具方法 1（二）

另一种方法是选中"Pen"并点击右键，在下拉菜单中选择"安装到"，下拉菜单"IRB 120 _ 3 _ 58 _ 01"，如图8-18和图8-19所示。

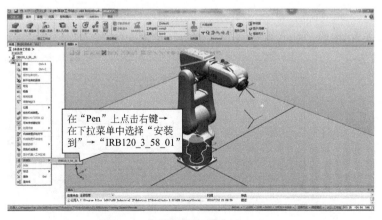

图 8-18　安装 Pen 工具方法 2（一）

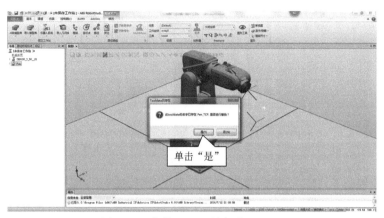

图 8-19　安装 Pen 工具方法 2（二）

"Pen"加载完成，如图 8-20 所示。

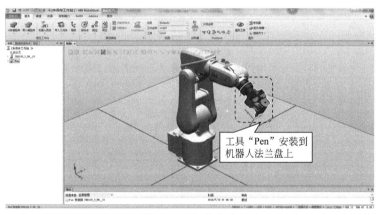

图 8-20　加载完成

步骤五：卸载"Pen"工具。

选中安装到机器人法兰盘上的工具"Pen"，将工具从法兰盘上拆除，在"Pen"上点击右键→在下拉菜单中选择"拆除"，如图 8-21～图 8-23 所示。 ▶视频演示 8-6

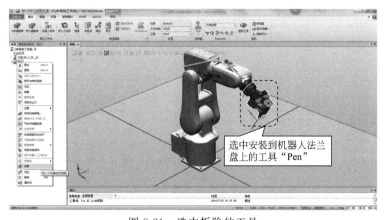

图 8-21　选中拆除的工具

步骤六：删除加载工具。右击鼠标，选中"BinzelTool"下拉项卡，单击"删除"，即

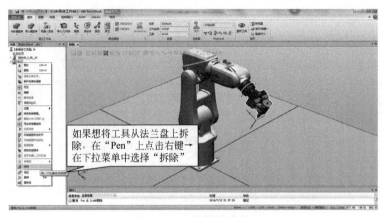

图 8-22　选中拆除菜单

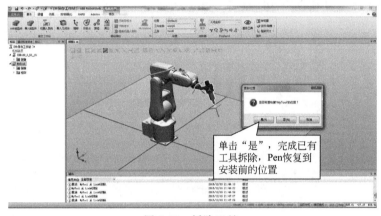

图 8-23　拆除工具

完成加载工具删除，随后可以重新根据上述方法加载其他工具，如图 8-24 所示。 ▶视频演示 8-7

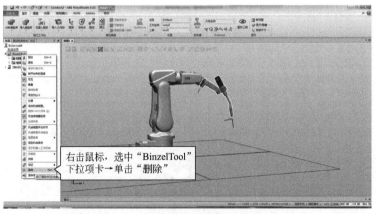

图 8-24　删除工具

（5）摆放周边的模型

步骤一：摆放周边的模型操作，如图 8-25 和图 8-26 所示。 ▶视频演示 8-8

图 8-25　设备库

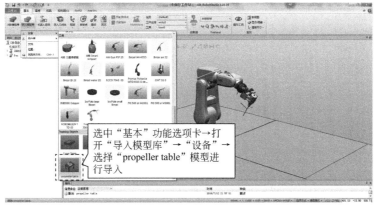

图 8-26　选择所需模型

步骤二：加载后，效果如图 8-27 所示。

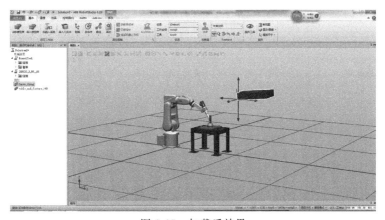

图 8-27　加载后效果

(6) 移动相应设备

① 显示机器人工作区域　显示机器人工作区域如图 8-28、图 8-29 所示。仿真的区域和目的如图 8-30 所示。▶视频演示 8-9

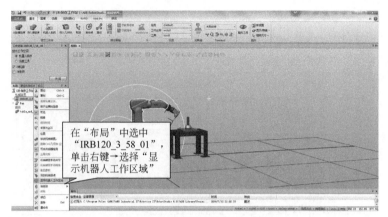

图 8-28　显示机器人工作区域

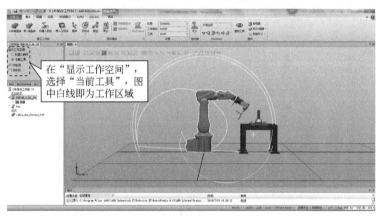

图 8-29　选择工作空间

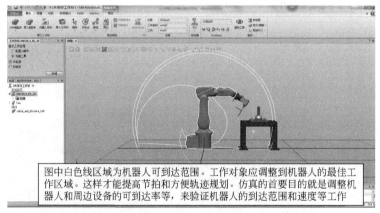

图 8-30　仿真目的

② 移动对象　在移动机器人或者加载的工具时，使用 Freehand 工具栏功能，如图 8-31 所示。▶视频演示 8-10

平移时如图 8-32 所示，在"Freedhand"中选中"大地坐标"和单击"移动"按钮，然后拖动相应的箭头，使设备达到相应的位置。

图 8-31　Freehand 工具

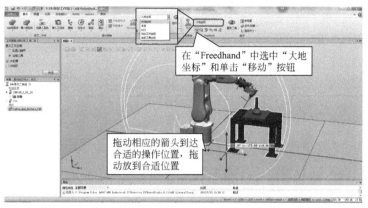

图 8-32　选择移动坐标系

③ 模型导入　在"基本"功能选项卡中，选择"导入库模型"，在下拉"设备"列表中选择"Curve Thing"，进行模型导入，如图 8-33 和图 8-34 所示。　▶视频演示 8-11

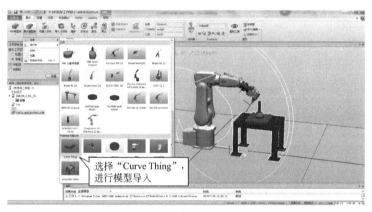

图 8-33　选中 Curve Thing

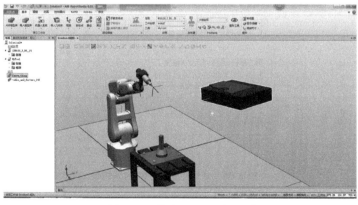

图 8-34　导入 Curve Thing 后

8.1.2 加载物件

在仿真时需要经加载的物件放置到相应的平台上，通常有 5 种方法：一点法、两点法、三点法、框架法、两个框架法，这里我们以两点法为例说明之。

两点法实施过程，如图 8-35～图 8-42 所示。为了能准确捕捉对象特征，需要正确的选择捕捉工具，如图 8-37～图 8-42 所示。 ▶视频演示 8-12

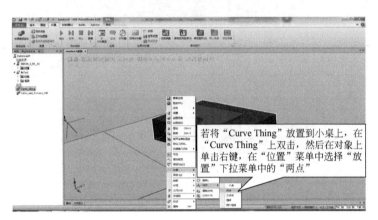

图 8-35 选中两点法（一）

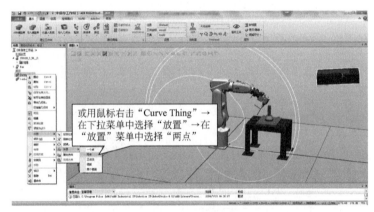

图 8-36 选中两点法（二）

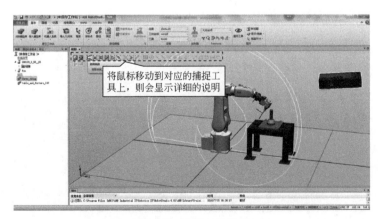

图 8-37 捕捉工具运用

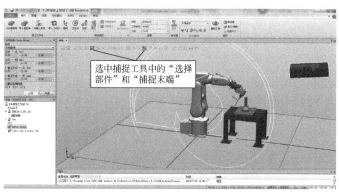

图 8-38　选中捕捉工具类型

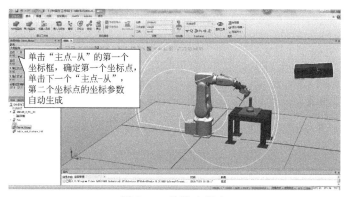

图 8-39　选取坐标点

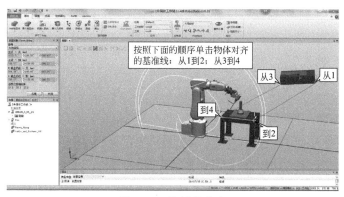

图 8-40　选择基准点

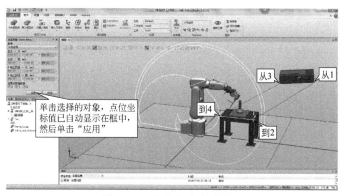

图 8-41　基准点选取后应用

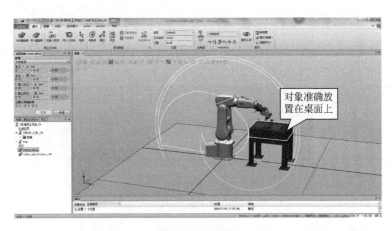

图 8-42　效果图

8.1.3　保存机器人基本工作站

工作站的保存很重要，及时的保存可以防止已经建立的工作站意外丢失，其方法有三种，如图 8-43～图 8-46 所示。▶视频演示 8-13

图 8-43　保存方法 1

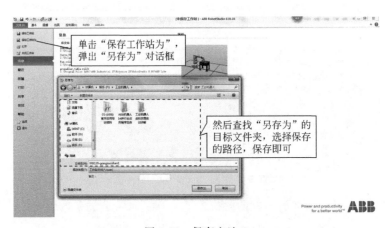

图 8-44　保存方法 2

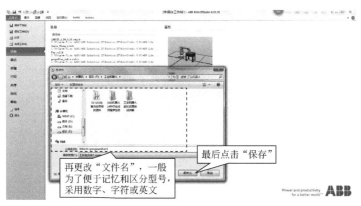

图 8-45 保存方法 3：更改文件名并保存

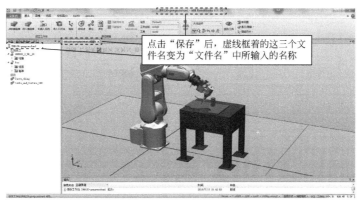

图 8-46 文件名更改保存后

8.2 建立工业机器人系统与手动操作

8.2.1 建立工业机器人系统

在完成了布局后，要为机器人加载系统，建立虚拟的控制器，使其具有电气的特性来完成相关的仿真操作，具体操作见图 8-47～图 8-57。▶视频演示 8-14

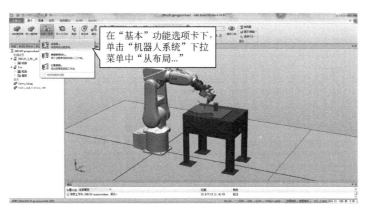

图 8-47 机器人布局

图 8-48　系统名字和位置

图 8-49　更改位置

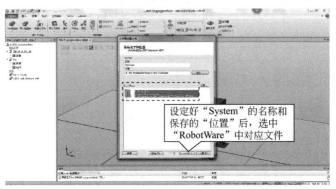

图 8-50　选择保存位置后单击"下一步"

图 8-51　机械装置选择

图 8-52　配置信息

图 8-53　更改配置信息选项

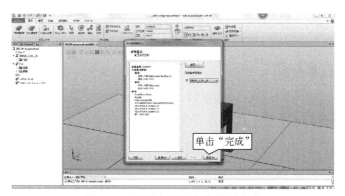

图 8-54　机器人配置参数设置完成

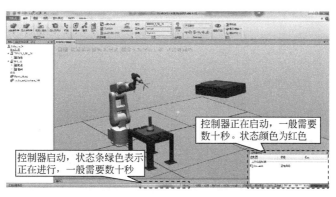

图 8-55　机器人参数配置中

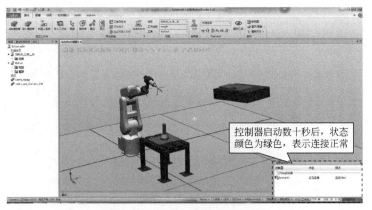

图 8-56 机器人参数配置正常

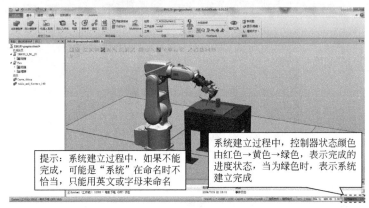

图 8-57 系统配置建立结束

8.2.2 机器人的位置移动

如果在建立工业机器人系统后，发现机器人的摆放位置并不合适，还需要进行调整的话，就要在移动机器人的位置后重新确定机器人在整个工作站中的坐标位置。具体操作如图 8-58～图 8-61 所示。▶视频演示 8-15

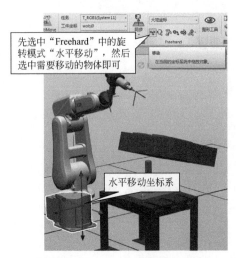

图 8-58 X、Y、Z 三轴方向移动

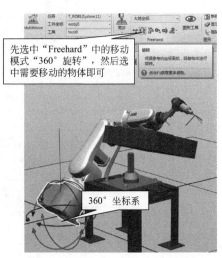

图 8-59 X、Y、Z 轴 360°旋转

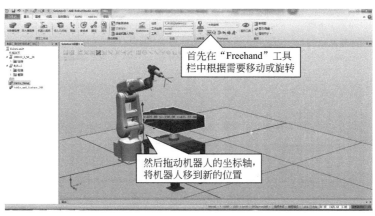

图 8-60　水平移动方式

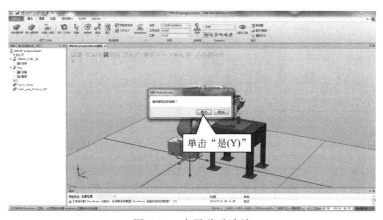

图 8-61　水平移动确认

旋转物体的 360°运动，参照水平移动。

8.2.3　工业机器人的手动操作

在 RobotStudio 中，让机器人手动运动到达所需要的位置，手动操作共有三种方式：手动关节、手动线性和手动重定位，如图 8-62 所示。我们可以通过直接拖动和精确手动两种控制方式来实现。

图 8-62　手动操作的三种方式

（1）直接拖动

直接拖动操作步骤如图 8-63 与图 8-64 所示。 ▶视频演示 8-16

机器人其他关节（J1～J6）的运动，同图 8-63 和图 8-64 所示。

① 线性运动　工业机器人手动线性运动见图 8-65～图 8-67。 ▶视频演示 8-17。

图 8-63　手动关节运动

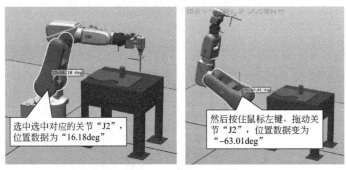

图 8-64　手动关节运动举例

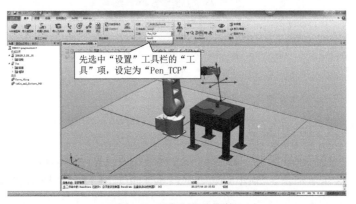

图 8-65　选取运动物体

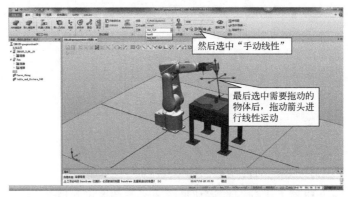

图 8-66　选取线性拖动物体

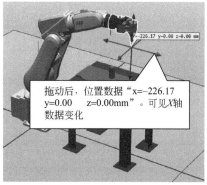

图 8-67 手动线性拖动例子

工具"Pen_TCP"沿 *Y* 轴和 *Z* 轴的移动与图 8-65 和图 8-66 相似。

② 手动重定位 手动重定位,如图 8-68、图 8-69 所示。 ▶视频演示 8-18

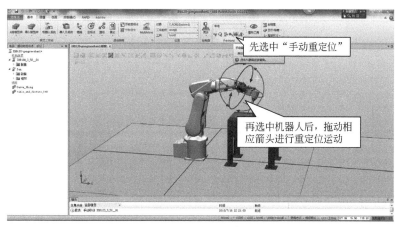

图 8-68 手动重定位

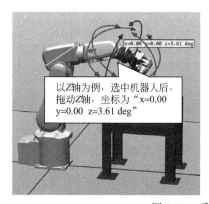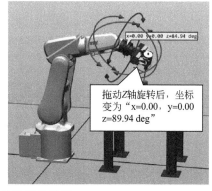

图 8-69 手动重定位举例

(2) 精确手动

精确手动,操作步骤如图 8-70～图 8-76 所示。 ▶视频演示 8-19

图 8-70　选择机械装置手动关节

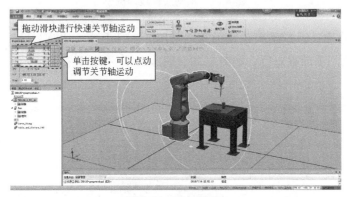

图 8-71　快速移动

图 8-72　精确设定移动

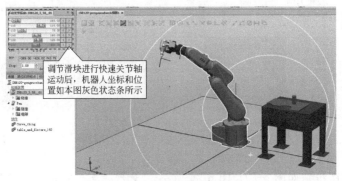

图 8-73　精确移动

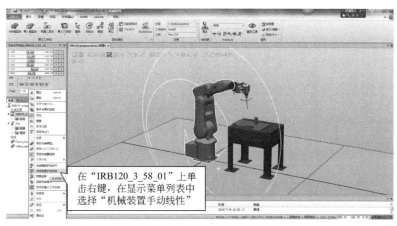

图 8-74　机械装置手动线性

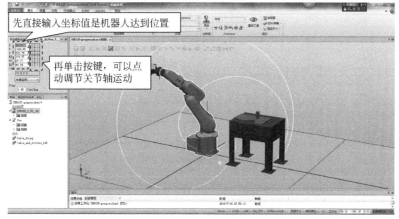

图 8-75　设定移动位置

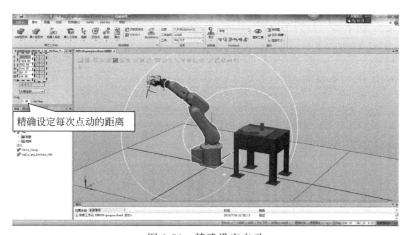

图 8-76　精确设定点动

8.2.4　回机械原点

回到机械原点，操作如图 8-77、图 8-78 所示。▶视频演示 8-20。

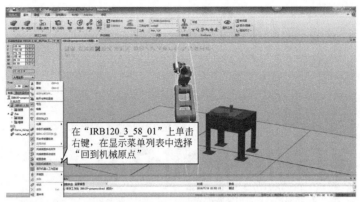

在"IRB120_3_58_01"上单击右键，在显示菜单列表中选择"回到机械原点"

图 8-77 回机械原点

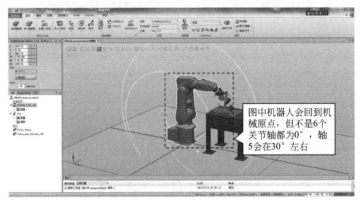

图中机器人会回到机械原点，但不是6个关节轴都为0°，轴5会在30°左右

图 8-78 机械回原点举例

8.3 创建工业机器人工件坐标系与轨迹程序

8.3.1 建立工业机器人工件坐标

与实际的机器人一样，需要在 RobotStudio 中对工件对象建立工件坐标，具体步骤如图 8-79~图 8-86 所示。▶视频演示 8-21

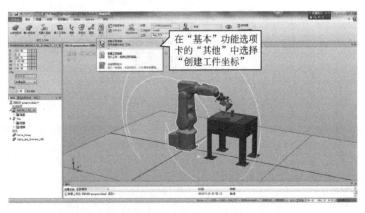

在"基本"功能选项卡的"其他"中选择"创建工件坐标"

图 8-79 创建坐标系

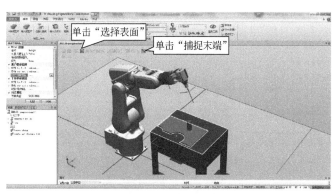

图 8-80　捕捉工具选择

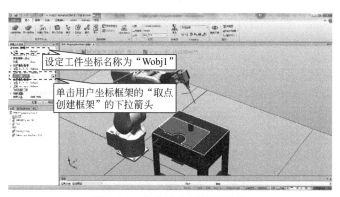

图 8-81　命名及坐标框架选取

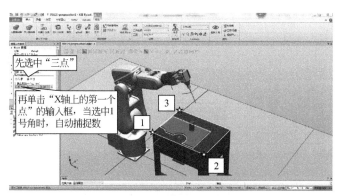

图 8-82　选择三点

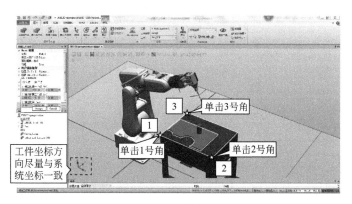

图 8-83　三点法

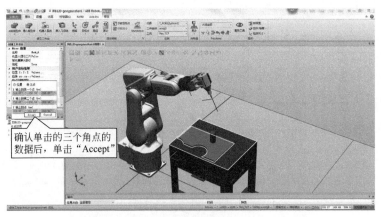

图 8-84　参数设定完毕

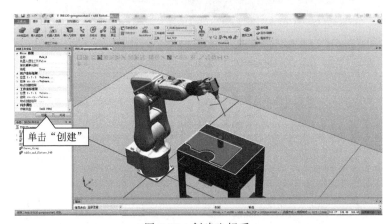

图 8-85　创建坐标系

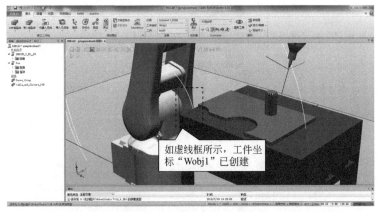

图 8-86　工件坐标系建立

8.3.2　创建工业机器人运动轨迹程序

(1) 建立步骤

与真实的机器人一样，在 RobotStudio 中工业机器人运动轨迹也是通过 RAPID 程序指令进行控制的。下面我们就来看如何在 RobotStudio 中进行轨迹的仿真，生成的轨迹可以下载到真实的机器人中运行。操作步骤如图 8-87～图 8-101 所示。▶视频演示 8-22

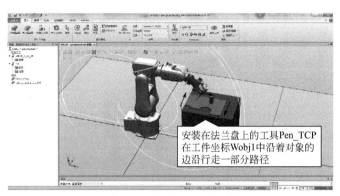

图 8-87　确认 Wobj1 路径

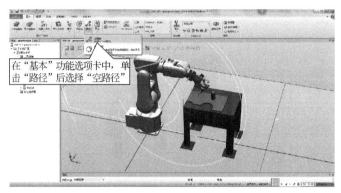

图 8-88　选择空路径

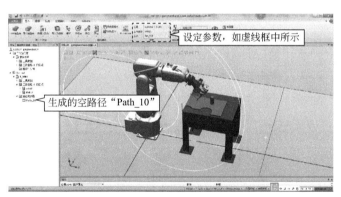

图 8-89　参数设定

图 8-90　参数解读

图 8-91　设定机器人轨迹 1（一）

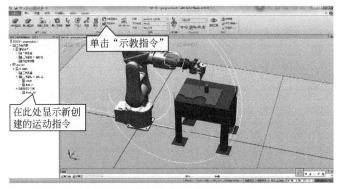

图 8-92　设定机器人轨迹 1（二）

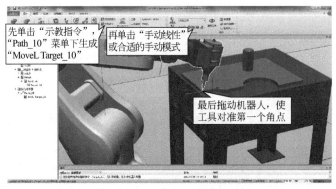

图 8-93　手动线性路径生成

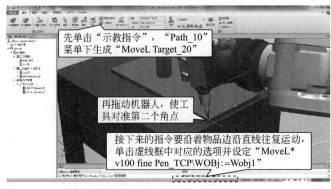

图 8-94　设定机器人轨迹 2

图 8-95　设定机器人轨迹 3

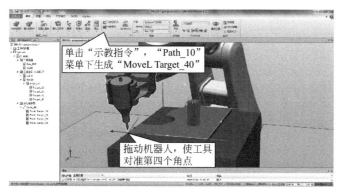

图 8-96　设定机器人轨迹 4

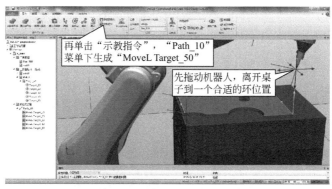

图 8-97　设定机器人轨迹 5

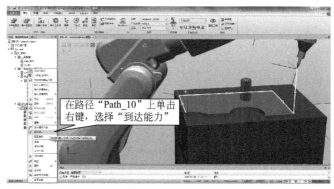

图 8-98　选择"到达能力"

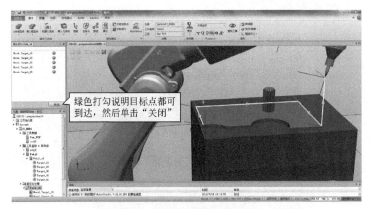

图 8-99　确认目标点可到达

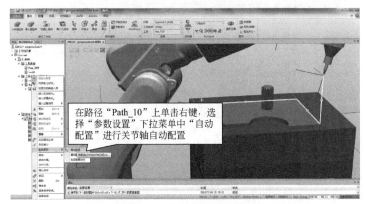

图 8-100　选择"自动配置"

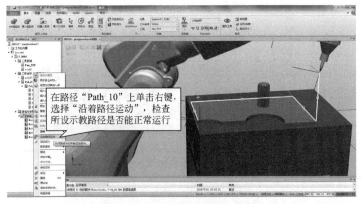

图 8-101　选择"沿着路径运动"

（2）注意事项

在创建机器人轨迹指令程序时，要注意以下事项：

① 手动线性时，要注意观察关节轴是否会接近极限而无法拖动，这时要适当做出姿态的调整。观察关节轴角度的方法参见 8.2 节中精确手动的步骤。

② 在示教轨迹的过程中，如果出现机器人无法到达工件的情况的话，适当调整工件的位置再进行示教。

③ 要注意 MoveJ 和 MoveL 指令的使用。可参考相关资料。

④ 在示教的过程中，要适当调整视角，这样可以更好地观察。

8.4　机器人仿真运行

8.4.1　仿真运行机器人轨迹

操作步骤如图 8-102～图 8-107 所示。▶视频演示 8-23

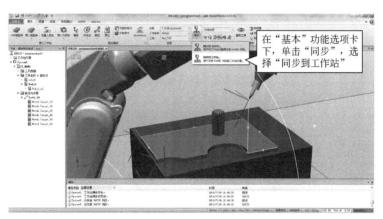

图 8-102　同步工作站

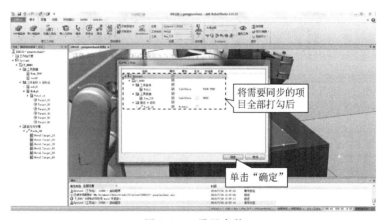

图 8-103　设置参数

图 8-104　仿真设定

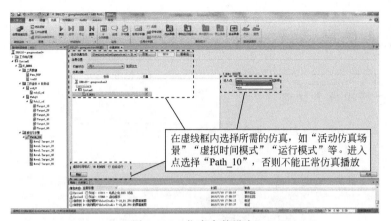

图 8-105　仿真参数设定

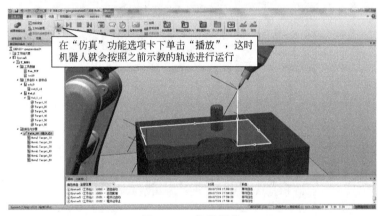

图 8-106　仿真播放

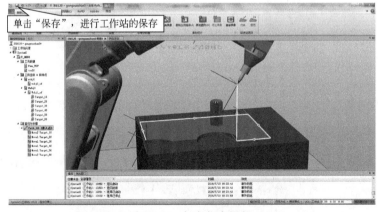

图 8-107　保存仿真视频

8.4.2　机器人的仿真制成视频

可将工作站中的工业机器人运行轨迹或动作录制成视频，以便在没有安装 RobotStudio 软件的情况下查看工业机器人的运行，还可以将工作站制作成 exe 可执行文件，便于进行更灵活的工作站查看。

（1）工作站中工业机器人的运行视频录制

操作步骤如图 8-108～图 8-112 所示。　▶视频演示 8-24

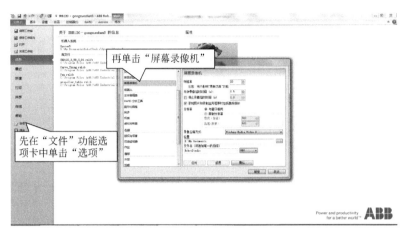

图 8-108　选择屏幕录像机

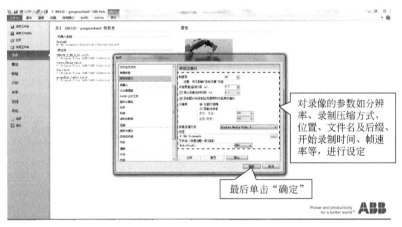

图 8-109　屏幕录像机参数设置

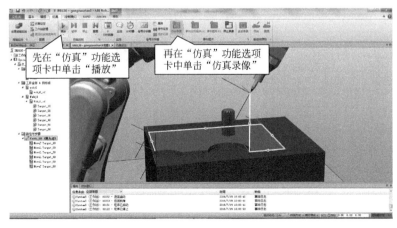

图 8-110　启动仿真录像功能

图 8-111　仿真录制

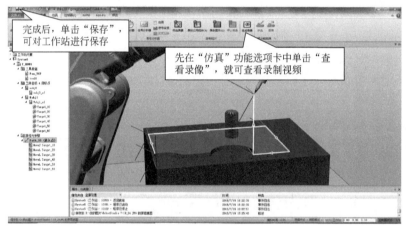

图 8-112　录制结束

（2）将工作站运行只作为 exe 可执行文件

操作步骤如图 8-113～图 8-116 所示。　▶视频演示 8-25

图 8-113　录制播放功能

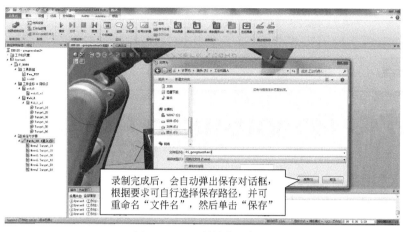

图 8-114　录制结束后保存

图 8-115　保存后的路径目标

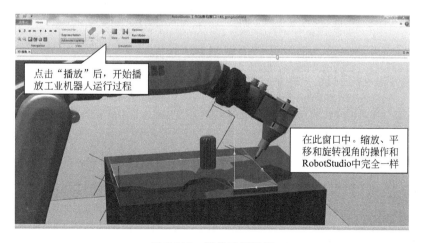

图 8-116　播放录制视频

　　为了提高各版本的兼容性，在 RobotStudio 中做任何保存的操作时，保存的路径和文件名最好使用英文字符。

第 **9** 章

仿真软件 RobotStudio 中的建模功能

9.1 建模功能的使用

当使用 RobotStudio 进行机器人仿真验证时，如节拍、到达能力、碰撞等，如果对周边模型要求不是非常细致的表述时，可以用简单的等同实际大小的基本模型来代替，这样可以节约仿真验证的时间。如图 9-1 所示，如果需要精细的 3D 模型，可以通过第三方建模软件进行建模，并通过 *.sat 格式导入到 RobotStudio 中来完成建模布局。

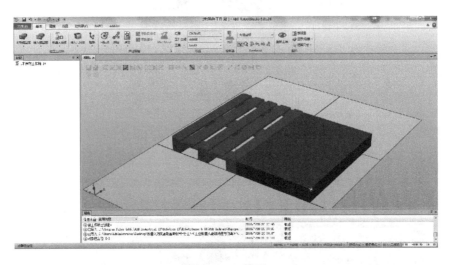

图 9-1 3D 模型

9.1.1 RobotStudio 建模

使用 RobotStudio 建模功能进行 3D 模型的创建，3D 建模的过程如图 9-2～图 9-6 所示。 ▶视频演示 9-1

9.1.2 对 3D 模型进行相关设置

对 3D 模型进行相关设置如图 9-7～图 9-9 所示，对 3D 模型进行调用如图 9-10～图 9-12 所示。 ▶视频演示 9-2 和 9-3

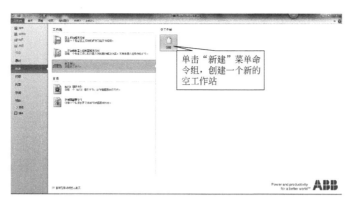

图 9-2　新建工作站

图 9-3　查找建模材料

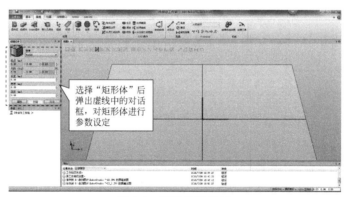

图 9-4　矩形参数设置

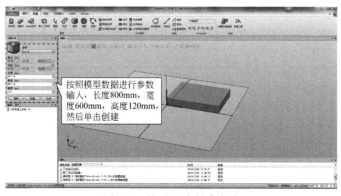

图 9-5　外形尺寸创建完毕

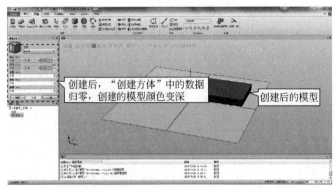

图 9-6　模块颜色

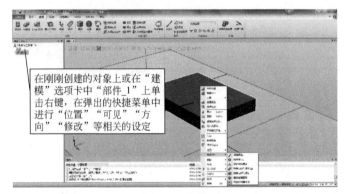

图 9-7　建模

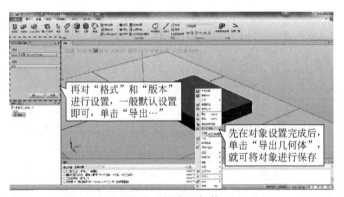

图 9-8　导出几何体

图 9-9　另存为

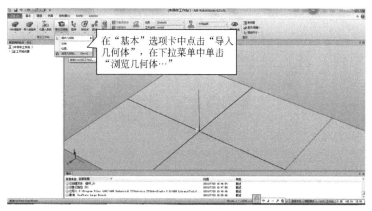

图 9-10 导入几何体菜单

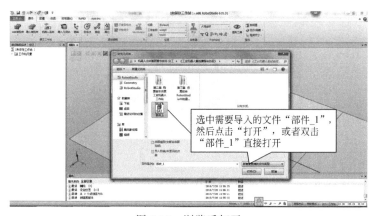

图 9-11 浏览后打开

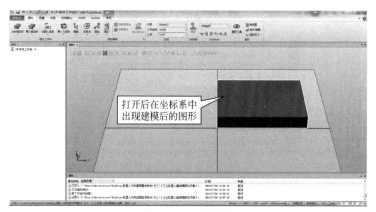

图 9-12 建模结束

9.2 测量工具的使用

9.2.1 测量矩形体的边长

测量矩形体的边长的步骤如图 9-13～图 9-16 所示。 ▶视频演示 9-4

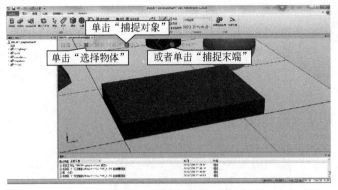

图 9-13　选取捕捉工具

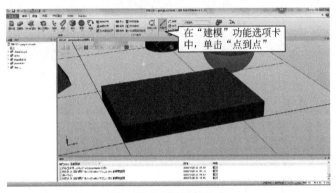

图 9-14　选择测量方式

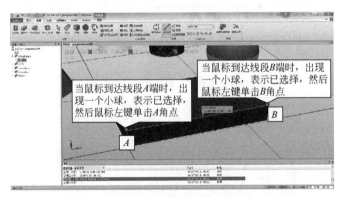

图 9-15　测量实例 1

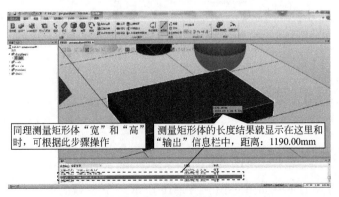

图 9-16　测量实例 2

9.2.2　测量锥体的角度

测量锥体顶角和底角的步骤如图 9-17～图 9-22 所示。　▶ 视频演示 9-5

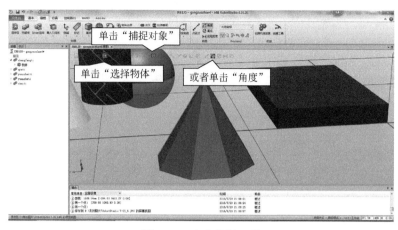

图 9-17　选取捕捉工具

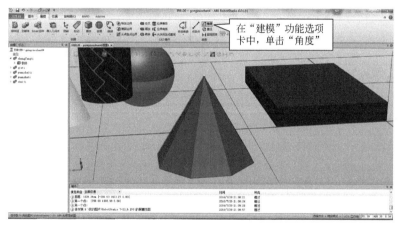

图 9-18　测量锥体角度（一）

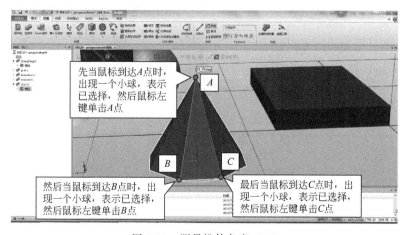

图 9-19　测量锥体角度（二）

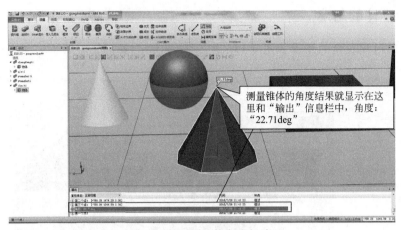

图 9-20　测量锥体角度解读

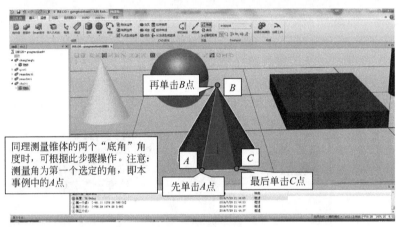

图 9-21　测量底角角度

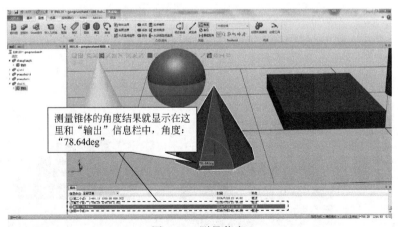

图 9-22　测量信息

9.2.3　测量圆柱体的直径

测量圆柱体直径的步骤如图 9-23～图 9-26 所示。　▶视频演示 9-6

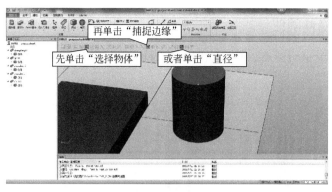

图 9-23 选取圆形的捕捉工具

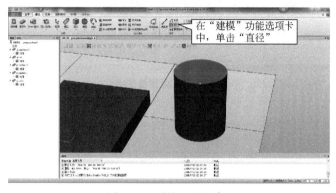

图 9-24 测量工具选直径

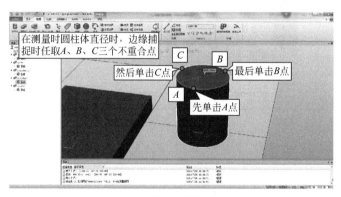

图 9-25 捕捉三点

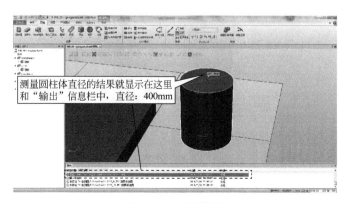

图 9-26 测量结果

9.2.4　测量两个物体间的最短距离

测量两个物体间的最短距离，步骤如图 9-27～图 9-29 所示。 ▶视频演示 9-7

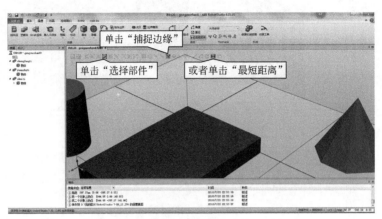

图 9-27　距离捕捉工具

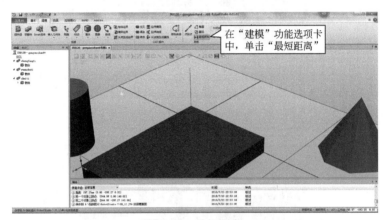

图 9-28　最短距离

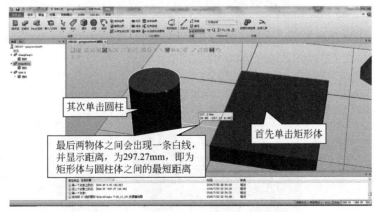

图 9-29　测量

　　测量时要注意一些技巧，主要体现在能够运用各种选择部件和捕捉模式，能正确地进行测量，这就需要大量练习，熟练掌握其中的技巧，如图 9-30 所示。

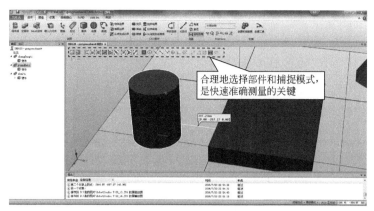

图 9-30　测量工具菜单

9.3　创建机械装置

在工作站中，为了更好地展示效果，会为机器人周边的模型制作动画效果，如输送带、夹具和滑台等。我们这里介绍一下创建一个机械装置的滑台，步骤如图 9-31～图 9-61 所示。 ▶视频演示 9-8 和 9-9

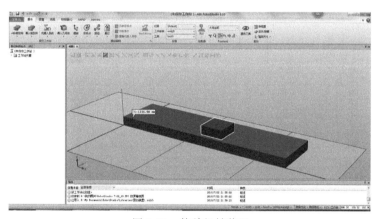

图 9-31　简单机械装置

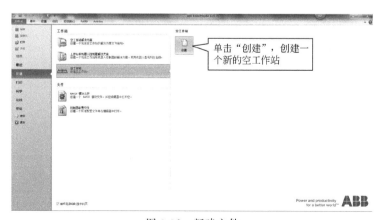

图 9-32　新建文件

图 9-33　打开"矩形体"

图 9-34　设置滑台参数

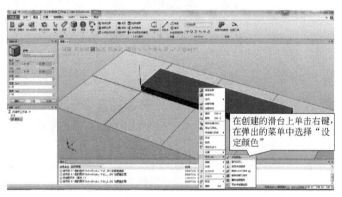

图 9-35　设定参数

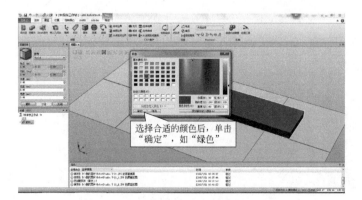

图 9-36　选取颜色

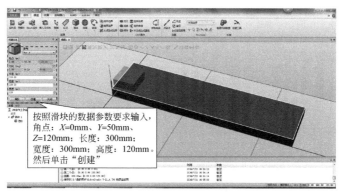

图 9-37　设定滑块参数

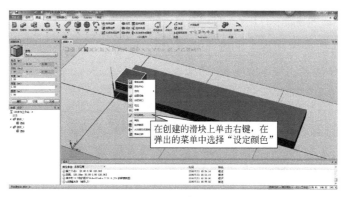

图 9-38　设定颜色

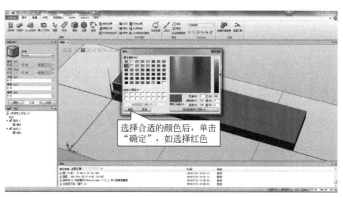

图 9-39　选取合适的颜色

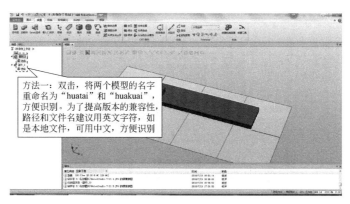

图 9-40　重命名（一）

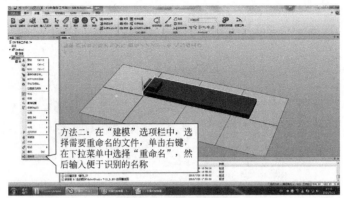

图 9-41　重命名（二）

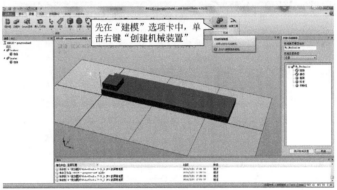

图 9-42　创建机械装置

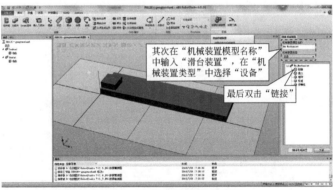

图 9-43　选择合适的机械装置

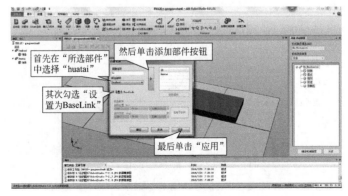

图 9-44　参数设定

图 9-45　创建链接

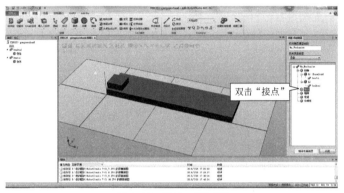

图 9-46　双击"接点"

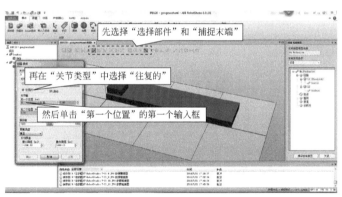

图 9-47　创建试点

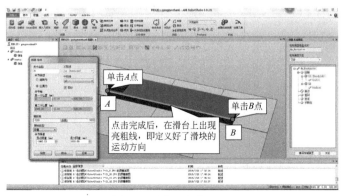

图 9-48　设置参数（一）

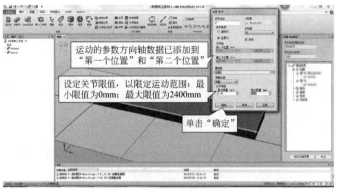

图 9-49　设置参数（二）

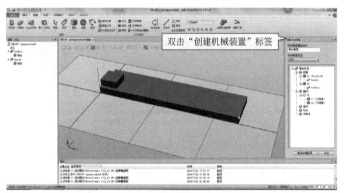

图 9-50　创建机械装置

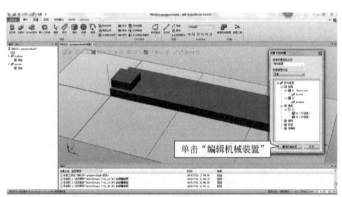

图 9-51　编辑机械装置

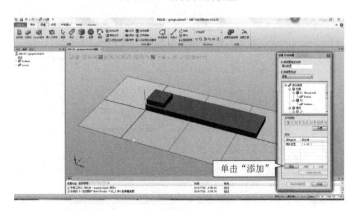

图 9-52　完成编辑机械装置文件

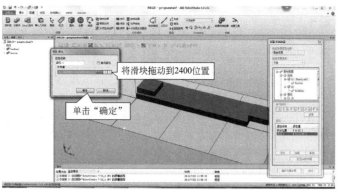

图 9-53　修改姿态

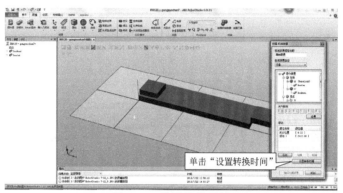

图 9-54　设置转换时间

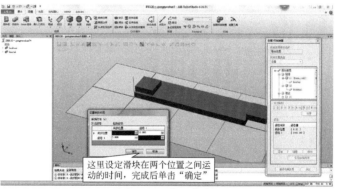

图 9-55　位置控制

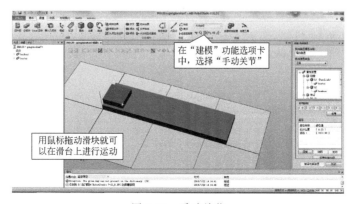

图 9-56　手动关节

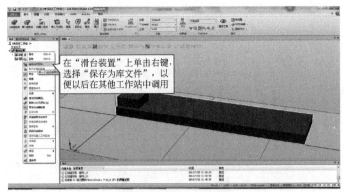

图 9-57 保存为库文件

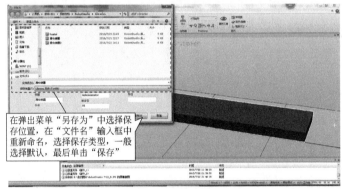

图 9-58 另存为

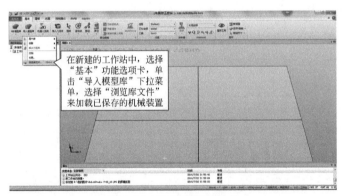

图 9-59 基本功能选项卡

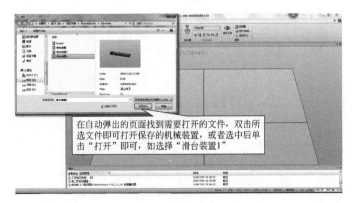

图 9-60 打开机械装置文件

图 9-61　设定范围

9.4　创建机器人用工具

在构建工业机器人工作站时，机器人法兰盘末端会遇到用户自定义的工具，使用者希望用户工具能像在 RobotStudio 模型库中的工具一样，在安装时能够自动安装到机器人的法兰盘末端并保证坐标方向一致，并且能够在工具的末端自动生成工具坐标系，从而避免工具方面的仿真误差。

9.4.1　设定工具的本地末端点

（1）导入工具
用户自定义的 3D 模型由不同的 3D 绘图软件绘制而成，并转换成特定的文件格式，导入到 RobotStudio 软件中会出现图形特征丢失的情况。设定工具的本地坐标原点的具体步骤如图 9-62～图 9-71 所示。在图形处理过程中，为了避免工作站地面特征影响视线和捕捉，先隐藏地面设定。

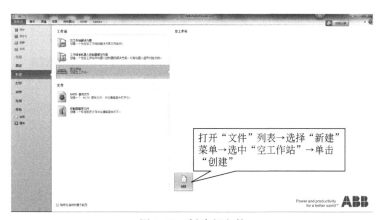

图 9-62　创建新文件

（2）安装工具
工具模型的本地坐标系与机器人法兰盘坐标系 tool0 重合，工具末端的工具坐标系框架即作为机器人的工具坐标系，所以需要对此工具模型做两步图形处理。

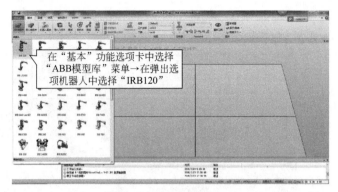

图 9-63　放置机器人

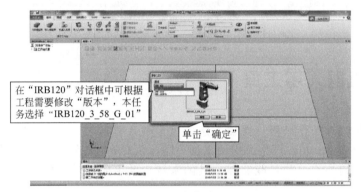

图 9-64　参数设置

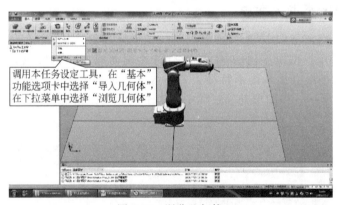

图 9-65　浏览几何体

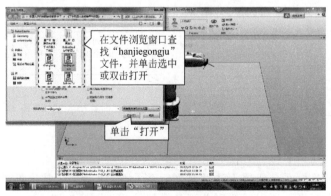

图 9-66　文件资料

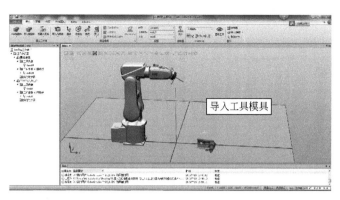

图 9-67 导入工具

图 9-68 文本选项设置

图 9-69 外观设置选项

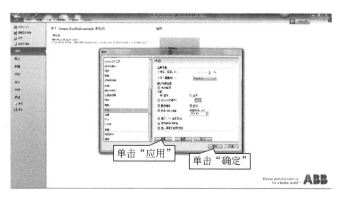

图 9-70 设置应用

图 9-71 设置结束

  首先在工具法兰盘端创建本地坐标系框架，之后在工具末端创建工具坐标系框架。这样自建的工具就有了跟系统库里默认的工具同样的属性了。

  先来放置一个工具模型的位置，使其法兰盘所在面与大地坐标系正交，便于处理坐标系方向。其操作如图 9-72～图 9-82 所示。

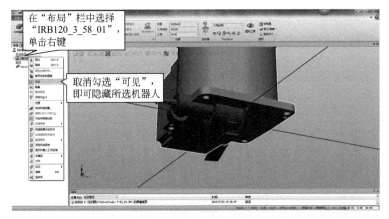

图 9-72 机器人可见度

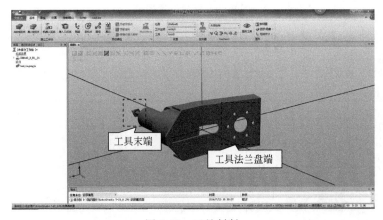

图 9-73 工具判断

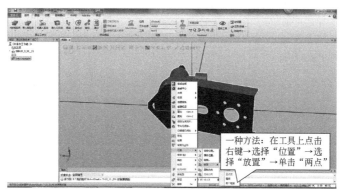

图 9-74　方法一

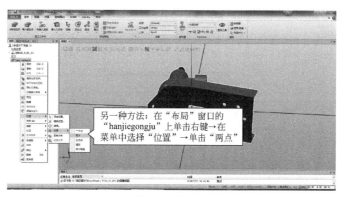

图 9-75　方法二

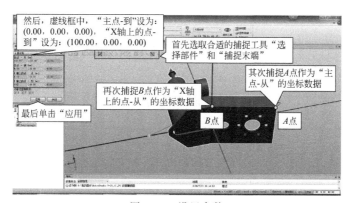

图 9-76　设置参数

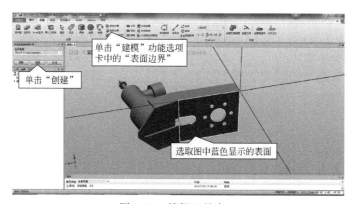

图 9-77　捕捉工具表面

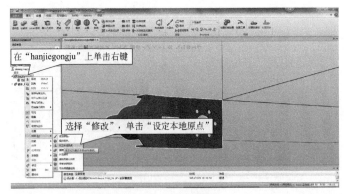

图 9-78　设定原点

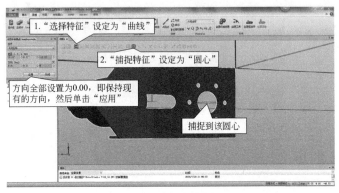

图 9-79　设定位置（一）

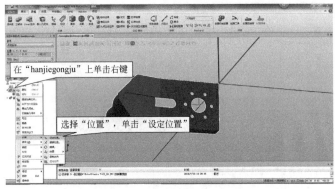

图 9-80　设定位置（二）

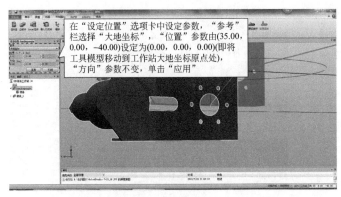

图 9-81　设定位置（三）

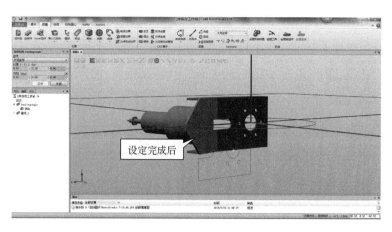

图 9-82　设定完成

（3）坐标系的设置

工具模型的本地坐标系的原点已经设置完成，但是本地坐标系的方向仍需要设置，这样才能保证工具安装到机器人法兰盘末端时其工具姿态也是所需要的。对于设置工具本地坐标系的方向，多数情况下可参考：工具法兰盘表面与大地水平重合，工具末端位于大地坐标系 X 轴负方向，如图 9-83～图 9-85 所示。

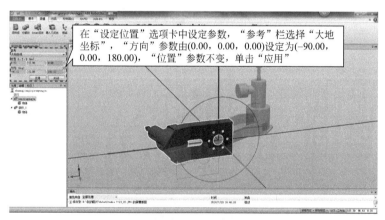

图 9-83　设定参数

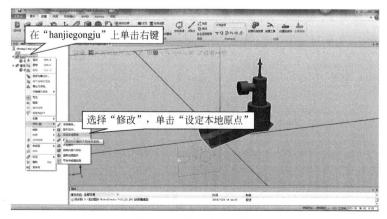

图 9-84　设定本地原点

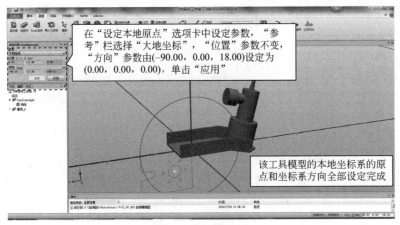

图 9-85　设定位置

9.4.2　创建工具坐标系框架

在图 9-86 所示的虚线框位置创建一个坐标系框架，目的是在以后的操作中将此框架作为工具坐标系框架使用。操作步骤如图 9-87～图 9-94 所示。

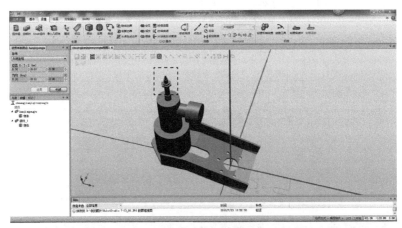

图 9-86　调用工具

图 9-87　创建工具表面边界

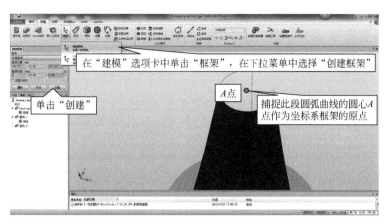

图 9-88　创建框架

生成的框架如图 9-89 所示，接着设定坐标系的方向，一般期望的坐标系的 Z 轴是与工具末端表面垂直的。

在 RobotStudio 中的坐标系，蓝色表示 Z 轴正方向，绿色表示 Y 轴正方向，红色表示 X 轴正方向。由于该工具模具末端表面丢失，所以捕捉不到，但是可以选择图 9-90 中所示表面，因为次表面与期望捕捉的末端表面是平行关系。

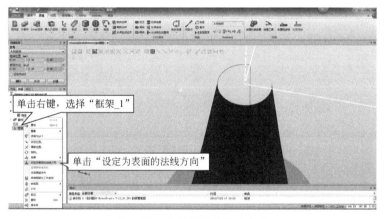

图 9-89　设定表面的法线方向

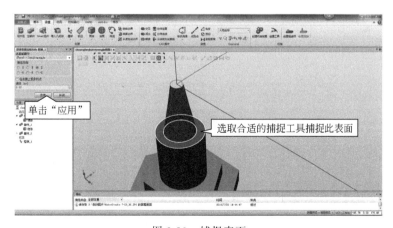

图 9-90　捕捉表面

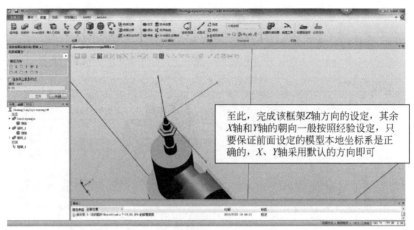

图 9-91 建立模型本地坐标系

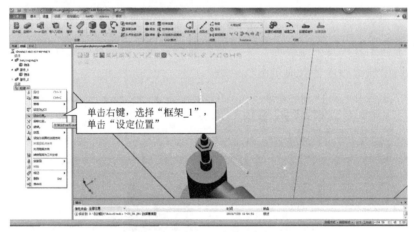

图 9-92 设定位置

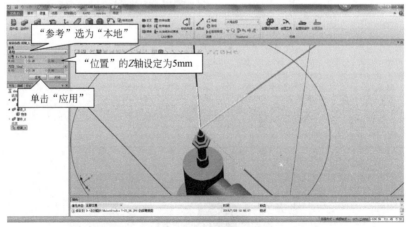

图 9-93 参数设置

在实际工程应用过程中，工具坐标系原点一般与工具末端有一定距离，如焊枪中的焊丝伸出的距离，或者激光切割枪、涂胶枪要与加工表面保持一定距离等。只需要将此框架沿着其本身的 Z 轴正向移动一定距离就能满足实际需要。

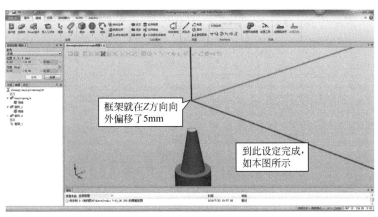

图 9-94　坐标平移

9.4.3　创建工具

创建工具的步骤如图 9-95～图 9-103 所示。

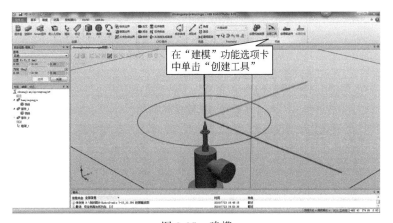

图 9-95　建模

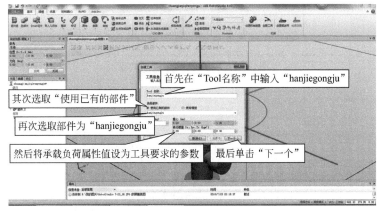

图 9-96　创建工具

如果在一个工具上面创建了多个工具坐标系，那就可以根据实际情况创建多个坐标系框架，然后在此视图中将所有的 TCP 依次添加到右侧窗口中。这样就完成了工具的创建过程。接着可以把创建的过程中所创建的辅助图形删掉。

图 9-97　TCP 参数设置

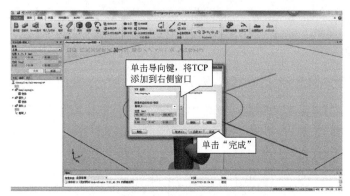

图 9-98　参数设置结束

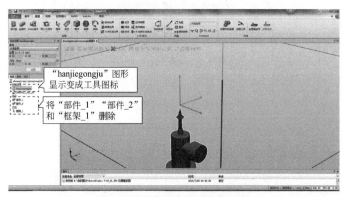

图 9-99　删除创建的辅助图形

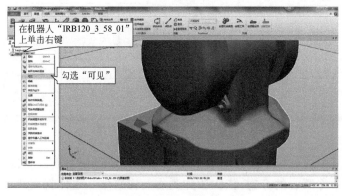

图 9-100　将机器人设置为可见

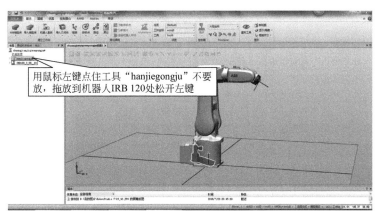

图 9-101 工具准备

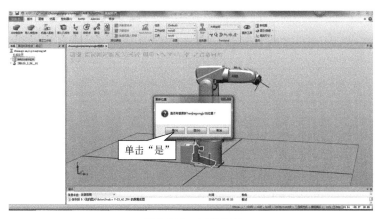

图 9-102 加载工具

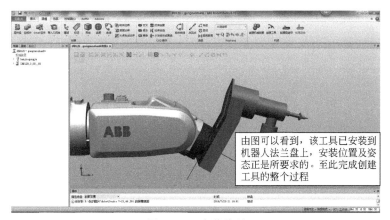

图 9-103 安装位置

参 考 文 献

[1] 叶晖，管小清. 工业机器人实操与应用技巧 [M]. 北京：机械工业出版社，2010.

[2] 叶晖，何智勇. 工业机器人工程应用虚拟仿真教程 [M]. 北京：机械工业出版社，2014.

[3] 孙树栋. 工业机器人技术基础 [M]. 武汉：华中科技大学出版社，2009.

[4] 李莉. 焊接结构生产 [M]. 北京：机械工业出版社，2008.

[5] 张宪民，等. 工业机器人应用基础 [M]. 北京：机械工业出版社，2015.

[6] 叶晖. 工业机器人典型应用案例精析 [M]. 北京：机械工业出版社，2013.

[7] 叶晖. 工业机器人工程应用虚拟仿真教程 [M]. 北京：机械工业出版社，2013.